高职高专"十三五"规划教材

大气污染控制技术

冯 丹 编

U0315665

北 京

冶 金 工 业 出 版 社

2021

内 容 提 要

本教材共分7个模块，主要内容包括大气污染控制基本认知、燃烧与大气污染物生成、大气污染物扩散、颗粒污染物的净化技术、气态污染物的净化技术、典型气态污染物的净化技术和通风系统的配置及运行。每个模块配有相应的练习题，附录中还包含5个实训项目。

本教材为高职高专院校环境工程及相关专业的教学用书，也可供有关工程技术人员参考。

图书在版编目（CIP）数据

大气污染控制技术/冯丹编. —北京：冶金工业出版社，2019.1
（2021.11重印）

高职高专"十三五"规划教材

ISBN 978-7-5024-7995-4

Ⅰ.①大…　Ⅱ.①冯…　Ⅲ.①空气污染控制—高等职业教育—教材

Ⅳ.①X510.6

中国版本图书馆 CIP 数据核字（2019）第 018238 号

大气污染控制技术

出版发行	冶金工业出版社	电　话	(010)64027926
地　址	北京市东城区嵩祝院北巷 39 号	邮　编	100009
网　址	www.mip1953.com	电子信箱	service@ mip1953.com

责任编辑　俞跃春　美术编辑　彭子赫　版式设计　禹　蕊
责任校对　郑　娟　责任印制　李玉山
三河市双峰印刷装订有限公司印刷
2019 年 1 月第 1 版，2021 年 11 月第 3 次印刷
787mm×1092mm　1/16；12.5 印张；303 千字；192 页
定价 47.00 元

投稿电话　（010）64027932　投稿信箱　tougao@cnmip.com.cn
营销中心电话　（010）64044283
冶金工业出版社天猫旗舰店　yjgycbs.tmall.com
（本书如有印装质量问题，本社营销中心负责退换）

前　言

为了贯彻落实《国家中长期教育改革与发展规划纲要（2010~2020年）》《国家教育事业发展第十三个五年规划》、教育部《关于全面提高高等职业教育教学质量的若干意见》（教高［2006］16号）和《关于推进高等职业教育改革创新引领职业教育科学发展的若干意见》（教职成［2011］12号）文件精神，本教材根据职业院校教学特点，结合企业岗位技能要求，本着理论知识够用、强化技能训练的原则编写而成，将相关知识进行整合，以期适应高职教育的改革要求和应用型技能人才的培养需要，更好地服务高职教学和专业学习。

本教材共分7个模块，每个模块以当前大气污染的热点问题和工程案例为切入点引入重点编写内容和知识点，使读者在学习的时候能够结合实际，实现所学即所用，增强对专业的认识和理论联系实践的能力。鉴于职业教育学习特点，在编写过程中注重加入实践技能的练习，在习题部分增加了技能试题，另外在编写过程中参考了企业的岗位需求和全国职业技能大赛的考核内容，加入了技能训练的内容，将理论和实践更好地融合。

在本教材的编写过程中，相关领导、同事和企业技术人员给予了很多帮助和有价值的专业建议，在此表示衷心的感谢！

本书配套课件读者可扫描书后二维码至冶金工业出版社微信平台用户服务栏目中获得。

因作者经验和水平所限，书中不妥之处，敬请读者批评指正。

作者

2018年10月

目　录

模块 1 大气污染控制基本认知

【知识目标】

（1）掌握大气污染、大气污染物、大气污染源的概念。
（2）了解大气污染相关的标准、治理措施、政策和法规。

【技能目标】

（1）能够分辨大气污染物和大气污染源。
（2）能说明常见大气污染现象和对应的污染物。
（3）能说明大气污染的相关标准和大气污染治理的相关措施。

【案例引入】

"北京、天津、河北、河南、山西、陕西、四川盆地及江苏等地能见度不足1000米，局地能见度不足200米。"

"受大雾天气影响，北京、河北、天津、山东、江苏等地的多条高速公路封闭、部分机场延误，给公众出行带来阻碍。"

"雾霾过程还对上述地区的空气质量造成较大影响。截至记者发稿，北京市11个实时空气监测点中8个为重度污染，AQI指数（空气污染指数）超过200。"

——摘自中国新闻网2017年10月27日《中国多地雾霾影响空气质量 局地现特强浓雾》

【任务思考】

（1）从专业角度对大气污染状态进行界定。
（2）案例中大气污染造成的影响有哪些，除此之外的影响有哪些?
（3）以京津冀地区大气污染治理为例总结大气污染的治理措施和方法。

【主要内容】

1.1 大气和环境空气

大气是指在地球周围聚集的一层很厚的大气分子，称为大气圈。像鱼类生活在水中一样，人类生活在地球大气的底部，并且一刻也离不开大气。大气为地球生命的繁衍，人类的发展，提供了理想的环境。它的状态和变化，时时处处影响到人类的活动与生存。

国际标准化组织（ISO）对大气和环境空气的定义：大气是指环绕地球的全部空气的

总和，环境空气是指人类、植物、动物和建筑物暴露于其中的室外空气。前者的范围更大，后者的范围相对小，本书所指基本上都是环境空气的污染与防治，更侧重于和人类关系最密切的近地层空气，也是对流层空气。

1.2 大 气 污 染

1.2.1 大气污染的概念

国际标准化组织（ISO）对大气污染的定义：大气污染是指由于人类活动或自然过程引起某些物质进入大气中，呈现出足够的浓度，达到了足够的时间，并因此而危害了人体的舒适、健康和福利或危害了生态环境。

人类活动不仅包括生产活动，而且也包括生活活动，如做饭、取暖、交通等。自然过程，包括火山活动、森林火灾、海啸、土壤和岩石的风化及大气圈中空气运动等。一般说来，自然环境所具有的物理、化学和生物机能（即自然环境的自净作用），会使自然过程造成的大气污染，经过一定时间后自动消除（即使生态平衡自动恢复）。所以可以说，大气污染主要是人类活动造成的。

1.2.2 大气污染的类型

根据大气污染的原因和大气污染物的组成，可将大气污染分为煤烟型污染、石油型污染，混合型污染和特殊型污染。煤烟型污染是由于用煤工业的烟气排放及家庭炉灶等燃煤设备的烟气排放造成的；石油型污染是由于燃烧石油向大气中排放有害物质造成的；混合型污染是由于煤炭和石油在燃烧或加工过程中产生的混合物造成的，是介于煤烟型和石油型污染之间的一种大气污染。特殊型大气污染是由于各类工业企业排放的特殊气体（如氯气、硫化氢、氟化氢、金属蒸汽等）引起的大气污染。

按照大气污染的范围来分，大致为四类：（1）局部地区污染，局限于小范围的大气污染，如受到某些烟囱排气的直接影响；（2）地区性污染，涉及一个地区的大气污染，如工业区及其附近地区或整个城市大气受到污染；（3）广域污染，涉及比一个地区或大城市更广泛地区的大气污染；（4）全球性污染，涉及全球范围的大气污染。不同类型的大气污染，其危害程度和控制措施均有许多差异。

1.2.3 大气污染的危害

大气污染的危害可以是全球性的，也可能是区域性的或局地的。全球性大气污染主要表现在臭氧层损耗加剧和全球气候变暖，直接损害地球生命支持系统。区域性的大气污染主要是酸雨，它不仅损害人体的健康，而且影响生物的生长，并会使建筑物遭到不同程度的破坏。城市范围和局地大气污染主要表现在这些范围内大气的物理特征和化学特征的变化，物理特征主要表现在烟雾日增多、能见度降低以及城市的热岛效应。化学特征的不良变化将危害人体健康，导致癌症、呼吸系统疾病、心血管疾病等发病率上升。

1.3 大气污染源和大气污染物

1.3.1 大气污染源

大气污染源是指向大气排放足以对环境产生有害影响物质的生产过程、设备、物体或场所等。它具有两层含义：一层是指"污染物的发生源"，如火力发电厂排放 SO_2，就称火力发电厂为污染源；另一层是指"污染物来源"，如燃料燃烧向大气中排放污染物，表明污染物来自燃料的燃烧。

大气污染源可分为自然的和人为的两大类。自然污染源是由于自然原因（如火山爆发，森林火灾等）而形成，人为污染源是由于人们从事生产和生活活动而形成。在人为污染源中，又可分为固定的（如烟囱、工业排气筒）和移动的（如汽车、火车、飞机、轮船）两种。由于人为污染源普通和经常地存在，所以比起自然污染源来更为人们所密切关注。人为污染源主要有：

（1）工业企业。工业企业是大气污染的主要来源，也是大气卫生防护工作的重点之一。随着工业的迅速发展，大气污染物的种类和数量日益增多。由于工业企业的性质、规模、工艺过程、原料和产品种类等不同，其对大气污染的程度也不同。

（2）生活炉灶与采暖锅炉。在居住区里，随着人口的集中，大量的民用生活炉灶和采暖锅炉也需要耗用大量的煤炭，特别在冬季采暖时间，往往使受污染地区烟雾弥漫，这也是一种不容忽视的大气污染源。

（3）交通运输。其中具有重要意义的是汽车排出的废气。汽车污染大气的特点是排出的污染物距人们的呼吸带很近，能直接被人吸入。汽车内燃机排出的废气中主要含有一氧化碳、氮氧化物、烃类（碳氢化合物）、铅化合物等。

大气污染源按预测模式的模拟形式又可分为点源、面源、线源、体源四种类别。

（1）点源：通过某种装置集中排放的固定点状源，如烟囱、集气筒等。

（2）面源：在一定区域范围内，以低矮集的方式自地面或近地面的高度排放污染物的源，如工艺过程中的无组织排放、储存堆、渣场等排放源。

（3）线源：污染物呈线状排放或者由移动源构成线状排放的源，如城市道路的机动车排放源等。

（4）体源：由源本身或附近建筑物的空气动力学作用使污染物呈一定体积向大气排放的源，如焦炉炉体、屋顶天窗等。

1.3.2 大气污染物

大气污染物指由于人类活动或自然过程排入大气的，并对人和环境产生有害影响的物质。

根据大气污染物的存在状态，可将其分为气溶胶态污染物和气态污染物。

1.3.2.1 气溶胶态污染物

在大气污染中，气溶胶系指固体粒子、液体粒子或它们在气体介质中的悬浮体，是直径约为 0.002~100mm 的液滴或固态粒子。根据颗粒的大小，将空气动力学当量直径小于 100μm 的颗粒物称为总悬浮颗粒物（TSP）；将空气动力学当量直径小于 10μm 的颗粒物称为可吸入颗粒物（PM10），将空气动力学当量直径小于 2.5μm 的颗粒物称为细微颗粒物（PM2.5）等。根据气溶胶粒子的来源和物理性质的不同，可分为如下几种：

（1）粉尘（dust）。指悬浮于气体介质中的细小固体颗粒，受重力作用能发生沉降，但在一段时间内能保持悬浮状态。它通常是由于固体物质的破碎、分级、研磨等机械过程或土壤、岩石风化等自然过程形成的。粉尘粒径一般在 1~200μm 之间。大于 10μm 的粒子靠重力作用能在较短时间内沉降到地面，称为降尘；小于 10μm 的粒子能长期在大气中漂浮，称为飘尘。

（2）烟（fume）。通常指由冶金过程形成的固体颗粒的气溶胶。它是由熔融物质挥发后生成的气态物质的冷凝物，在生产过程中总是伴有诸如氧化之类的化学反应。烟的粒子是很细微的，粒径范围一般为 0.01~1μm。

（3）飞灰（fly ash）。指随燃料燃烧产生的烟气排出的分散的较细的灰分。灰分是含碳物质燃烧后残留的固体渣，在分析测定时假定它是完全燃烧的。

（4）黑烟（smoke）。通常指由燃料燃烧产生的能见气溶胶。在某些情况下，粉尘、烟、飞灰、黑烟等小固体颗粒的界限，很难明显区分开。根据我国的习惯，一般可将冶金过程和化学过程形成的固体颗粒称为烟尘，将燃料燃烧过程产生的飞灰和黑烟，在不需仔细区分时，也称为烟尘。在其他情况下，或泛指小固体颗粒时，则通称为粉尘。

（5）霾（或灰霾）（haze）。霾天气是大气中悬浮的大量微小尘粒使空气混浊，能见度降低到 10km 以下的天气现象，易出现在逆温、静风、相对湿度较大等气象条件下。

（6）雾（fog）。雾是气体中液滴悬浮体的总称，在气象中，雾指造成能见度小于 1km 的小水滴悬浮体。在工程中，雾一般指小液体粒子的悬浮体。它可能是由于液体蒸汽的凝结、液体的雾化以及化学反应等过程形成的，如水雾、酸雾、碱雾、油雾等，水滴的粒径在 200μm 以下。

1.3.2.2　气态污染物

气态污染物可分为气态无机污染物和有机污染物，气态无机污染物主要有含硫化合物、含氮化合物、含磷化合物、碳的氧化物、卤素化合物等，气态有机污染物主要有烃类、酚类、胺类、醚类、酸和酸酐、醇类、酯类、醛和酮及农药等。

按污染物的形成过程可以分为一次污染物和二次污染物。一次污染物是指直接从污染源排放，且在大气迁移时其物理和化学性质尚未发生变化的污染物，如二氧化硫、二氧化氮、一氧化碳、颗粒物等，它们又可分为反应物和非反应物，前者不稳定，在大气环境中常与其他物质发生化学反应，或者作催化剂促进其他污染物之间的反应，后者则不发生反应或反应速度缓慢。二次污染物是指由一次污染物在大气中互相作用经化学反应或光化学反应形成的与一次污染物的物理、化学性质完全不同的新的大气污染物，其毒性比一次污染物还强。最常见的二次污染物如硫酸及硫酸盐气溶胶、硝酸及硝酸盐气溶胶、臭氧、光化学氧化剂，以及许多不同寿命的活性中间物（又称自由基），如 HO_2、HO^- 等。

在大气污染控制中受到普遍重视的一次污染物有硫氧化物、氮氧化物、碳氧化物以及有机化合物等；二次污染物有硫酸烟雾和光化学烟雾。

（1）硫氧化物。硫氧化物中主要是 SO_2，它是目前大气污染物中数量较大、影响范围广的一种气态染物。大气态污染物气中 SO_2 的来源很广，几乎所有工业企业都可能产生。它主要来自化石燃烧过程，以及硫化物矿石的焙烧、冶炼等热过程。火力发电厂、有色金属冶炼厂、硫酸厂、炼油厂以及所有烧煤或油的工业炉窑等都排放 SO_2 烟气。

（2）氮氧化物。氮和氧的化合物有 NO、NO_2 等，总起来用氮氧化物表示。其中造成大气污染的主要污染物是 NO、NO_2，也就是通常所说的氮氧化物由燃料燃烧直接生成，进入大气后可以被缓慢地氧化成 NO_2，当大气中有 O_3 存在或在催化剂的作用下，其氧化速度会加快。当 NO_2 参与大气中的光化学形成光化学烟雾后，其毒性更强。人类活动产生的 NO_x，主要来自火力发电厂、各种窑炉、机动车和采油机的排气，其次是硝酸生产、硝化过程、炸药生产及金属表面处理等过程。其中由燃料燃烧产生的 NO_x 约占83%。

（3）碳氧化物。CO 和 CO_2 是各种大气污染物中发生量最大的一类污染物，主要来自燃烧和机动车排气。CO 是一种窒息性气体，进入大气后，由于大气的扩散稀释作用和氧化作用，一般不会造成危害。但在城市冬季采暖季节或在交通繁忙的十字路口，排气扩散稀释时，CO 的浓度有可能达到危害人体健康的水平。

CO_2 是无毒气体，但当其在大气中的浓度过高时，氧气含量相对减小，产生影响。地球上 CO_2 浓度的增加，能产生"温室效应"，迫使各国政府开始实施控制。

（4）有机化合物。有机化合物包括碳氢化合物、含氧有机物等，它们都是碳的化合物。其中沸点在 $50\sim250℃$ 的化合物，室温下饱和蒸气压超过 133.32Pa，在常温下以蒸气形式存在于空气中的一类有机物为挥发性有机物（VOCs）。挥发性有机物主要来自石油化工、石油炼制和燃料燃烧排气以及轻工生产等。

目前在人们发现的 2000 余种可疑致癌物质中，有机化合物中的芳烃类（PHA）是最主要的一类，其中比较典型的有苯并芘、蒽和菲的衍生物。其他有机化合物，如多氯联苯、乙烯进入大气后会导致植物生长发育异常，环境中的氯乙烯是致癌物质，可以诱发肝脏血管瘤。氟氯烃是人工合成的制冷剂，人为活动排入大气的氟氯烃扩散到平流层，并在那里进行光化学分解，生成化学性质活泼的氯离子，参与破坏臭氧层的活动。

二噁英是一类极毒的物质，有"世纪之毒"之称，一旦进入人体，难以被分解排出。因此，1997 年世界卫生组织国际癌病研究中心将其列为一级致癌物。二噁英是生产木材防腐剂、杀虫剂五氯酚钠和三氯苯乙酸时的副产品；塑料有机完全燃烧也可以产生二噁英；一些杀虫剂的杂质中也含有二噁英；焚烧生活垃圾时也容易产生二噁英。

（5）硫酸烟雾。硫酸烟雾是大气中的二氧化硫等硫氧化物，在有水雾、含有重金属的悬浮颗粒物或氮氧化物存在时，发生一系列化学或光化学作用而生成的硫酸烟雾或硫酸盐气溶胶。

（6）光化学烟雾。光化学烟雾是在阳光照射下，大气中氮氧化物、碳氢化合物和臭氧之间发生一系列光化学反应而生成的蓝色烟雾。

1.4　大气污染的综合防治

1.4.1　大气污染综合防治的含义

大气污染综合防治的基本点是防与治的综合。这种综合是立足于环境问题的区域性、系统性和整体性之上的。大气污染作为环境污染问题的一个重要方面，也只有将其纳入区域环境综合防治之中，才能真正获得解决。

大气污染综合防治，实质上就是为了达到区域环境空气质量控制目标，对多种大气污染控制方案的技术可行性、经济合理性、区域适应性和实施可能性等进行最优化选择和评价，从而得出最优的控制技术方案和工程措施。

例如，对于我国大中城市存在的颗粒物和 SO_2 等污染的控制，除了应对工业企业的集中点源进行污染物排放总量控制外，还应同时对分散的居民生活用燃料结构、燃用方式、炉具等进行控制和改革，对机动车排气污染、城市道路扬尘、建筑施工现场环境、城市绿化、城市环境卫生、城市功能区规划等方面进行管理和控制，才能取得综合防治的显著效果。

大气污染物又不可能集中起来进行统一处理，因此只靠单项治理措施解决不了区域性的大气污染问题。实践证明，只有从整个区域大气污染状况出发，统一规划并综合运用各种防治措施，才可能有效地控制大气污染。

1.4.2　大气污染综合防治的措施

（1）全面规划、合理布局。环境规划是经济、社会发展规划的重要组成部分，是体现环境污染综合防治以预防为主的最重要、最高层次的手段。为了控制城市和工业区的大气污染，必须在进行区域经济和社会发展规划的同时，根据该区域的大气环境容量，做好全面环境规划，采取区域性联合防治措施。我国明确规定，新建和改、扩建的工程项目，要先做环境影响评价，论证该项目的建设可能会产生的环境影响和采取的环境保护措施等。

（2）严格环境管理。完整的环境管理体制由环境立法、环境监测和环境保护管理机构三部分组成，环境法是进行环境管理的依据，它以法律、法令、条例、规定、标准等形式构成一个完整的体系，环境监测是环境管理的重要手段，可为环境管理及时提供准确的监测数据。环境保护管理机构是实施环境管理的领导者和组织者。我国的环境管理体制已逐步建立和完善，近 30 年来，我国相继制定（或修订）并公布了一系列法律，如《中华人民共和国环境保护法》《中华人民共和国大气污染防治法》《中华人民共和国森林法》等以及各种环境保护方面的条例、规定和标准等。与此同时，从国务院到各省、市、区、县以至各工业企业，都建立了相应的环境保护管理机构及环境监测中心、站、室，为环境法的实施和严格环境管理提供了组织保证。

（3）控制大气污染的技术措施。

1）实施清洁生产。清洁生产包括清洁的生产过程和清洁的产品两方面。对生产工艺而言，节约资源与能源、避免使用有毒有害原材料和降低排放物数量和毒性，实现生产过程的无污染或少污染；对产品而言，使用过程中不危害生态环境、人体健康和安全，使用寿命长，易于回收再利用。

2）实施可持续发展的能源战略，包括 4 个方面：①综合能源规划与管理，改善能源供应结构和布局，提高清洁能源和优质能源比例，加强农村能源和电气化建设等；②提高能源利用效率和节约能源；③推广少污染的煤炭开采技术和清洁煤技术；④积极开发利用新能源和可再生能源，如水电、核能、太阳能、风能、地热能、海洋能等。

3）建立综合性工业基地，开展综合利用，使各企业之间相互利用原材料和废弃物，减少污染物的排放总量。

4）对 SO_2 实施总量控制。

（4）控制污染的经济政策。

1）保证必要的环境保护投资，并随着经济的发展逐年增加。目前世界上大多数国家用于环境保护方面的投资占国民生产总值（GNP）的比例，发展中国家为 0.5%~1%，发达国家为 1%~2%，我国目前的比例为 0.7%~0.8%，如果能达到 1.5%，则我国的环境污染将会得到基本控制。

2）实行"污染者和使用者支付原则"我国已实行的经济政策有排污收费制度、SO_2 排污收费、排污许可证制度、治理污染的排污费返还和低息贷款制度，以及综合利用产品的减免税制度等。

（5）控制污染的产业政策。

1）鼓励类主要是对经济社会发展有重要促进作用，有利于节约资源、保护环境、产业结构优化升级，需要采取政策措施以鼓励和支持的关键技术、装备及产品。

2）限制类主要是工艺技术落后，不符合行业准入条件和有关规定，不利于产业结构优化升级，需要督促改造和禁止新建的生产能力、工艺技术、装备及产品。

3）淘汰类主要是不符合有关法律法规规定，严重浪费资源、污染环境、不具备安全生产条件，需要淘汰的落后工艺技术、装备及产品。通过淘汰污染严重的生产工艺技术、装备及产品，限制工艺技术落后和不符合行业准入条件项目的建设，来逐步改善环境质量。

（6）绿化造林。绿色植物是区域生态环境中不可缺少的重要组成部分，绿化造林不仅能美化环境。调节空气温湿度或城市小气候，保持水土，防风治沙，而且在净化空气（吸收二氧化碳、有害气体、颗粒物，杀菌）和降低噪声方面都会起到显著作用。

（7）安装废气净化装置。当采取了各种大气污染防治措施之后，大气污染物的排放浓度（或排放量）仍达不到排放标准或环境空气质量标准时，则必须安装废气净化装置，对污染源进行治理。各种净化装置的结构、原理、性能特点等，将在后续详细介绍。

1.5 大气污染控制法规和政策

为了应对近年来我国各地频发的大气污染现象，改善空气质量，我国出台了一系列相关的政策和法规，其中最有代表性的有《大气污染防治行动计划》和修订的《中华人民共和国大气污染防治法》。

1.5.1 大气污染防治行动计划

《大气污染防治行动计划》是国务院在 2013 年 9 月出台的行动计划，其涉及燃煤、工业、机动车、重污染预警等十条措施，被称为空气"国十条"。"大气十条"主要指的是治理雾霾的相关举措；此外，据介绍，现在全国已经有 25 个省（区、市）为落实"大气十条"制定了本地的实施方案。

第一条 减少污染物排放。全面整治燃煤小锅炉，加快重点行业脱硫脱硝除尘改造。

整治城市扬尘。提升燃油品质，限期淘汰黄标车。

第二条　严控高耗能、高污染行业新增产能，提前一年完成钢铁、水泥、电解铝、平板玻璃等重点行业"十二五"落后产能淘汰任务。

第三条　大力推行清洁生产，重点行业主要大气污染物排放强度到 2017 年底下降30%以上。大力发展公共交通。

第四条　加快调整能源结构，加大天然气、煤制甲烷等清洁能源供应。

第五条　强化节能环保指标约束，对未通过能评、环评的项目，不得批准开工建设，不得提供土地，不得提供贷款支持，不得供电供水。

第六条　推行激励与约束并举的节能减排新机制，加大排污费征收力度。加大对大气污染防治的信贷支持。加强国际合作，大力培育环保、新能源产业。

第七条　用法律、标准"倒逼"产业转型升级。制定、修订重点行业排放标准，建议修订大气污染防治法等法律。强制公开重污染行业企业环境信息。公布重点城市空气质量排名。加大违法行为处罚力度。

第八条　建立环渤海包括京津冀、长三角、珠三角等区域联防联控机制，加强人口密集地区和重点大城市 PM2.5 治理，构建对各省（区、市）的大气环境整治目标责任考核体系。

第九条　将重污染天气纳入地方政府突发事件应急管理，根据污染等级及时采取重污染企业限产限排、机动车限行等措施。

第十条　树立全社会"同呼吸、共奋斗"的行为准则，地方政府对当地空气质量负总责，落实企业治污主体责任，国务院有关部门协调联动，倡导节约、绿色消费方式和生活习惯，动员全民参与环境保护和监督。

1.5.2　大气污染防治法

新修订的《中华人民共和国大气污染防治法》被称为"史上最严"的大气污染防治法。不仅在法条数量上几近翻一倍，内容上也基本对所有现行法条做出修改。大气污染的防治，以改善空气质量为目标，实行污染物总量控制制度，推行重点污染物排放权交易，加强对燃煤、工业、机动车、船舶、扬尘等大气污染的综合防治，将挥发性有机物、生活性排放等物质和行为纳入监管范围，鼓励清洁能源的开发等，强化大气环境质量限期达标制度，向社会公开限期达标规划及执行情况。该法规对大气污染防治的监督管理体制，主要的法律制度，防治燃烧产生的大气污染、防治机动车船排放污染以及防治废气、粉尘和恶臭污染的主要措施与法律责任等均做了较为明确具体的规定。

（1）加强监督强化政府责任。此次修订的大气污染防治法以改善大气环境质量为目标，注重强化地方政府在环境保护、改善大气质量方面的责任，加强了对地方政府的监督。

（2）完善制度坚持源头治理。一直以来，大气污染治理之所以难，重要原因就在于很多手段都是末端治理，不但成本高，效果也差强人意。此次大气污染防治法在修改过程中，尤其注重加强源头治理，从制定产业政策、调整能源结构、提高燃煤质量、防治机动车污染治理等几个方面着手，从推动转变经济发展方式、优化产业结构、调整能源结构的角度完善相关的制度。

大气污染的防治，以改善空气质量为目标，实行污染物总量控制制度，推行污染源排放权交易制度，加强对燃煤、工业、机动车、船舶、扬尘等大气污染的综合防治，将挥发性有机物、生活性排放等物质和行为纳入监管范围，鼓励清洁能源的开发等，强化大气环境质量限期达标制度，向社会公开限期达标规划及执行情况。

由于目前我们国家主要能源仍是煤炭，而且短期内这个能源结构难以改变，所以此次新修改的大气污染防治法加强了对煤炭的洗选，优化煤炭的使用方式，提高燃煤的洗选比例，推广煤炭清洁高效利用。

为减少燃煤大气污染，新法提出国务院有关部门和地方各级人民政府应当采取措施，推广清洁能源的生产和使用，逐步降低煤炭在一次能源消费中的比重，同时要求地方各级人民政府加强民用散煤的管理，禁止销售不符合民用散煤质量标准的煤炭。

对于反映较多的机动车污染问题，新法也对提高燃油质量标准、对燃油机动车新车的排放要求和新车的环保一致性都提出了要求。

（3）抓住主因解决突出问题。此次大气污染防治法的修订历经三审，对社会普遍反映的主要问题都做了有针对性的非常具体的规定。尤其是对重点区域联防联治、重污染天气的应对措施都做出了明确要求。由国务院环境保护主管部门划定重点防治区域，确定牵头地方政府，定期召开联席会议，统一规划、统一标准、统一监测、统一防治、信息共享和联合执法，对颗粒物、二氧化硫、氮氧化物、挥发性有机物、氨等大气污染物和温室气体实施协同控制。重点区域内的新建、改建及扩建用煤项目，实行煤炭的等量或者减量替代。

法律还规定，编制可能对国家大气污染防治重点区域的大气环境造成严重污染的有关工业园区、开发区、区域产业和发展等规划时，应当依法进行环境影响评价。

（4）重点震慑加大处罚力度。新的大气污染防治法共 129 条，其中涉及法律责任的条款就有 30 条，这无疑表明，对于违法行为，新法将采取重点手段，加强震慑，加大处罚，让违法者付出沉重代价，增加其违法成本，对污染企业产生巨大的震慑作用。不仅规定了大量的具体的有针对性的措施，新的大气污染防治法还规定了相应的处罚责任。具体的处罚行为和种类接近 90 种，提高了这部法的操作性和针对性。

新修改的法律取消了现行法律中对造成大气污染事故企业事业单位罚款"最高不超过 50 万元"的封顶限额，变为按倍数计罚，同时增加了"按日计罚"的规定；新法还规定，造成大气污染事故的，对直接负责的主管人员和其他直接责任人员可以处上一年度从本企业事业单位取得收入 50% 以下的罚款。对造成一般或者较大大气污染事故的，按照污染事故造成直接损失的 1 倍以上 3 倍以下计算罚款；对造成重大或者特大大气污染事故的，按污染事故造成的直接损失的 3 倍以上 5 倍以下计罚。

1.6　环境空气质量控制标准

环境空气质量控制标准是执行环境保护法和大气污染防治法、实施环境空气质量管理及防治大气污染的依据和手段。

环境空气质量控制标准按用途可分为环境空气质量标准、大气污染物排放标准、大气污染控制技术标准及大气污染警报标准等。按其使用范围可分为国家标准、地方标准和行业标准。此外，我国还实行了大中城市空气污染指数报告制度。

（1）环境空气质量标准（Ambient air quality standards）。《环境空气质量标准》（GB 3095—2012）规定了环境空气质量功能区划分、标准分级、污染物项目、取值时间及浓度限值，采样与分析方法及数据统计的有效性。标准首次发布于 1982 年。1996 年第一次修订，2000 年第二次修订，2012 年第三次修订，增加了 PM2.5 监测。

新修订的标准草案做了如下调整：

1）调整了环境空气功能区分类方案，将三类区（特定工业区）并入二类区（城镇规划中确定的居住区、商业交通居民混合区、文化区、一般工业区和农村地区）。

2）调整了污染物项目及限值，增设了 PM2.5 平均浓度限值和臭氧 8h 平均浓度限值，收紧了 PM10、二氧化氮、铅和苯并芘等污染物的浓度限值。

3）收严了监测数据统计的有效性规定，将有效数据要求由 50%~75% 提高至 75%~90%。

4）更新了二氧化硫、二氧化氮、臭氧、颗粒物等的分析方法标准，增加自动监测分析方法。

5）明确了标准实施时间。规定新标准发布后分期分批予以实施。

新标准环境空气质量功能区分类：

环境空气功能区分为二类，一类区为自然保护区、风景名胜区和其他需要特殊保护的区域，二类区为居住区、商业交通居民混合区、文化区、工业区和农村地区。

环境空气质量标准分级：

环境空气质量标准分为二级，一类区执行一级标准，二类区执行二级标准。

（2）大气污染物综合排放标准（Integrated emission standard of air pollutants）。《大气污染物综合排放标准》（GB 16297—1996）规定了 33 种大气污染物的排放限值，设置下列三项指标：通过排气筒排放的污染物最高允许排放浓度；通过排气筒排放的污染物，按排气筒高度规定的最高允许排放速率；以无组织方式排放的污染物，规定无组织排放的监控点及相应的监控浓度限值。该标准规定任何一个排气筒必须同时遵守最高允许排放浓度和最高允许排放速率两项指标，超过其中任何一项均为超标排放。

在我国现有的国家大气污染物排放标准体系中，按照综合性排放标准与行业性排放标准不交叉执行的原则，如锅炉执行《锅炉大气污染物排放标准》（GB 13271—2014）、工业炉窑执行《工业炉窑大气污染物排放标准》（GB 9078—1996）、火电厂执行《火电厂大气污染物排放标准》（GB 13223—2011）、炼焦炉执行《炼焦化学工业污染物排放标准》（GB 16171—2012）、水泥厂执行《水泥工业大气污染物排放标准》（GB 4915—2013）等。其他大气污染物排放均执行《大气污染物综合排放标准》（GB 16297—1996）。

 练习题

1-1　选择题。

（1）目前我国主要大气污染物是（　　　）。

　　A. 二氧化硫、降尘和总悬浮微粒

　　B. 氮氧化物、降尘和总悬浮微粒

    C. 一氧化碳、降尘和总悬浮微粒

    D. 二氧化硫、氮氧化物和总悬浮微粒

(2) 目前中国控制大气污染的主要任务是控制（　　）的污染。

    A. 颗粒污染物、SO_2　　　　B. SO_2、NO_x　　　C. 颗粒污染物、NO_x　　　　D. SO_2、重金属铅

(3)《燃煤二氧化硫排放污染防治技术政策》规定，在安装烟气脱硫设施后，允许使用高硫分燃煤的锅炉有（　　）。

    A. 只有电厂锅炉　　　　　　　　　　　　B. 电厂锅炉、大中型工业锅炉和炉窑

    C. 电厂锅炉、中小型工业锅炉和炉窑　　　D. 中小型工业锅炉和炉窑

(4) 下列哪种情况属于广域性的大气污染（　　）。

    A. 一个工厂的污染　　　　　　　　　　　B. 一个城市的污染

    C. 跨行政区划的污染　　　　　　　　　　D. 全球性的污染

(5) 防治大气污染，应当以（　　）为目标，坚持（　　），规划先行，转变经济发展方式，优化（　　）和布局，调整（　　）。

    A. 源头治理 改善大气环境质量 产业结构 能源结构

    B. 源头治理 改善大气环境质量 能源结构 产业结构

    C. 改善大气环境质量 源头治理 产业结构 能源结构

    D. 改善大气环境质量 源头治理 能源结构 产业结构

(6) 公民应当增强大气环境保护意识，采取（　　）的生活方式，自觉履行大气环境保护义务。

    A. 奢华、浪费　　　　　B. 低碳、节俭　　　　C. 低碳、环保

(7) 排放工业废气及其他依法实行排污许可管理的单位，应当取得（　　）。

    A. 污染物排放标准　　　　　　　　　　　B. 清洁生产批复

    C. 排污许可证　　　　　　　　　　　　　D. 营业执照

(8) 国家逐步推行（　　）交易，对重点大气污染物排放实行（　　）控制。

    A. 碳排放权 浓度　　　　　　　　　　　B. 重点大气污染物排污权 浓度

    C. 碳排放权 总量　　　　　　　　　　　D. 重点大气污染物排污权 总量

(9) 我国的《环境空气质量标准》（GB 3095—2012）将环境空气质量标准分为（　　）级。

    A. 一级　　　　　　　B. 二级　　　　　　C. 三级　　　　　　　D. 四级

(10) 位于酸雨控制区和二氧化硫污染控制区内的钢厂，应实行二氧化硫的全厂排放总量与各烟囱（　　）双重控制。

    A. 排放高度　　　　　　　　　　　　　　B. 排放总量

    C. 排放浓度　　　　　　　　　　　　　　D. 排放浓度和排放高度。

(11) 以下属于大气中二次污染物的是（　　）。

    A. 二氧化硫　　　　　B. 硫酸盐　　　　　C. 一氧化碳　　　　　　D. 二氧化碳

(12) 二氧化硫与二氧化碳作为大气污染物的共同之处在于（　　）。

    A. 都是一次污染　　　　　　　　　　　　B. 都是产生酸雨的主要污染物

    C. 都是无色、有毒的不可燃气体　　　　　D. 都是产生温室效应的气体

(13) 产生酸雨的主要一次污染物是（　　）。

    A. SO_2、碳氢化合物　　　　　　　　　B. NO_2、SO_2

    C. SO_2、NO　　　　　　　　　　　　D. HNO_3、H_2SO_4

1-2　判断题。

(1) 大气中 SO_2 在相对湿度较大，并与颗粒物粉尘在太阳紫外光照射下，SO_2 将会发生硫酸型光化学烟雾。

                                              （　　）

(2) 气溶胶是指空气中的固体粒子和液体粒子，或固体和液体粒在气体介质中的悬浮体。　　　　　　　　（　　）

(3) 酸雨是指 pH 小于 7 的降雨。　　　　　　　　（　　）

(4) 粉尘属于气溶胶状态污染物而雾则属于气态污染物。　　　　　　　　（　　）

(5) 防治大气污染，应当加强对燃煤、工业、机动车船、扬尘、农业等大气污染的综合防治，推行区域大气污染联合防治。　　　　　　　　（　　）

(6) 企业事业单位和其他生产经营者向大气排放污染物的，只要符合排放浓度标准就行，不需要对大气污染物排放总量进行控制。　　　　　　　　（　　）

(7) 工业生产企业应采取密闭、围挡、遮盖、清扫、洒水等措施，减少内部物料堆存、传输、装卸等环节产生的粉尘和气态污染物的排放。　　　　　　　　（　　）

(8) 二次污染对人类的危害比一次污染物要大。　　　　　　　　（　　）

(9) 空气污染物按其形成的过程可分为一次污染物和二次污染物。　　　　　　　　（　　）

(10) 一般情况下，我国冬季的大气污染程度高于夏季的大气污染程度。　　　　　　　　（　　）

模块 2   燃烧与大气污染物生成

【知识目标】

(1) 了解和掌握煤等化石燃料的组成、结构及燃料燃烧过程中污染物的形成机制。

(2) 掌握燃料燃烧过程理论空气量和空气过剩系数、污染物排放量的计算方法。

【技能目标】

(1) 知道燃料燃烧生成的污染物种类和燃烧过程中主要污染物生成过程。

(2) 会计算燃料燃烧所需的空气量、产生的烟气量和污染物的排放量。

【案例引入】

央广网海口 1 月 31 日消息（记者朱永）1 月 31 日，"2016 调整能源结构治理大气污染国际研讨会"在海南省三亚市召开，国内外 70 余位政府官员、专家学者以及商界领袖围绕我国在"十三五"时期如何改善能源供求结构、推进能源体制改革等议题展开研讨。与会嘉宾表示，燃煤被证明是雾霾主要原因，改变我国能源结构是根本解决之道。天然气是洁净环保优质能源，可减少二氧化硫和粉尘排放量。应打破天然气替代受价格、输气管网等体制机制因素制约，加大天然气推广力度。

"十一五"以来，全国煤炭消费量由 24 亿吨增加到 42 亿吨，主要工业产品钢铁、水泥、电解铝等产量均增加了一倍以上，但通过总量减排，高排放行业治理工程建设等举措，主要污染物二氧化硫、氮氧化物排放总量呈现下降态势。然而，近年来长时间、大范围的雾霾污染频发，表明我国环保约束性指标设定尚需完善。"十一五"时期总量控制只有两项污染物，"十二五"时期总量控制为四项污染物——二氧化硫、氮氧化物、化学需氧量和氨氮，"十三五"规划建议提出扩大污染物总量控制范围，要将重点行业挥发性有机物纳入控制指标，还明确将细颗粒物（PM2.5）等环境质量指标列入约束性指标。

燃煤排放被证实是大气污染和雾霾的首要来源，当下中国能源结构中煤炭消费比重超过 60%，实施天然气、电力替代煤炭、石油等化石能源，是实现节能减排和结构优化的重要途径。曾经深受雾霾困扰的英国，用 20 年使石油替代了 20% 的煤炭、用天然气替代了 30% 以上的煤炭，最终使煤炭占能源结构的比例从 90% 下降到了 30%。"十三五"时期，我国将着眼于抑制不合理能源消费，优化能源供应结构，大力提高清洁能源供应比例，推动能源技术革命，还原能源商品属性。

——摘自央广网 2016 年 1 月 31 日《2016 调整能源结构治理大气污染国际研讨会举行》

【任务思考】

(1) 从案例中思考能源利用和大气污染的关系。

（2）试从能源利用的角度提出解决大气污染问题的方法。

【主要内容】

2.1　燃　料

燃料是指用以生产热量或动力的可燃性物质。其主要是含碳物质或碳氢化合物，如煤、石油和天然气等化石燃料，以及统称为非常规燃料的多种其他燃料，如生活垃圾、农作物秸秆等。

燃料按物理状态可以分为固体燃料、液体燃料和气体燃料，按使用多少可分为常规燃料和非常规燃料，按来源可分为天然燃料和加工燃料。

2.1.1　固体燃料

固体燃料分为天然固体燃料、人工固体燃料和固体可燃废物。固体可燃废物主要有城市生活垃圾、医疗垃圾和城市污泥（包括污水处理厂的污泥）等，人工固体燃料主要有焦炭、型煤、石油焦和木炭等，天然固体燃料分为矿物燃料和生物质燃料，生物质燃料是指多年生木质和一年生草本及秸秆等原生生物质。

矿物燃料主要是煤炭、石煤、泥炭、煤矸石、油页岩和碳沥青等，它是我国能源结构的主体。

煤是最重要的固体燃料，煤的可燃成分主要是由碳、氢及少量氧、氮和硫等一起构成的有机聚合物。煤中有机成分和无机成分的含量，因煤的产地和种类的不同而有很大差别。

2.1.1.1　煤的种类

最常用的是基于沉积年代的分类法。此法将煤分为褐煤、烟煤和无烟煤，每大类又依次分为几小类。

（1）褐煤。褐煤是由泥煤形成的初始煤化物，是煤中等级最低的一类，形成年代最短。呈黑褐色、褐色或泥土色，其结构类似木材。褐煤的挥发分较高且析出温度较低。干燥后无灰的褐煤中碳的质量分数为 60%～75%，氧的质量分数为 20%～25%。褐煤的水分和灰分都较高，燃烧热值较低，不能用制焦炭，易于破裂。

（2）烟煤。烟煤的形成历史较褐煤长，呈黑色，外形有可见条纹，挥发分质量分数为 20%～45%，碳质量分数为 75%～90%。烟煤成焦性较强，且含氧量低、水分和灰分含量一般不高，适宜工业上的一般应用。

（3）无烟煤。无烟煤是含碳量最高、煤化时间最长的煤。它具有明亮的黑色光泽，机械强度高。碳的质量分数一般高于 93%，无机物质量分数低于 10%，因而着火困难，储存时稳定，不易自燃。无烟煤的成焦性极差。

2.1.1.2　煤的组成

碳是煤组成中主要的可燃元素，煤的炭化年龄越长，含碳量就越高，碳是煤发热量的主要来源，每千克碳完全燃烧时可放出约 $3.27×10^4kJ$ 的热量。

氢在煤中的质量分数大多在 3%~6% 之间，以两种形式存在，一种是与氧结合成稳定的化合物水，不能燃烧，称为结合氧；另一种是与碳、硫等元素结合存在于有机物中，称为可燃氢。

氮和氧是有机物中不可燃成分，氧在各种煤中的质量分数差别很大，最高可达 40% 左右，随着煤炭化程度提高，氧的质量分数逐渐降低。煤中的氮质量分数一般不多，只有 0.5%~2%，氮在燃烧时会产生氮氧化物，造成大气污染。

煤中的硫以有机硫和无机硫形态存在。无机硫化合物主要是黄铁矿（FeS_2）和硫酸盐，有机硫和黄铁矿硫都能参与燃烧反应，因而总称为可燃硫。煤中的可燃性硫是极为有害的，燃烧后可生成二氧化硫和三氧化硫等有害气体，造成大气污染，中国的酸雨主要是由燃煤引起的。

按煤炭硫含量的高低，可分为低硫煤（$w(S) < 1.5\%$）、中硫煤（$w(S) = 1.5\% \sim 2.4\%$）、高硫煤（$w(S) = 2.4\% \sim 4\%$）和富硫煤（$w(S) > 4\%$），中国煤炭中硫含量相差悬殊，低的小于 0.2%，最高可达 15%，多数为 0.5%~3%。我国高硫煤分布较广，大多位于西南、中南、华东和西北地区。含硫量超过 2% 的中、高硫煤约占煤炭储量的 25% 左右，目前高硫煤的产量占全国煤炭总产量的 20% 左右。

灰分是由煤中所含的碳酸盐、黏土矿以及微量的稀土元素所组成，灰分不仅不能燃烧，还妨碍可燃物质与氧接触，增加燃烧着火和燃尽的困难，使燃烧损失增加，多灰分的劣质煤往往着火困难，燃烧不稳定，煤中的灰分还造成大气和环境的污染。

煤中的水分不利于燃烧，会降低燃料的燃烧温度，水分多的煤甚至可造成着火困难。

2.1.2 液体燃料

2.1.2.1 石油

石油及石油制品主要包括原油、汽油、煤油、柴油和燃料油。石油又称原油，是液体燃料的主要来源，它是多种化合物的混合物，主要由链烷烃、环烷烃和芳香烃等碳氢化合物组成。这些化合物主要含碳和氢，还有少量的硫、氮和氧，它们的含量因产地而异。通常原油还含有微量金属，如钒、镍，也会受到氯、砷和铅的污染。

汽油是原油中最轻质的馏分，分航空汽油和车用汽油。

煤油分白煤油和茶色煤油，白煤油用作家庭燃料和小动力设备，茶色煤油用于动力设备，柴油主要用于动力设备。

2.1.2.2 煤炭加工制取的燃料油

煤炭加工制取的燃料油主要包括煤焦油和煤液化油。

煤焦油是炼焦工业的重要产品之一，其组成极为复杂，除作燃料外，主要用于分馏出各种酚类、芳香烃、烷类等，并可用于制造其他染料或药物等。

煤液化油是指以煤炭为原料通过各种直接液化和间接液化工艺得到的燃料油。

2.1.2.3 生物液体燃料

生物液体燃料主要有生物柴油和醇类燃料。生物液体燃料（生物燃油）是中国今后开发利用生物质能的一个主要方向。

2.1.3　气体燃料

气体燃料属于清洁燃料，一般含有低分子量的碳氢化合物、氢和一氧化碳等可燃气体，并常含有氮和二氧化碳等不可燃气体。根据其来源可分为天然气体燃料、工业生产过程副产气体燃料和人造气体燃料。

2.1.3.1　天然气体燃料

天然气体燃料主要有天然气和煤层气。天然气主要成分是甲烷，另有少量的乙烷、丙烷和丁烷，还有少量的 H_2S、CO_2、N_2、H_2O 和 CO 等。其中 H_2S 燃烧生成硫氧化物污染环境，许多国家都规定了天然气总硫量和硫化氢含量的最大允许值。

2.1.3.2　工业生产过程副产气体燃料

工业生产过程副产气体燃料主要有冶金工艺过程副产煤气和石油炼制过程副产煤气。

冶金工艺过程副产煤气主要包括焦炉煤气、高炉煤气和转炉煤气等。焦炉煤气是炼焦生产的副产物，每炼 1t 焦炭可产生 $300\sim320m^3$ 焦炉煤气，主要成分是 H_2、CH_4 和 CO，还有少量的 N_2、CO_2，高炉煤气是指高炉炼铁过程中产生的副产品，每生产 1t 生铁可产生 $2100\sim2200m^3$ 高炉煤气，其主要成分为 CO、CO_2、N_2、H_2、CH_4 等，转炉煤气是指转炉炼钢生产得到的副产品，每炼 1t 钢可产生 $50\sim70m^3$ 转炉煤气，其中 CO 体积分数为 65%左右。

石油炼制过程副产煤气主要包括液化石油气、裂化石油气和裂解石油气等。液化石油气是由炼厂气或天然气加压、降温、液化得到的一种无色、挥发性气体。输送和储存时呈液体状态，燃烧时呈气体状态，具有易运输、易储存、发热量高、含硫低、轻污染等特点，广泛用于居民生活和汽车等燃料。裂化石油气是用水蒸气、空气或氧气等作气化剂，将石油和重油等油类裂化而得，一般作民用燃料。

2.1.3.3　人造气体燃料

人造气体燃料主要有空气煤气、混合煤气和沼气等。

空气煤气是指在煤气发生炉中以空气为气化剂连续操作得到的煤气。混合煤气是指发生炉中以空气-水蒸气为气化剂连续操作得到的煤气。沼气是指用农作物秸秆、杂草及家畜的粪便等有机物经发酵分解后制取的气体燃料。

2.2　燃烧过程及燃烧计算

2.2.1　影响燃烧过程的主要因素

2.2.1.1　燃烧过程及燃烧产物

燃烧是可燃混合物的快速氧化过程，并伴随着能量（光和热）的释放，同时使燃料的组成元素转化为相应的氧化物，多数化石燃料完全燃烧的产物是二氧化碳和水蒸气。然而，不完全燃烧过程将产生黑烟、一氧化碳和其他部分氧化产物等大气污染物。若燃料中含有硫和氮，则会生成 SO_2 和 NO，以污染物形式存在于烟气中。此外，当燃烧室温度较高时，空气中部分氮也会转化成 NO_x，常称为氮氧化物。

2.2.1.2 燃料完全燃烧的条件

要使燃料完全燃烧，必须具备以下条件：

（1）空气条件。很显然，燃料燃烧时必须保证供应与燃料燃烧相适应的空气量。如果空气供应不足，燃烧就不完全。相反空气量过大，也会降低炉温，增加锅炉的排烟损失。因此按燃烧不同阶段供给相应空气量是十分重要的。

（2）温度条件。燃料只有达到着火温度，才能与氧化合而燃烧。着火温度是在氧存在下可燃质开始燃烧所必须达到的最低温度。各种燃料都具有自己的着火温度，按固体燃料、液体燃料、气体燃料的顺序上升。

当温度高于着火点温度时，若燃烧过程的放热速率高于向周围的散热速率，维持在较高的温度下，燃烧过程才能继续进行。

（3）时间条件。燃料在燃烧室中的停留时间是影响燃烧的完全程度的另一基本因素。燃料在高温区的停留时间应超过燃料燃烧所需要的时间。因此，在所要求的燃烧反应速度下，停留时间将决定于燃烧室的大小和形状。反应速度随温度的升高而加快，所以在较高温度下燃烧所需要的时间较短。设计者必须面对这样一个经济问题：燃烧室越小，在可利用时间内氧化一定量的燃料的温度就必须越高。

（4）燃料与空气的混合条件。燃料和空气中氧的充分混合也是有效燃烧的基本条件。混合程度取决于空气的湍流度。若混合不充分，将导致不完全燃烧产物的产生。对于蒸气相的燃烧，湍流可以加速液体燃料的蒸发。对于固体燃料的燃烧，湍流有助于破坏燃烧产物在燃料颗粒表面形成的边界层，从而提高表面反应的氧利用率，并使燃烧过程加速。

适当的控制这四个因素——空气与燃料之比、温度、时间和湍流度，是在大气污染物排放量最低条件下实现有效燃烧所必需的，评价燃烧过程和燃烧设备时，必须认真地考虑这些因素。通常把温度、时间和湍流度称为燃烧过程的"三 T"。

2.2.2 燃烧计算

2.2.2.1 燃烧所需空气量的计算

（1）理论空气量。燃料燃烧所需要的氧，一般是从空气中获得。单位量燃料按燃烧反应方程式完全燃烧所需要的空气量称为理论空气量，它由燃料的组成决定，可根据燃烧方程式求得。建立燃烧方程式时，通常假定：1）空气仅是由氮和氧组成的，其体积比为 $79/21 = 3.76$；2）燃料中的固定态氧可用于燃烧；3）燃料中的硫主要被氧化为 SO_2；4）热型 NO_x 的生成量较小，燃料中含氮量也较低，在计算理论空气量时可以忽略；5）燃料的化学式为 $C_xH_yS_zO_w$，其中下标 x、y、z、w 分别代表碳、氢、硫和氧的原子数。由此可得燃料与空气中氧完全燃烧的化学反应方程式：

$$C_xH_yS_zO_w + \left(x + \frac{y}{4} + z - \frac{w}{2}\right)O_2 + 3.76\left(x + \frac{y}{4} + z - \frac{w}{2}\right)N_2 \longrightarrow$$

$$xCO_2 + \frac{y}{2}H_2O + zSO_2 + 3.76\left(x + \frac{y}{4} + z - \frac{w}{2}\right)N_2 + Q$$

其中，Q 代表燃烧热。

则理论空气量（m^3/h）：

$$V_a^0 = 22.4 \times 4.76\left(x + \frac{y}{4} + z - \frac{w}{2}\right)/(12x + 1.008y + 32z + 16w)$$

$$= 106.6\left(x + \frac{y}{4} + z - \frac{w}{2}\right)/(12x + 1.008y + 32z + 16w) \tag{2-1}$$

（2）空气过剩系数。在实际的燃料燃烧过程中，为了使燃料能够完全燃烧，必须提供过量的空气。超出理论空气量的空气称为过剩空气。实际供给的空气量（V_a）与理论空气量（V_a^0）的比值称为空气过剩系数。

$$\alpha = \frac{V_a}{V_a^0} \tag{2-2}$$

空气过剩系数的大小决定于燃料的种类、燃烧设备及燃烧条件等。空气过剩系数过大，表示过剩空气量太多，将使烟气量增加，引风机的耗电量增加，燃烧室温度降低，对燃烧不利。若空气过剩系数过小，将造成燃烧不完全，燃料消耗量增大。空气过剩系数可以反映出燃烧的经济性和操作运行的技术水平，是一项燃烧技术的经济指标。在实际燃烧过程中，应在保证完全燃烧的条件下，尽量减少空气过剩系数，α 的值一般根据经验选择，也可实测或根据燃烧组分分析求出。一般控制在 $1.15 \sim 1.25$ 为宜。

【例 2-1】 某燃烧装置采用重油作燃料，重油成分分析结果如下（按质量分数）：C 88.3%，H 9.5%，S 1.6%，灰分 0.10%。试确定燃烧 1kg 重油所需的理论空气量。

解：以 1kg 重油燃烧为基础，则：

	质量/g	物质的量/mol	需氧量/mol
C	883	73.58	73.58
H	95	47.5	23.75
S	16	0.5	0.5
H_2O	0.5	0.0278	0

理论需氧量为： $73.58+23.75+0.5 = 97.83$ mol/kg

假定空气中 N_2 与 O_2 的摩尔比为 3.76（体积比），则理论空气量为：

$$97.83 \times (3.76 + 1) = 465.67 \text{mol/kg}$$

即 $$465.67 \times \frac{22.4}{1000} = 10.43 \text{m}^3/\text{kg}$$

（3）空燃比（A_F）。单位质量燃料燃烧所需的空气质量，它可由燃烧方程直接求得。

2.2.2.2 燃烧产生的烟气体积计算

（1）理论烟气量（体积）。燃料燃烧产生的高温气体称为烟气，热烟气经传热降温后再经烟道及烟囱排向大气，排出的烟气简称排烟。理论烟气量是指在理论空气量下，燃料完全燃烧所生成的烟气体积。烟气的主要成分是 CO_2、SO_2、N_2 和水蒸气。烟气中的水蒸气是由燃料中的自由水、空气带入的水蒸气及燃烧所生成的水蒸气组成。通常把烟气中除了水蒸气以外的部分称为干烟气，把包括水蒸气在内的烟气称为湿烟气。理论烟气的体积等于干烟气和水蒸气体积之和。

（2）烟气的体积和密度的校正。燃烧过程的温度和压力一般是在高于标准状态（273.15K、$1.013×10^5$Pa）下进行的，在进行烟气体积和密度计算时，为了便于比较应换算成标准状态。大多数烟气可视为理想气体，因此可以用理想气体的有关方程式进行换算。

设观测状态下温度为 T_s，压力为 p_s，烟气体积为 V_s，密度为 ρ_s，标准状态下温度为 T_n，压力为 p_n，密度为 ρ_n，烟气体积为 V_n，则

$$V_n = \frac{p_s T_n V_s}{p_n T_s} \tag{2-3}$$

$$\rho_n = \frac{p_n T_s \rho_s}{p_s T_n} \tag{2-4}$$

（3）实际烟气体积。实际燃烧过程中空气是有剩余的，所以燃烧过程中实际烟气体积应该为理论烟气体积与过剩空气之和。

2.2.2.3 燃烧产生废气和污染物排放量估算

工业生产废气和污染物的产生量和排放量的估算是工业大气污染源调查的核心内容。污染物的排放分为有组织排放和无组织排放。常用的估算方法主要有现场实测法、物料衡算法、经验估算法和类比分析法。

（1）现场实测法。现场实测法是对污染源排放废气和污染物现场实测，包括废气流量和污染物浓度测定，以确定废气污染物的产生量和排放量。主要用于有组织排放源，而无组织排放源需要采用特殊措施才能确定。

废气样品的采集和废气流量的测定一般均在排气筒和烟道内进行。在排气筒或烟囱内部，废气中各种污染物的浓度分布和废气排放速度的分布是不均匀的，为准确测定废气中某种污染物的浓度和废气流量的大小，必须多点采样和测量，以取得平均浓度和平均流量值。样品经分析测定即可得到每个采样点的浓度值，采样截面各测量点浓度值的平均值为废气排放的平均浓度。所有测量点排放速度的平均值为废气的平均排放速度。平均排放速度与废气通过的截面积相乘为废气的流量。

实测的平均浓度和实测的平均流量的乘积即为污染物的产生量或排放量，计算式如下：

$$Q = VC \tag{2-5}$$

式中，Q 为单位时间内某种污染物的产生量或排放量，kg/h；C 为该种污染物的实测平均浓度，kg/m^3；V 为废气实测平均流量，m^3/h。

由于这种估算方法数据来自现场实测，得到的污染物生产量或排放量比较接近实际。这种方法所需人力、物力较多，费用较大。

（2）物料衡算法。物料衡算法的基础是物质守恒定律。它根据生产部门的原料、燃料、产品、生产工艺及副产品等方面的物料平衡关系来推断污染物的产生量与排放量，可

以应用于有组织和无组织排放，用这种方法估算时，应对生产工艺过程及管理等方面的情况有比较深入的了解。

进行物料衡算的前提是要掌握必要的基础数据，它包括：产品的生产工艺过程；产品生产的化学反应式和反应条件；污染物在产品、副产品、回收物品、原料及中间体的当量关系；产品产量、纯度及原材料消耗量；杂质含量；回收物数量；产品率及纯度、转化率；污染物的去除率等。

废气污染物产生量和排放量的估算模式为：

$$产生量 = B - (a + b + c) \tag{2-6}$$
$$排放量 = B - (a + b + c + d) \tag{2-7}$$

式中，B 为生产过程中使用或生成的某种污染物总量，kg；a 为进入主产品结构中该污染物的量，kg；b 为进入副产品，回收品中该污染物的量，kg；c 为在生产过程中分解、转化掉的该污染物的量，kg；d 为采取净化措施处理掉的污染物的量，kg。

物料衡算法是一种理论估算方法，特别适用于很难进行现场实测以及所排污染物种类较多的污染源的估算，只要对生产工艺过程和生产管理各环节有比较深入的了解，这种方法估算的结果是比较准确的。它不仅适用于建成企业，也可用于预测新建企业的估算。对于复杂生产过程，这种估算方法所需人力、物力少，费用低。

（3）经验估算法。经验估算法也称为排污系数法，是根据统计得到的生产单位产品产生或排出污染物的数量，又称排污系数。国家有关部门定期公布污染物总产生量和排放量。排污系数是根据大量的实测调查结果而确定的。具体估算模式如下：

$$Q = KM \tag{2-8}$$

式中，Q 为一段时间内，某种污染物产生总量或排放总量，kg；K 为产物系数或排污系数；M 为相应时间内所生产产品的数量，kg。

由此可见，用经验估算法估算污染物产生或排放量的正确与否，关键是正确确定产物系数和排污系数。

2.3　燃烧过程中主要污染物的形成和控制技术

2.3.1　硫氧化物

2.3.1.1　硫氧化物的形成

硫氧化物是指 SO_2 和 SO_3。燃料燃烧时，以有机硫为主的低温硫在 750℃ 以下开始析出，单质硫和硫铁矿硫为主的高温硫在 800℃ 以上才开始大量析出。当析出的可燃性硫进行燃烧时就生成了 SO_2，另有 1%~5% 的 SO_2 被进一步氧化成 SO_3。元素硫和硫化物硫在燃烧时直接生成 SO_2 和 SO_3，有机硫则先生成 H_2S、CS_2 等含硫化合物，进一步被氧化形成 SO_2。

2.3.1.2　燃烧过程中硫氧化物的控制

A　燃烧前脱硫

燃烧前脱硫技术主要指燃料的脱硫技术，在我国又主要指煤的脱硫技术。

a 煤炭洗选

洗煤又称选煤，是通过物理、化学或微生物方法将煤中的含硫矿物和煤矸石等杂质除去的工艺过程。它是燃前除去煤中的矿物质，降低煤中硫含量的主要手段。常规的物理选煤方法可除去原煤中 50%~80% 的灰分和 30%~40% 的硫分，成本较低，可有效减少污染物排放量。

物理方法主要有重力洗选法、高梯度磁选法和静电分选法等。用于洗煤生产的方法主要是重选、浮选等传统的选煤方法，重选是利用煤与杂质密度不同进行机械分离的方法，浮选主要用于处理粒径小于 0.5mm 的煤粉，利用煤与矸石、含硫矿物的性质不同进行分离。高梯度磁分离法是利用煤与黄铁矿的磁性不同（黄铁矿是顺磁性物质，煤是反磁性物质），将黄铁矿分离除去，脱硫率约为 60%。

化学方法是借助化学反应使煤中有用成分富集，除去杂质和有害成分的工艺过程。在实验室常用化学的方法脱硫。根据常用的化学药剂种类和反应原理的不同，可分为碱处理、氧化法和溶剂萃取等。微生物选煤是用某些自养性和异养性微生物，直接或间接地利用其代谢产物从煤中溶浸硫，达到脱硫的目的。

物理选煤和物理化学选煤技术是实际选煤生产中常用的技术，一般可有效脱除煤中无机硫（黄铁矿硫），化学选煤和微生物选煤还可脱除煤中的有机硫。工业化生产中常用的选煤方法为跳汰、重介、浮选等选煤方法，此外干法选煤近几年发展也很快。

b 煤炭转化

煤炭的转化是指将固态的煤转化为气态或液态的燃料，即煤的气化和液化。在转换过程中可以将大部分的硫除去，所以转化过程既是燃料加工过程又是净化过程。

煤的液化是指在一定的条件下使煤转化为有机液体燃料的一种转化工艺，该液化工艺分为直接液化和间接液化两大类，直接液化是先把煤磨成粉再和自身产生的液化重油配成煤浆，在高温高压下加氢转化成石油产品。间接液化是先把煤全部气化为一氧化碳和氢气，再以上述气体为原料合成液化燃料。经验表明，直接液化特别适用于挥发分含量较低、含硫量比较高的煤。

煤的气化是指煤在特定的设备内，在一定温度及压力下使煤中有机质与气化剂（如蒸汽/空气或氧气等）发生一系列化学反应，将固体煤转化为含有 CO、H_2、CH_4 等可燃气体和 CO_2、N_2 等非可燃气体的过程使煤与氧气和水蒸气结合生成可燃性煤气。煤的气化一般是在气化反应器中进行的，也可以在煤层中实现，即煤层或地下气化。煤气化工艺是生产合成气产品的主要途径之一，通过气化过程将固态的煤转化成气态的合成气，同时副产蒸汽、焦油（个别气化技术）、灰渣等副产品。煤气化工艺技术分为固定床气化技术、流化床气化技术、气流床气化技术三大类，各种气化技术均有其各自的优缺点，对原料煤的品质均有一定的要求，其工艺的先进性、技术成熟程度也有差异。

B 燃烧中脱硫技术

a 型煤固硫

型煤是指使用外力将粉煤挤压成具有一定强度的固体型块。

粉煤成型方法大致可分为冷压成型和热压成型两大类。冷压成型是指在常温或低温下将粉煤加工成型煤的技术，冷压成型又分为无胶黏剂成型法和有胶黏剂成型法，无胶黏剂成型法是指在不添加任何胶黏剂的情况下，依靠煤炭自身所含的胶黏成分，在外力的作用下成型. 已广泛用来制取泥煤、褐煤煤球。胶黏剂成型法要在粉煤中加入一定的胶黏剂，再压制成型，胶黏剂可采用石灰、工业废液（纸浆废液、糠醛渣废液、酿酒废液、制糖废液、制革废液等）、黏土类（黄土、红土等）、沥青类和胶黏性煤等。

热压成型是将粉煤快速加热至塑性温度范围内，趁热压制成型。该方法由于不需要任何胶黏剂，产品具有机械强度高等特点，具有一定的发展前景。

在制作型煤时若在粉煤中添加石灰石等廉价的钙系固硫剂，在燃烧过程中，煤中的硫与固硫剂中的钙发生化学反应，从而将煤中的硫固化。该方法固硫效率高于 50%，是控制二氧化硫污染经济有效的途径。

使煤成型的设备主要采用单螺杆挤压成型机和对辊成型机。前者适用无胶黏剂成型工艺，后者适用胶黏剂成型工艺。图 2-1 是常用的单螺杆挤压成型机示意图，当螺杆转动时，加料口的物料被挤压向前运动过程中即被压实，再经过模具锥形体的节制作用，最后得到具有一定强度的符合形状要求的型煤。图 2-2 是对辊成型机示意图，两个压辊直径大小相同，每个压辊表面装有多个半球模形状的集料器。当两个压辊以相同的速度相对旋转时，粉煤即被挤压成型。

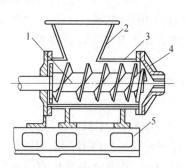

图 2-1　单螺杆挤压成型机示意图

1—螺杆；2—进料口；3—筒体；

4—锥体模具；5—机架

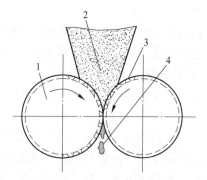

图 2-2　对辊成型机示意图

1—压辊；2—物料；3—球模；4—煤球

燃用固硫型煤比散煤一般可节煤 15% ~ 25%，减少二氧化硫和烟尘排放 40% ~ 60%。型煤分工业用和民用两大类。工业型煤有化工用型煤，用于化肥造气，蒸汽机车用型煤、冶金用型煤（又称为型焦），年产量约 2200 万吨，目前化肥造气型煤主要是石灰炭化煤球。民用型煤，又称为生活用煤，用于炊事和取暖，以蜂窝煤、煤球为主。

　　b　循环流化床燃烧（CFBC）脱硫技术

循环流化床燃烧（CFBC）脱硫技术是指利用高温除尘器使飞出的物料又返回炉膛内循环利用的流化燃烧方式，它具有以下几方面的特点：（1）不仅可以燃用各种类型的煤，而且可以燃烧木柴和固体废物，还可以实现与液体燃料的混合燃烧；（2）由于流化速度较高，燃料在系统内不断循环，实现均匀稳定的燃烧；（3）由于湍流混合充分，燃料在炉内停留时间较长，燃烧热效率可达 90%；（4）由于石灰石在流化床内反应时间长，使用少量的石灰石（钙硫比小于 1.5）即可使脱硫效率达 90%；（5）由于燃烧温度低，氮氧化物排放量比层燃烧炉少 70% 以上。

多物料循环流化床燃烧由于能使飞扬的物料循环回到燃烧室中，因此所采用的流化速度比常规流化床要高，对燃料粒度、吸附剂粒度的要求也比常规流化床要低。在多物料循环流化床中形成了两种截然不同的床层，底部是由大颗粒物料组成的密床层，上部是由细微物料组成的气流床，因此称为多物料循环流化床。当飞扬的物料逸出气流床后便被一个高效初级旋风分离器从烟气中分离出来，并使其流进外部换热器中，有一部分物料从换热器中再回到燃烧室中，大部分飞扬的物料溢流至外置式换热器的换热段，被冷却后再循环至燃烧室中。

将石灰石等原料与煤粉碎成同样的细度与煤在炉中同时燃烧，在 800～900 ℃时，石灰石受热分解放出 CO_2，形成多孔的氧化钙和二氧化硫作用生成硫酸盐，达到固硫的目的。影响脱硫效率的因素有流化床、燃烧温度、流化速度和脱硫剂用量。中国的资源禀赋条件决定了煤炭仍然是中国电力工业主要能源，并且煤炭资源中高灰、硫分大于1%的高硫煤比重较大，其中灰分大于20%的煤占50%以上。洗煤过程产生大量矸石、中煤、煤泥需要利用，循环流化床燃烧具备燃料适用范围广、低成本干法燃烧中脱硫、低氮氧化物排放的优点，是大规模清洁利用此类燃料的最佳选择。

2.3.2 氮氧化物

2.3.2.1 NO_x 的形成机理

通常所说的 NO_x 主要是指 NO 和 NO_2。主要是在化石燃料的燃烧过程中生成的。在燃烧过程中，产生的 NO_x 分为以下三类：一类是在高温燃烧时空气中的 N_2 和 O_2 反应生成的 NO_x，称为热力型 NO_x；另一类是通过燃料中有机氮经过化学反应生成的 NO_x，称为燃料型 NO_x；第三类是火焰边缘形成的快速型 NO_x。由于生成量很少，一般不考虑。因此可以认为热力型 NO_x 和燃料型 NO_x 生成量之和即为燃烧产生的 NO_x 的总量。

（1）热力型 NO_x。热力型 NO_x 与燃烧温度、燃烧气氛中氧气的浓度及气体在高温区停留的时间有关。实验证明，在氧气浓度相同的条件下，NO 的生成速度随燃烧温度的升高而增加。当燃烧温度低于300℃时，只有少量的 NO 生成，而当燃烧温度高于1500℃时，NO 的生成量显著增加，为了减少热力型 NO_x 的生成量，应设法降低燃烧温度，减少过量空气，缩短气体在高温区停留的时间。

$$N_2 + O_2 \Longrightarrow 2NO$$
$$N_2 + 2O_2 \Longrightarrow 2NO_2$$

（2）燃料型 NO_x。燃料中有机氮经过化学反应而生成的 NO_x。燃料中的氮经过燃烧约有20%～70%转化成燃料型 NO_x，燃料型 NO_x 的发生机制目前尚不完全清楚，一般认为，燃料中的氮化合物首先发生热分解形成中间产物，然后再经氧化生成 NO，燃料型 NO_x 主要是NO，在一般锅炉烟道气中只有不到10%的 NO 氧化成 NO_2。

2.3.2.2 燃烧过程中的 NO_x 控制

低 NO_x 生成燃烧技术是目前主要的或比较容易实施的 NO_x 污染控制方法，适合于燃用气态、液态和固体燃料的各种不同类型的锅炉。在低 NO_x 生成燃烧技术中，关键设备是新型燃烧器。它是基于降低燃烧区氧气的浓度，降低高温区的火焰温度或缩短可燃气在高温区的停留时间等措施，从而降低 NO_x 的生成量。燃烧器的主要类型有强化混合型低

NO_x 燃烧器、分割火焰型低 NO_x 燃烧器、部分烟气循环低 NO_x 燃烧器和二段燃烧低 NO_x 燃烧器。

（1）强化混合型低 NO_x 燃烧器。强化混合型低 NO_x 燃烧器是一种具有良好混合性能、燃烧快速的低 NO_x 生成燃烧器，如图 2-3 所示。由于燃料和空气两种气流几乎成直角相交，不仅加速了混合，而且具有薄薄的圆锥形火焰，由于这种火焰具有放热量大、燃烧速度快、可燃气在高温区停滞时间短等特点，因而 NO_x 生成量少。此外，这种燃烧器的火焰具有良好的稳定性，即使空气过剩系数和燃烧负荷有较大的变化，它所产生的热致 NO_x 的量和火焰长度几乎不发生变化，但该燃烧器对降低燃料中的氮化物转化成燃料 NO_x 的作用不明显。

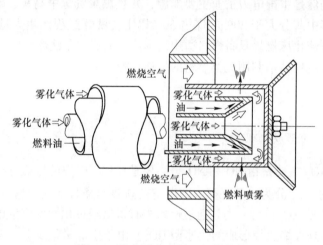

图 2-3 强化混合型低 NO_x 燃烧器

（2）分割焰型低 NO_x 燃烧器。分割焰型低 NO_x 燃烧器如图 2-4 所示，是在烧嘴头部

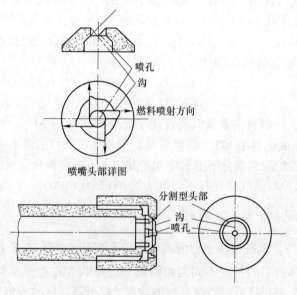

图 2-4 分割火焰型低 NO_x 燃烧器

开设一个沟槽，可将火焰分割成细而薄的小火焰，由于小火焰放热性能好，并且可以缩短煤气在高温区的滞留时间，因此可减少热致 NO_x 的生成，此种燃烧器多用于大型锅炉上。

（3）部分烟气循环低 NO_x 燃烧器。部分烟气循环低 NO_x 燃烧器如图 2-5 所示，是利用空气和气体的喷射作用，强制一部分燃烧产物（烟气）回流到烧嘴出口附近与烟气、空气掺混到一起，从而降低循环氧气的浓度，防止局部高温区的形成。该燃烧器既可用于重油，也可燃烧任何一种气体燃料，广泛用于锅炉、石油、钢铁等工业所用加热炉中。

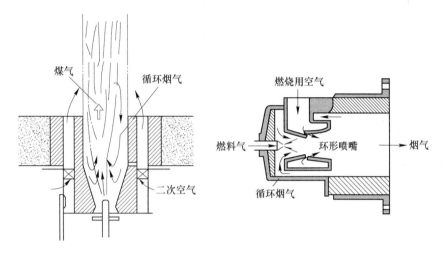

图 2-5　部分烟气循环低 NO_x 燃烧器

（4）二段燃烧低 NO_x 燃烧器。二段燃烧低 NO_x 燃烧器，如图 2-6 所示，是将燃烧所用的空气分两次通入，亦即燃烧分两次进行，一次通入的空气约占总空气量的 40%～50%左右，由于空气不足，燃烧呈还原气氛，形成低氧燃烧区，并相应降低了该区的温度，因而抑制了 NO 的生成，其余 50%～60%的空气从还原区的外围送入，燃烧火焰

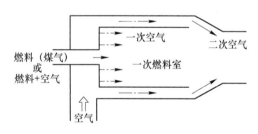

图 2-6　二段燃烧低 NO_x 燃烧器

在二次空气供入后，在低温继续燃烧得到完全燃烧。由于采用了两段燃烧，避免了在高温、高氧条件下的燃烧状况，因而 NO_x 的生成量可大大降低。

 练习题

1-1　选择题。

（1）煤在与空气隔绝条件下加热分解出的可燃气体称为（　　）。
　　A. 气化分　　　　　B. 油分　　　　　C. 挥发分　　　　　D. 有机分
（2）在特殊环境下，硫与（　　）的反应可将硫固定在固相中。
　　A. 有机组分　　　B. 无机组分　　　C. 水分　　　　　D. 微生物
（3）煤质对排尘浓度有很大影响，其中哪两种影响最大（　　）。

　　A. 密度和孔隙　　　　　　　　　　　　　B. 密度和粒径

　　C. 水分和粒径　　　　　　　　　　　　　D. 灰分和水分

(4) 液体燃料包括（　　　）。（多选）

　　A. 石油及其制品　　　　　　　　　　　　B. 煤炭加工制取的燃料油

　　C. 生物液体燃料　　　　　　　　　　　　D. 天然气

(5) 粗煤气中含有的污染物主要是（　　　）。

　　A. H_2S、颗粒物　　　　　　　　　　　　B. SO_2、颗粒物

　　C. NO_x、H_2S　　　　　　　　　　　　　D. H_2S、CO_2

(6) 影响燃烧过程的"三 T"因素是指（　　　）。

　　A. 温度、时间和湍流　　　　　　　　　　B. 理论空气量、过剩空气系数和空燃比

　　C. 温度、时间和空燃比　　　　　　　　　D. 温度、时间和过剩空气系数

(7) 某电厂燃煤含硫量为 1.7%（质量分数），煤中硫的存在形态有元素硫、有机硫、黄铁矿硫和硫酸
　　盐硫，煤燃烧时，哪些形态的硫能够生成二氧化硫？（　　　）（多选）

　　A. 元素硫　　　　　　B. 硫酸盐硫　　　　　　C. 黄铁矿硫　　　　　　D. 有机硫

(8) 完全燃烧 $1m^3 C_n H_m$ 气体燃料所需的理论空气量为（　　　）m^3/m^3。

　　A. $\dfrac{4n+m}{4 \times 0.21}$　　　　　　　　　　　　B. $\dfrac{2n+m}{2 \times 0.21}$

　　C. $\dfrac{n+m}{0.21}$　　　　　　　　　　　　　D. $n+\dfrac{m}{4}$

(9) 能够有效降低 SO_2 和 NO_x 排放量的燃煤锅炉是（　　　）。

　　A. 炉排炉　　　　　　B. 煤粉炉　　　　　　C. 旋风炉　　　　　　D. 流化床锅炉

(10) 已知某燃料的理论空气量和理论烟气量分别为 $8.1m^3/kg$ 和 $8.73m^3/kg$，则空气过剩系数为 1.3 时
　　　的实际烟气量为（　　　）。

　　　A. 12.2　　　　　　　B. 10.16　　　　　　　C. 9.56　　　　　　　D. 11.16

(11) 已知某燃煤锅炉的实际烟气量为 $11.16m^3/kg$，煤的灰分为 7.8%，假设有 16% 的灰分成为烟尘，
　　　那么烟尘浓度为（　　　）。

　　　A. $960mg/m^3$　　　　B. $957mg/m^3$　　　　C. $1118mg/m^3$　　　　D. $1020mg/m^3$

(12) 某燃煤锅炉耗煤量为 600kg/h，标况下的实际烟气量为 $11.16m^3/kg$，烟气温度为 160℃，烟气压力
　　　为 98.3kPa，那么，实际工况应处理的废气量为（　　　）m^3/h。

　　　A. 10944　　　　　　B. 11126　　　　　　C. 9756　　　　　　D. 10622

(13) 低 NO_x 生成燃烧原理主要有两条：(1) 降低燃烧区温度（低于 1300℃）减少热力型 NO_x 的产生；
　　　(2) 控制过剩（　　　）系数，减少 NO_x 的产生。

　　　A. 氮气　　　　　　　B. 氢气　　　　　　　C. 空气　　　　　　　D. 氧气

(14) 型煤固硫和循环流化床燃烧脱硫所使用的固硫剂分别为（　　　）。

　　　A. 石灰石，石灰　　　　　　　　　　　　B. 石灰，石灰

　　　C. 石灰石，石灰石　　　　　　　　　　　D. 石灰，石灰石

(15) 不明显降低燃料中的氮化物转化成燃料 NO_x 的燃烧器是（　　　）。

　　　A. 强化混合型低 NO_x 的燃烧器　　　　　B. 分割火焰型低 NO_x 的燃烧器

　　　C. 部分烟气循环低 NO_x 的燃烧器　　　　D. 二段燃烧低 NO_x 的燃烧器

(16) 不论采用何种燃烧方式，要有效降低 NO_x 生成的途径是（　　　）。

　　　A. 降低燃烧的温度，增加燃料的燃烧时间

　　　B. 降低燃烧温度，减少燃料的燃烧时间

　　　C. 提高燃烧的温度，减少燃料的燃烧时间

D. 提高燃烧温度，增加燃料的燃烧时间

(17) 下列哪种方法不能脱除煤中的硫（　　）。

  A. 洗选煤   B. 型煤固硫

  C. 循环流化床燃烧   D. 制水煤浆

1-2　判断题。

(1) 煤中的硫主要以无机硫和有机硫形式存在。   （　　）

(2) 在我国的能源结构中，石油的储量及产量居首位。   （　　）

(3) 焦炉煤气的热值远高于高炉煤气和转炉煤气。   （　　）

(4) 天然气中不含硫化物，因此燃烧后部排放有害气体。   （　　）

(5) 天然燃料属于不可更新资源。   （　　）

(6) 燃烧时脱硫的主要方式是流化床燃烧。   （　　）

(7) 燃烧前脱硫就是在燃料燃烧前，用物理方法、化学方法或生物方法把燃料中所含有的硫部分去除，将燃料净化。   （　　）

(8) 煤的直接燃烧可能产生汞等重金属的污染。   （　　）

(9) 煤中的硫在燃烧过程中均能被氧化成 SO_2。   （　　）

(10) 对于热力型 NO_x 来说，燃烧温度越高其产生量越大。   （　　）

模块 3 大气污染物扩散

【知识目标】

(1) 掌握气象因素对大气污染物扩散的影响。

(2) 掌握污染物浓度的估算方法。

(3) 熟悉烟气抬升高度的计算方法。

【技能目标】

(1) 知道大气扩散模式，会进行污染物浓度预测。

(2) 会计算烟气抬升高度，知道国家对烟囱高度和布设的规定。

【案例引入】

中国环境监测总站最新预报显示，受扩散条件不利等影响，京津冀地区空气质量出现重度污染，受影响的城市包括北京、天津、唐山、廊坊、保定、衡水、邯郸等。

中国环境监测总站 1 日发布中至重度污染过程提示，预计 4 月 1 日至 2 日，受区域性不利扩散条件和局地逆温影响，污染带于太行山以东、燕山以南地区辐合发展，京津冀中南部可能出现中至重度污染，受影响的城市可能包括北京、天津、石家庄、唐山、廊坊、保定、沧州、衡水、邢台、邯郸等，细颗粒物（PM2.5）小时浓度峰值可能达到每立方米 230 微克。

监测显示，4 月 1 日 12 时，北京空气质量出现严重污染，天津、唐山、邯郸、保定、廊坊、衡水、德州、安阳、新乡空气质量出现重度污染。

中国环境监测总站预计，4 月 1 日至 2 日，扩散条件转差，京津冀中南部以中至重度污染为主。区域其他地区以良至轻度污染为主，局地可能出现中度污染，首要污染物为 PM2.5 和可吸入颗粒物（PM10）。其中 2 日前后，京津冀区域可能受沙尘影响，空气质量可能比预计变差 1 至 2 级。

预报显示，2 日夜间，受冷空气南下影响，污染有望自北向南逐步缓解，但可能受沙尘影响，空气质量比预计变差 1 至 2 级。3 日污染过程有望基本结束。

——摘自中国新闻网 2018 年 4 月 1 日《中国北方部分地区出现重度空气污染》

【任务思考】

(1) 结合案例思考气象条件对地区空气污染的影响。

(2) 如何利用气象条件减弱或消除空气污染？

【主要内容】

3.1 影响污染物扩散的因素

3.1.1 气象因素对大气污染物扩散的影响

3.1.1.1 主要气象要素

表示大气状态的物理量和物理现象，称为气象要素，主要包括气压、气温、气湿、风向、风速、云况、能见度等。

（1）气温。气象上讲的地面气温一般是指距地面1.5m高处在百叶箱中观测到的空气温度。表示气温的单位一般用摄氏度（℃）或者热力学温度（K）。

（2）气压。气压是指大气的压强。静止大气中某观测高度上的气压值等于其单位面积上所承受的垂直空气柱的质量。气压的单位为Pa，$1Pa = 1N/m^2$，国际上规定：温度0℃、纬度45°的海平面上的气压为一个标准大气压，即

$$1atm = 101326Pa = 760mmHg = 10.34mH_2O$$

（3）气湿。空气的湿度简称气湿，表示空气中水汽含量的多少。大气的湿度是决定云、雾、降水等天气状况的重要因素，常用的表示方法有绝对湿度、相对湿度、水汽压力、饱和气压、露点等。

（4）风向和风速。气象上把水平方向的空气运动称为风，垂直方向的空气运动称为升降气流。风是一个矢量，具有大小和方向。风向是指风的来向，风向可用8个方位或16个方位来表示，也可用角度来表示。

风速是指单位时间内空气在水平方向运动的距离，单位用m/s或km/h表示。根据自然现象将风力分为13个等级（0~12级），若用F表示风力等级，则风速$u(km/s)$为

$$u \approx 3.02\sqrt{F^3} \tag{3-1}$$

（5）云况。云是飘浮在空中的水汽凝结物，这些水汽凝结物是由大量的小水滴或小冰晶或两者的混合物构成的。云层存在的效果是使气温随高度的变化程度减小。从大气污染扩散的观点来看，主要关心云高和云量。云高指云距地面的高度，云量是指云遮蔽天空的成数。

（6）能见度。能见度指视力正常的人在当时的天气条件下，能够从天空背景中看到或辨认出的目标物（黑色、大小适度）的最大水平距离，单位用m或km。能见度表示大气清洁、透明的程度。

（7）天气状况。大气中的冷热、阴晴、风雨、雷电等天气现象的短时间综合表现构成不同的天气状况。它也是气象要素之一。天气状况按国际分类有100多种，较重要的有毛毛雨、雨、雷雨、阵雨、雪、雹、雾、霜、露等。很多大气污染事件的发生，都与当时的天气状况有关。

3.1.1.2 气象因素的影响

（1）风对大气污染物扩散和输送的影响。风对污染物浓度分布的第一个作用是整体

输送作用，因而污染区总是在污染源的下风向，基于这个道理，在工业布局上应将污染源安排在易于扩散的城市下风向。风的另一个作用是对污染物的冲淡稀释作用。风速越大，单位时间内与污染烟气混合的清洁空气量越大。所以，污染浓度总是与风速成反比。若风速提高一倍，则在下风向的污染物浓度减少一半。

风速的大小对烟流扩散有很大的影响，如图 3-1 所示，在无风或风速很小时，烟流几乎是垂直的，当风速较大时，烟流则是弯曲的。对于地面污染源来说，风速越大，污染物浓度就越小；对于高架污染源来说风速的影响则具有双重性。一方面，风速大会降低抬升高度，使烟气的着地浓度增大；另一方面，风速增大，能增加湍流，加快污染物的扩散，使烟气的着地浓度降低。对于某一高架

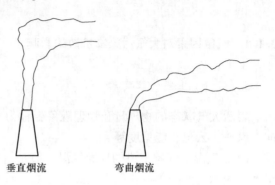

垂直烟流　　　　　　　弯曲烟流

图 3-1　风的大小对烟流扩散的影响

源，存在危险风速，在该风速下地面可能出现最高污染物浓度。但对下风向所有的点的平均浓度而言，风速大对减轻污染是比较有利的。

（2）大气湍流。大气的无规则运动称为大气湍流（atmospheric turbulence）。风速的脉动（或涨落）和风向的摆动就是湍流作用的结果。湍流这种运动普遍存在，树叶的摆动、纸片的飞舞及炊烟的缭绕等现象均是湍流引起的。

按照湍流形成的原因可分为两种湍流：一种是由于垂直方向温度分布不均匀引起的热力湍流，它的强度主要取决于大气稳定度，另一种是由于垂直方向风速分布不均匀及地面粗糙度引起的机械湍流，它的强度主要决定于风速梯度和地面粗糙度。实际的湍流是上述两种湍流的叠加。

大气湍流运动造成流场各部分之间的强烈混合，将大大加快烟气的扩散速率，实践证明，它比分子扩散快 $10^5 \sim 10^6$ 倍。但是在风场运动的主风方向上，由于平均风速比脉动风速大得多，所以在主风方向上风的平流输送作用是主要的。归结起来，风速越大，湍流越强．污染物的扩散速度就越快，污染物的浓度就越低。风和湍流是决定污染物在大气中扩散稀释的最直接最本质的因素，其他一切气象因素都是通过风和湍流的作用来影响扩散稀释的。

（3）气温的垂直分布。地球表面上方大气圈各气层的温度随着高度的不同而发生变化，不同气层的气温随高度的变化常用气温垂直递减率（γ）表示，气温垂直递减率是指垂直于地球表面方向上每升高 100m 气温的变化值，对于干空气在绝热上升或下降过程中，每升高或降低 100m 时温度变化率的数值，称为干空气温度绝热垂直递减率，简称干绝热直减率，用 γ_d 表示。

由于气象条件的不同，气温垂直递减率可大于零，等于零或小于零。近地面气层中气温的垂直分布有三种情况。

1）气温随高度的增加而递减，即 $\gamma > 0$，称为正常分布层结或递减层结。由于地面是大气的主要且直接的热源，所以离地面越远，气温就越低。另一方面水汽和固体杂质在低层比高层多，而它们吸收地面的辐射能力很强，因此，近气温随高度增加而降低是基本特征。

这种情况一般出现在晴朗的白天且风不大时，少云的白天由于太阳强烈照射，地面物体的热容量大，地面增热得很厉害，近地面的空气因此也增热得很快，形成了气温下高上低的状况，热量不断地由低层向高层传递。

2）气温随高度的增加而增加，即 $\gamma<0$，称为气温逆转或逆温层结。在大气圈的对流层内，在某一有限厚度的气层中，出现大气温度随高度增加而升高的垂直分布现象称为逆温（temperature inversion），这样的气层称为逆温层。逆温现象一般出现在少云或无风的夜间，夜间太阳辐射等于零，地面无热量收入，但地面辐射却存在。由于少云，大气逆辐射很少，地面因大量热量辐射出去而不断冷却，近地面的这层空气也随之冷却，气层不断地由下向上冷却，就形成了气温下低上高的现象，根据逆温的形成因素，分为辐射性逆温、沉降性逆温、湍流性逆温、峰面逆温和地形逆温 5 种。因地面强烈辐射冷却会形成辐射性逆温。当近地面上方高空的大规模的高压区空气向低压区沉降时，经高压压缩而被加热的沉降空气比它下方低压区空气温暖，会形成上暖下冷的沉降性逆温。

3）气温随高度基本不变（$\gamma=0$），称为等温层结，这种情况常出现于多云天或阴天，白天由于云层反射，到达地面的太阳辐射大为减少，故地面增热不多，夜间由于云的存在大大加强了大气的逆辐射，使地面有效辐射减弱，地面冷却得不多，因此当有云存在时气温随高度变化不明显，风比较大的日子气层上下交换剧烈，使上下冷暖空气充分混合，因而气温随高度的变化也不明显。

（4）大气稳定度。大气稳定度（atmospheric stability）是指近地层大气作垂直运动的强弱程度，即气块是安定于原来所在的层次，还是易于发生垂直运动。

气象学家把近地层大气划分为稳定、中性和不稳定种状态，假如有一空气块（团）受到对流冲击力的作用产生了向上或向下运动，那么就可能出现三种情况：如果空气团受力移动后，逐渐减速，并有返回原来高度的趋势，这时的气层，对于该气团而言是稳定的，如果空气团一离开原位就逐渐加速运动，有远离原来高度的趋势这时的气层对于该气团而言是不稳定的，如果空气团被推到某一高度后，既不加速也不减速，保持不动，这时的气层对于该气团而言是中性的。图 3-2 表示一个球的重力模型，不稳定的情形就像一个位于山顶上的球；中性情形就像是在平地上的球；稳定情形则像是处在山谷里的球。

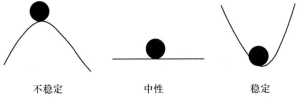

不稳定　　　　中性　　　　稳定

图 3-2　用一个球的重力模型说明大气稳定度的示意图

大气稳定度与气温垂直速减率有关，气温垂直递减率 γ 越大，大气越不稳定，此时湍流充分发展，对污染物的扩散稀释能力很强；γ 越小，大气就越稳定，如果 γ 很小甚至等于零（等温）或小于零（逆温），大气则处于稳定状态，湍流受到抑制。人们习惯上将逆温、等温或 γ 很小的气层称为阻挡层，此层能将污染物阻挡起来，很难再向上扩散稀释，因此大气的稳定度与污染物的扩散有密切关系。

大气是否稳定可以从气温垂直递减率 γ 和干绝热递减率 γ_d 的对比中进行判断。

当 $\gamma>\gamma_d$ 时，气块总要离开原来的位置，也就是气块一旦开始上升，就持续上升；一旦开始下降，就持续下降，这样大气湍流增大，处于不稳定状态；

当 $\gamma<\gamma_d$ 时，气块有返回原来位置的趋势，湍流减弱，大气处于稳定状态；

当 $\gamma=\gamma_d$ 时，气块可停留在任何一个位置，此时大气处于中性状态。

大气稳定度是影响污染物在大气中扩散的极其重要的因素，当大气处于不稳定状况时，对流强烈，烟气迅速扩散，大气处于强稳定状况时，出现逆温层，好像一个"盖子"，使烟气不易扩散，污染物聚集地面，可造成严重污染。若逆温层存在于近地层，处于近地层内的污染物和水汽凝结物因不易向上传送而积累，导致逆温层内空气质量下降，能见度降低，因此严重的大气污染往往发生在逆温及无风的天气。

大气污染状况和大气稳定度有密切关系，大气稳定度不同，高架点源排放的烟流扩散形状和特点不同，造成的污染状况差别很大，图 3-3 所示为五种类型烟流形状。

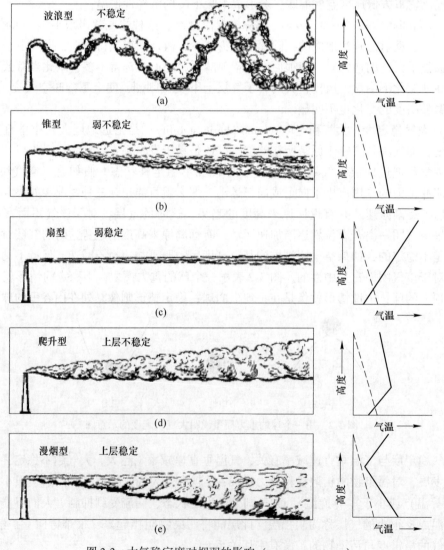

图 3-3　大气稳定度对烟羽的影响 （—— γ；--- γ_d）

（a）波浪型；（b）锥型；（c）扇型；（d）爬升型；（e）漫烟型

1）波浪型。在温暖的季节里，天气晴朗的中午，经常出现波浪型的烟流，此时的大气往往是不稳定的，垂直方向和水平方向的湍流强度都很大，扩散良好。所以在和污染源相距一定距离的地点的烟囱的浓度要比漫烟型的低。但由于烟囱达到了靠近源的地面上，所以对于指定高度的烟囱来说，污染物的平均地面浓度似乎是均等的。

2）锥型。烟流形状似圆锥形。它发生在中性条件下，垂直扩散比扇形好，比波浪型差，所以烟囱到污染物开始到达地面的距离要大于波浪型，而小于扇形。锥形常常出现在有云和风低的情况下，昼夜均可能有。

3）扇型。这种烟型发生在烟源的出口处于逆温层中，由于逆温层中湍流极少，所以，烟气在垂直方向上扩散较小，而随着大气平均气流在水平方向上逐渐扩展。从上面看，烟流呈扇型展开，在高烟囱时，在近距离的地面上，不会造成污染，而在远处会造成污染。在低烟排放时，在近距离的地面上会造成污染。

4）爬升型。发生在大气由不稳定转到逆温条件下，它一般在日落后出现。爬升型的条件可视为最佳扩散情况。地面由于有效辐射而散热，低层形成逆温，但高空温度仍然保持递减状态，便发生此烟型。逆温层阻挡污染物向地面扩散，而同时污染物却在逆温层上部受到稀释。所以地面污染物浓度不大。

5）漫烟型。早晨日出后，原来的辐射逆温开始消失，并逐渐被不稳定气层所代替。这种现象通常先从地面开始，然后逐渐向上扩展，日出一段时间后，逆温只在烟囱顶上存在。此时，烟气上方逆温而难以扩散，因此，只在下方的不稳定大气层中扩散，从而增大了地面污染。对烟囱来说，这是最恶劣的条件。多发生在8~10点钟，持续时间很短，约半小时左右，整个逆温完全消失为止。

上面仅仅是从大气稳定度和温度层结的角度对几种典型烟羽形状做了分析，但实际情况要复杂得多，影响因素也很复杂。

（5）天气形势。天气形势是指大范围的气压分布和大气运动状况，低压控制，空气有上升运动，云较多，风速较大，天气多为中性和不稳定状态，有利于扩散。反之，在高压控制区，天气晴朗，风速极小，大范围空气下沉在几百米至一两千米上空形成沉降性逆温。逆温像盖子一样阻挡着污染物向上湍流扩散，若高压大气系统是静止的或移动极慢的微风天气，而又连续几天出现逆温时，大气污染物的扩散稀释能力会大大降低，将会呈现"空气停滞"现象，这时在正常情况下不会造成大气污染的地方，也可能出现大范围的污染，如再处于不利的地形条件，就会造成更严重的空气污染。

3.1.2 下垫面对大气污染物扩散的影响

在城市、山区，由于下垫面热力和动力效力不同，所表现出来的局地气象特征与平原地区不同，这些局地气象特征对污染物的扩散影响很大。

3.1.2.1 城市下垫面对烟气扩散的影响

城市下垫面的特点是：城市人口密集、工业集中，能耗水平高；城市的覆盖物（如建筑、水泥路面等）热容大，白天吸收太阳辐射热，夜间放热缓慢；城市上空笼罩着一层烟雾和二氧化碳，使地面有效辐射冷却效应减弱。由于上述原因，使城市净热量收入比周围乡村多，故平均气温比周围乡村高（特别在夜间），于是形成了城市热岛现象。据统计，城乡年平均温差一般在0.4~1.5℃，有时可达6~8℃，其差值与城市的大小、性质、当地气候条件及纬度有关。

由于城市温度比乡村高，气压比乡村低，所以可以形成一股从周围农村吹向城市的特殊气流，称为"热岛环流"，即"城市风"，如图3-4所示。夜间城乡温差最大，城市风最容易出现，这种风在市区汇合就会产生上升气流，周围郊区二次空气吹向城市中心进行补充，因此，若城市周围有产生污染物的工厂，就会使污染物在夜间向市中心输送，使市中心的污染物浓度反而高于郊区工业区，造成严重污染，特别是城市上空逆温存在时，会使污染加重。

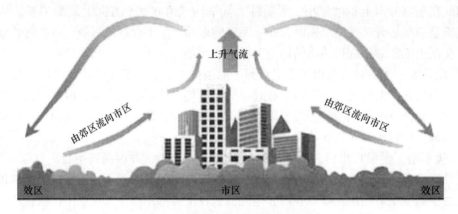

图3-4　城市与郊区之间的热岛环流

3.1.2.2 地形对大气污染物扩散的影响

地形对污染物扩散的影响主要是通过气流运动和气温的影响以改变烟气的运动和扩散。当烟气运行时，碰到高的丘陵和山地，在其附近会引起高浓度的污染。烟气越过不太高的丘陵，在北风面下滑，产生涡流，出现严重污染。如图3-5所示。

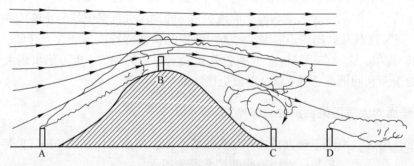

图3-5　山丘对烟气扩散的影响

在山区，地形复杂，山前山后波面受热很不均匀，加上日照时间的变化，水平气温分布不均匀，这是造成局地热力环流形成坡风和山谷风的主要原因。

晴朗的夜晚，由于地面辐射冷却得快，山沟两侧贴近山坡的、冷而重的大气顺坡下滑，形成下坡风，又称山风，如图3-6（a）所示。下坡风向山谷汇集，形成一股速度较大、层次较厚的气流，流向谷地或平原。具有日照的白天形成上坡风和谷风，如图3-6

（b）所示。日出日落前后是山谷风的转换期，这时山风与谷风交替出现，时而山风，时而谷风，风向不稳定，风速很小。此时，山沟中污染源排出的污染物由于风向来回摆动，产生循环积累，造成高浓度污染。此外，山谷凹地由于地形阻塞，气流不畅，容易出现长时间的小风，甚至出现静风，夜间沿坡滑下的冷空气因无法扩散而聚集在谷底，形成厚而强的逆温层。在易于出现小风并伴随逆温的凹地处，往往会造成严重的大气污染。

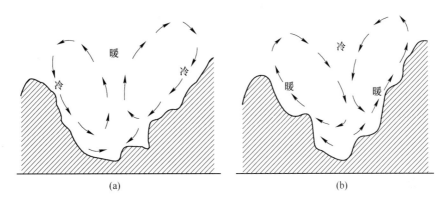

图 3-6　山谷风形成示意图

（a）夜晚，下坡风和山风；（b）白天，上坡风和谷风

3.1.2.3　水陆交界区对大气污染物扩散的影响

水陆交界处，由于水面和陆面的热导率和热容不同，水面温度变化比陆面小，白天陆面增温快，陆上气温比海上高，暖而轻的空气上升，于是上层空气由大陆吹向海洋，下层空气则由海洋流向陆地，形成海风，如图 3-7（a）所示，并构成完整的热力环流，夜间产生与白天相反的气流，形成陆风，如图 3-7（b）所示，一般来说，海风比陆风强度大。

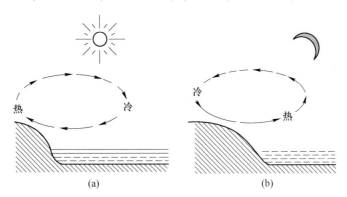

图 3-7　海陆风形成示意图

（a）海风；（b）陆风

海陆风是一种局地热力环流。白天陆地上的污染物随气流上升后，在上层流向海洋，下沉后可能有部分被海风带回陆地。此外，夜间被陆风吹向海洋的污染物，白天也有可能部分被带回陆地，形成重复污染。

如果盛行风和海风方向相反，温度低的海风在下，陆地上暖气流在上，则两种气流的前沿形成倾斜的逆温顶盖，如图 3-8 中虚线所示。靠近岸边低矮的烟流受该逆温顶盖的控制，污染物不易扩散，可形成较高浓度的污染。海风前沿携带的污染物随复合气流上升，并被盛行风再吹向海洋。吹向海洋上空的污染物再扩散到下层，有部分污染物又会被海风吹向陆地。

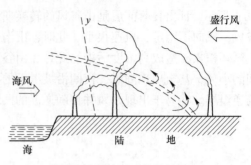

图 3-8　海陆风对扩散的影响

必须注意到：建在海边排出污染物的工厂，必须考虑海陆风的影响，因为有可能出现在夜间随陆风吹到海面上的污染物，在白天又随海风吹回来，或者进入海陆风局地环流中，使污染物不能充分的扩散稀释而造成严重的污染。

3.2　污染物浓度估算

3.2.1　高斯扩散模式

高斯在大量实测资料分析的基础上，应用湍流统计理论得到了正态分布假设下的扩散模式，即高斯扩散模式，它是目前应用最广的模式。

3.2.1.1　高斯模式的假设条件

大量的实验和理论研究证明，特别是对于连续源的平均烟流，其浓度分布是符合正态分布的。因此可以做如下假定：（1）污染物浓度在 y、z 轴上的分布符合高斯分布（正态分布）；（2）在全部空间中风速是均匀的、稳定的；（3）源强是连续均匀的；（4）在扩散过程中污染物质量是守恒的。对后述的模式，只要没有特别指明，以上四点假设条件都是遵守的。

3.2.1.2　高斯扩散模式的坐标系

高斯模式的坐标系如图 3-9 所示。其原点为排放点（无界点源或地面源）或高架源排放点在地面的投影点、x 轴正方向为平均风向，y 轴在水平面上垂直于 x 轴，正向在 x 轴的左侧，z 轴垂直水平面 xoy，向上为正向，即为右手坐标系。在这种坐标系中，烟流中心线或与 x 轴重合，或在 xoy 面的投影为 x 轴。

3.2.1.3　高架连续点源扩散模式

高架连续点源的扩散问题，必须考虑地面对扩散的影响。根据前述假定（4）（在扩散过程中污染物质量是守恒的），可以认为地面像镜面一样，对污染物起全反射作用，按全反射原理，可以用"像源法"来处理这一问题。

如图 3-10 所示，可以把 P 点的污染物浓度看成是两部分贡献之和：一部分是不存在地面时 P 点所具有的污染物浓度；另一部分是由于地面反射作用所增加的污染物浓度，这相当于不存在地面时由位置在 $(0, 0, H)$ 的实源和在 $(0, 0, -H)$ 的像源在 P 点所

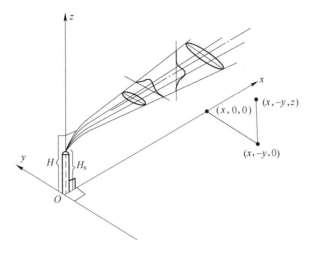

图 3-9 高斯模式坐标系

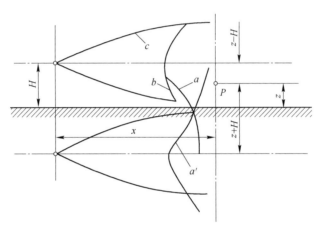

图 3-10 高架连续点源高斯扩散推导示意图

造成的污染物浓度之和（H 为有效源高）。

$$\rho(x, y, z, H) = \frac{Q}{2\pi \bar{u} \sigma_y \sigma_z} \exp\left(-\frac{y^2}{2\sigma_y^2}\right) \left\{ \exp\left[-\frac{(z-H)^2}{2\sigma_z^2}\right] + \exp\left[-\frac{(z+H)^2}{2\sigma_z^2}\right] \right\}$$

$$(3-2)$$

式中，$\rho(x, y, z, H)$ 为任一点污染物的浓度，mg/m^3；Q 为源强，单位时间污染源排放的污染物，mg/s；σ_y 为水平（y）方向上任一点烟气分布曲线的标准偏差，即水平扩散系数，m；σ_z 为垂直（z）方向上任一点烟气分布曲线的标准偏差，即垂直扩散系数，m；$\bar{u}$ 为平均风速，m/s；H 为有效源高，m。

式（3-2）即为高架连续点源正态分布假设下的高斯扩散模式，适用于烟羽在移动方向上的扩散可以忽略的条件下，若污染物的释放是连续的，释放的持续时间不小于从源扩散到中心位置所需的时间，均可认为符合假定条件。

由式（3-2）可求出下风向任一点污染物的浓度。

当 $y=0$ 时，$\rho(x, 0, z, H)$ 即为烟流中心线上的污染物浓度；

当 $z=0$ 时，$\rho(x, y, 0, H)$ 即为污染物的地面浓度；

当 $y=0$，$z=0$ 时，$\rho(x, 0, 0, H)$ 即为烟流地面中心线上的污染物浓度；

当 $z=0$，$H=0$ 时，$\rho(x, y, 0, 0)$ 即为地面连续点源的污染物在地面浓度；

当 $z=0$，$y=0$，$H=0$ 时，$\rho(x, 0, 0, 0)$ 即为地面连续点源地面中心线上的污染物浓度。

3.2.2　扩散参数的确定

应用大气扩散模式估算污染物浓度时，在有效源高确定后，还必须确定扩散参数 σ_y 和 σ_z。扩散参数可以现场测定，也可以用风洞模拟实验确定，还可以根据实测和实验数据归纳整理出来的经验公式或图表来估算。

3.2.2.1　P-G 曲线法

帕斯奎尔（Pasquill）于 1961 年根据平坦地区近距离有限的扩散试验和气象观测资料，建立了宏观稳定度与扩散参数间的关系。吉福德（Gifford）进一步将其做成应用更方便的图表，所以这一方法称简称为 P-G 曲线法。

G 曲线法估算大气扩散参数的步骤：首先，根据地面上 10m 处的风速、日照等级、阴云分布状况及云量等气象资料，从表 3-1 中查出稳定度级别；然后，根据大气稳定度分别从图 3-11 和图 3-12 中查出下风向距离为 x 的 σ_y 和 σ_z 值。

表 3-1　稳定度级别

地面上 10m 处风速 /m·s⁻¹	白天日照强度			阴云密布的 白天或夜晚	夜晚云量	
	强	中	弱		薄云遮天或 低云≥4/8	≤3/8
<2	A	A~B	B	D		
2~3	A~B	B	C	D	E	F
3~5	B	B~C	C	D	D	E
5~6	C	C~D	D	D	D	D
>6	C	D	D	D	D	D

注：1. A 为极不稳定，B 为不稳定，C 为弱不稳定，D 为中性，E 为弱稳定，F 为中等稳定。

　　2. 日落前 1h 到日出后 1h 为夜晚。

　　3. 不论何种天气状况，夜晚前后各 1h 看作为中性。

　　4. 仲夏晴天中午为强日照，寒冬晴天中午为弱日照（中纬度）。

　　5. A~B 按 A、B 数据内插（用比例法）。

3.2.2.2　P-T-C 法

在帕斯奎尔（Pasquill）建立的宏观稳定度与扩散参数关系的基础上，特纳尔（D. B. Tuner）进一步改进完善，形成了 P-T 法。但此法中确定太阳辐射等级的云量和云高较为复杂，不宜在我国应用。我国气象工作者又对 P-T 法作了修正，提出 P-T-C 法，即帕斯特尔-特纳尔-中国法。

P-T-C 法估算大气扩散参数的步骤：首先，利用气象台站常规气象观测的云量记录资料和太阳高度角，从表中查出辐射等级；然后由辐射等级和地面上 10m 处风度，从表 3-2 和表 3-3 中查出稳定度级别；最后，根据大气稳定度分别从图 3-11 和图 3-12 中查出下风向距离为 x 的 σ_y 和 σ_z 值。

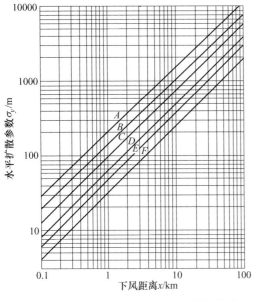

图 3-11 水平扩散参数和下风距离的关系

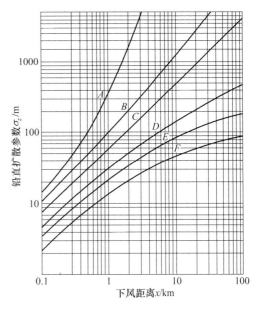

图 3-12 垂直扩散参数和下风距离的关系

表 3-2 大气稳定度级别

风速/m·s⁻¹	太阳辐射等级数（见表 3-3）					
	+3	+2	+1	0	−1	−2
<1.9	A	A~B	B	D	E	F
2~2.9	A~B	B	C	D	E	F
3~4.9	B	B~C	C	D	D	E
5~5.9	C	C~D	D	D	D	D
≥6	C	D	D	D	D	D

注：地面风速是指距地面 10m 高度处 10min 平均风速。

表 3-3 净辐射分级

总云量/低云量（十分制）	夜间	太阳高度角 θ			
		$\theta \leqslant 15°$	$15° < \theta \leqslant 35°$	$35° < \theta \leqslant 65°$	$\theta > 65°$
<3	−2	−1	+1	+2	+3
任意高度上为 2 或 4 或 5000m 以上云量为 6~9	−1	0	+1	+2	+3
5000m 以上大于 9，或 2000~5000m 云量为 6~9	−1	0	0	+1	+1
2000m 以下云量为 6~9	0	0	0	0	+1
2000m 以下云量大于 9	0	0	0	0	0

【例 3-1】 某石油精炼厂自平均有效源高 80m 的烟囱排放的 SO_2 量为 80g/s，有效源

高处的平均风速为 4.6m/s，试估算：（1）冬季阴天正下风向距离烟囱 500m 处地面的 SO_2 的浓度；（2）冬天阴天下风向 $x=500$m，$y=50$m 处 SO_2 的地面浓度。

解：（1）已知 $H=80$m，$Q=80$g/s $=8\times10^4$mg/s，$\bar{u}=4.6$m/s，$x=500$m。

由表 3-1 可知，在冬季阴天的大气条件下，稳定度为 D 级；由图 3-11 和图 3-12 查得在 $x=500$m 处，$\sigma_y=35.5$m，$\sigma_z=18.1$m。

$$\rho(500,0,0,80) = \frac{Q}{\pi\bar{u}\sigma_y\sigma_z}\exp\left(-\frac{H^2}{2\sigma_z^2}\right)$$

$$= \frac{8\times10^4}{3.14\times4.6\times35.5\times18.1}\exp\left[\left(-\frac{1}{2}\right)\left(\frac{80}{18.1}\right)^2\right]$$

$$= 4.94\times10^{-4}(\text{mg/m}^3)$$

即冬天阴天正下风向距烟囱 500m 处地面上 SO_2 的浓度为 4.94×10^{-4}mg/m³。

（2）由公式 $\rho(x,y,z,H) = \dfrac{Q}{2\pi\bar{u}\sigma_y\sigma_z}\exp\left(-\dfrac{y^2}{2\sigma_y^2}\right)\left\{\exp\left[-\dfrac{(z-H)^2}{2\sigma_z^2}\right]+\exp\left[-\dfrac{(z+H)^2}{2\sigma_z^2}\right]\right\}$ 得：

$$\rho(500,50,0,80) = \frac{Q}{\pi\bar{u}\sigma_y\sigma_z}\exp\left(-\frac{y^2}{2\sigma_y^2}\right)\exp\left(-\frac{H^2}{2\sigma_z^2}\right)$$

$$= \frac{8\times10^4}{3.14\times4.6\times35.5\times18.1}\exp\left(-\frac{50^2}{2\times35.5^2}\right)\exp\left[\left(-\frac{1}{2}\right)\left(\frac{80}{18.1}\right)^2\right]$$

$$= 1.83\times10^{-4}(\text{mg/m}^3)$$

即冬季阴天下风向 500m，$y=50$m 处 SO_2 的地面浓度为 1.83×10^{-4}mg/m³。

3.2.3　地面最大浓度

地面源和高架源在下风方向造成的地面浓度分布如图 3-13 所示，在下风向一定距离（x）处中心线的浓度高于边缘部分，两种源的地面轴线浓度分布如图 3-14 所示，对于地面源所造成的轴线浓度随距污染源距离的增加而降低，对于高架源地面轴线浓度先随距离（x）增加而急剧增大，在距源 1~3km 的不太远距离处地面轴线浓度达到最大值，超过最大值以后，随 x 继续增加，地面轴线浓度逐渐减小。

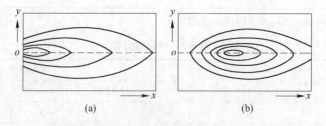

图 3-13　地面源和高架源的地面浓度分布

（a）地面源；（b）高架源

当 $y=0$，$z=0$ 时，由式可以得到烟流地面中心线上污染物浓度的模式如下：

$$\rho(x,0,0,H) = \frac{Q}{\pi\bar{u}\sigma_y\sigma_z}\exp\left(-\frac{H^2}{2\sigma_z^2}\right) \tag{3-3}$$

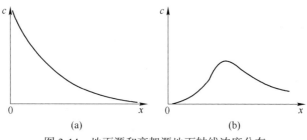

图 3-14 地面源和高架源地面轴线浓度分布

（a）地面源；（b）高架源

由于 σ_y 和 σ_z 是距离 x 的函数，而且随着 x 的增大而增大，则式中的 $\dfrac{Q}{\pi\bar{u}\sigma_y\sigma_z}$ 项随着 x 的增大而减小，第二项 $\exp\left(-\dfrac{H^2}{2\sigma_z^2}\right)$ 则随着 x 的增大而增大，两项共同作用的结果，必然在某一距离 x 处出现浓度的最大值。

在最简单的情况下，假设 σ_y/σ_z 的比值不随距离 x 发生变化，将式（3-3）对 σ_z 进行求导，并令其等于 0，即可得到地面最大浓度 $\rho_{\max}$ 和最大浓度点 σ_z 的计算公式。

$$\rho_{\max} = \frac{2Q}{\pi\bar{u}H^2 e} \times \frac{\sigma_z}{\sigma_y} \tag{3-4}$$

$$\sigma_z \big|_{x=x_{\rho,\,\max}} = \frac{H}{\sqrt{2}} \tag{3-5}$$

根据最大浓度点的 σ_z 值、大气稳定度类型查图 3-12 就可得出最大浓度在下风向距污染源的距离 x。

【例 3-2】 某污染源有效源高 60m，SO_2 的排出量为 80g/s，烟囱出口处的平均风速为 6m/s，在当时的气象条件下，正下风向 500m 处的 $\sigma_y = 35.3$m，$\sigma_z = 18.1$m。试估算地面最大浓度 $\rho_{\max}$ 及出现的位置。

解： 已知 $H = 60$m，$Q = 80$g/s，$u = 6$m/s，正下风向 500m 处的 $\sigma_y = 35.3$m，$\sigma_z = 18.1$m。当 σ_y/σ_z 的比值恒定时，由式得地面最大浓度为：

$$\rho_{\max} = \frac{2Q}{\pi\bar{u}H^2 e} \times \frac{\sigma_z}{\sigma_y} = \frac{2 \times 80 \times 10^3}{3.14 \times 2.722 \times 6 \times 60^2} \times \frac{18.1}{35.3} = 4.44 \times 10^{-4}(\text{mg/m}^3)$$

出现最大地面浓度时的 σ_z 值为：

$$\sigma_z = \frac{H}{\sqrt{2}} = \frac{60}{\sqrt{2}} = 42.43(\text{m})$$

根据 $x = 500$m 处的 $\sigma_z = 18.1$m 查图 3-12 得当时的大气稳定度类型为 D 型，由 D 型曲线查得 $\sigma_z = 42.43$m 时，$x \approx 1800$m。

3.3 烟气抬升高度

估算污染物浓度时，需要知道有效源高 H，有效源高是指从烟囱排放的烟云距地面的实际高度，它等于烟囱（或排放筒）本身的几何高度 H_s 与烟气抬升高度 ΔH 之和，即：

$$H = H_s + \Delta H$$

在实际情况下烟囱本身的高度是已知的，因此确定有效源高关键是确定烟气的抬升高度，而烟气的抬升高度与烟气在不同条件下的抬升现象有关。

3.3.1　烟气抬升现象

根据大量的观测事实和定性分析，烟气抬升大体上分为以下四个阶段，如图 3-15 所示。

(1) 喷出阶段。烟气自烟囱口垂直向上喷出，因自身的初始动量继续上升，此阶段也称为动力抬升阶段，显然烟囱出口处烟气的垂直速度 V_s 越大，初始动量越大，动力抬升的高度也越高。

(2) 浮升阶段。烟气离开烟囱后，由于烟

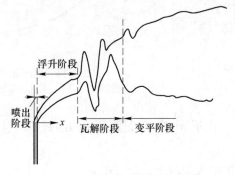

图 3-15　烟气抬升的四个阶段

气温度 T_s 比周围大气温度 T_a 高，则烟气比周围空气密度小，从而产生浮力，温差越大，浮力上升越高，初始动量的主导作用渐渐消失，随后主要是烟气本身的热量在环境中造成的浮力抬升。对于热烟气来说，这是烟气抬升的主要阶段。

(3) 瓦解阶段。在浮升阶段的后期，烟气在抬升过程中由于周围空气被卷夹进来，烟体膨大，内外温差和上升速度都显著降低，烟流的浮升速度已经很慢，环境湍流使烟气体积进一步地增大，烟羽自身的结构也在短时间内瓦解，烟气原先的热力和动力性质丧失殆尽，抬升结束。

(4) 变平阶段。在有水平风速的情况下，空气给烟气以水平动量，随着垂直速度迅速降低，烟羽很快倾斜弯曲，环境湍流继续使烟气扩散膨胀，烟羽逐渐趋于变平，因此通常认为烟气抬升高度和风速成反比。

从烟气的抬升过程可以看出，影响抬升的主要因素有烟流本身的热力和动力性质、当地的气象条件和下垫面的条件，前面两种因素与工厂有关，后面两种因素与环境条件有关。

烟气抬升首先取决于它本身的初始动量和浮力。初始动量取决于排气速度的大小，而排气速度又与排烟装置和烟囱的出口直径有关，速度越大，动力抬升越高。烟气的浮力与烟气和周围空气密度差成正比。而密度差的大小主要决定于它们之间的温度差。温差越大，密度差也越大，产生的浮力也越大，烟云上升越高。许多实测资料表明，烟气抬升主要受热力因素的影响。

烟气排入大气后，究竟能抬多高，还取决于气象因子，其中影响最大的是烟囱口的平均风速和湍流强度。近地面大气的湍流状况是引起烟气和环境空气相互混合的主要因素，平均风速越大，湍流越强，则混合越快，抬升越小。下垫面对烟气抬升也有影响，主要表现在起伏的下垫面所引起的动力效应。高大的建筑物和丘陵、山地可以引起烟云下泻、下沉等，直接阻碍烟气上升。

3.3.2　烟气抬升高度的计算

给出烟气抬升高度的精确定义是困难的，通常所说的烟气抬升高度是指下风向某一距

离处烟气轴线与烟囱口所在平面的最大垂直距离。

由于影响烟气抬升的因素多而复杂，所以还没有一个计算公式能准确表达出烟气抬升规律，比较多的计算式是在一定的实验条件下，经数据处理而建立的经验或半经验计算公式，因此在应用的时候，要注意其使用条件，否则，计算结果的准确性会很差。以下是几种常用的烟气抬升高度计算公式。

3.3.2.1 霍兰德（Holland）公式

$$\Delta H = \frac{V_s D_s}{\bar{u}}\left(1.5 + 2.7\frac{T_s - T_a}{T_s}D_s\right) = \frac{1}{\bar{u}}(1.5V_s D_s + 9.6\times10^{-3}Q_H) \qquad (3\text{-}6)$$

式中，V_s 为烟囱出口流速，m/s；D_s 为烟囱出口内径，m；$\bar{u}$ 为烟囱出口处的平均风速，m/s；T_s 为烟囱出口处的烟流温度，K；T_a 为环境大气温度，K（取当地气象台站近五年定时观测的平均气温值）；Q_H 为烟气的热释放率，kJ/s。

霍兰德公式适应于中性大气条件，若计算不稳定条件下的烟气抬升高度时，实际抬升高度应比计算值增加 10%~20%；若用于计算稳定条件下的烟气抬升高度时，实际抬升应比计算值减少 10%~20%。

【**例 3-3**】 某工厂动力锅炉烟囱高 35m，烟囱出口直径 3m，烟气初始速度为 10m/s，烟气温度为 473K，烟囱出口处周围环境风速为 5m/s，大气温度为 295K，试用霍兰德公式计算烟气最大抬升高度及有效源高度。

解：$H_s = 35$m，$D_s = 3$m，$V_s = 10$m/s，$\bar{u} = 5$m/s，$T_s = 473$K，$T_a = 295$K。

$$\Delta H = \frac{V_s D_s}{\bar{u}}\left(1.5 + 2.7\frac{T_s - T_a}{T_s}D_s\right) = \frac{10\times3}{5}\left(1.5 + 2.7\times\frac{473-295}{473}\times3\right) = 27(\text{m})$$

有效源高度：$H = H_s + \Delta H = 35 + 27 = 62$（m）

3.3.2.2 布里格斯（Briggs）公式

布里格斯公式的计算值与实测值比较接近，应用较广。下面给出适用于不稳定和中性大气条件下的计算式。

（1）当 $Q_H > 21000$kW 时：

$$x < 10H_s, \quad \Delta H = 0.362Q_H^{1/3}x^{2/3}\bar{u}^{-1} \qquad (3\text{-}7)$$

$$x > 10H_s, \quad \Delta H = 1.55Q_H^{1/3}H_s^{2/3}\bar{u}^{-1} \qquad (3\text{-}8)$$

（2）当 $Q_H < 21000$kW 时：

$$x < 3x^*, \quad \Delta H = 0.362Q_H^{1/3}x^{1/3}\bar{u}^{-1} \qquad (3\text{-}9)$$

$$x > 3x^*, \quad \Delta H = 0.332Q_H^{3/5}H_s^{2/5} \qquad (3\text{-}10)$$

$$x^* = 0.33Q_H^{2/5}H_s^{3/5}\bar{u}^{-6/5} \qquad (3\text{-}11)$$

式中，x 为离烟囱的水平距离，m；H_s 为烟囱几何高度，m。

3.3.2.3 我国国家标准中规定的公式

国标《制订地方大气污染物排放标准的技术方法》（GB/T 13201—1991）推荐的烟气抬升公式如下：

（1）当 $Q_H \geqslant 2100 \text{kJ/s}$，$\Delta T \geqslant 35\text{K}$ 时：

$$\Delta H = \frac{n_0 Q_H^{n_1} H_s^{n_2}}{\bar{u}} \qquad (3\text{-}12)$$

$$\Delta T = T_s - T_a \qquad (3\text{-}13)$$

（2）当 $1700 \text{kJ/s} < Q_H < 2100 \text{kJ/s}$ 时：

$$\Delta H = \Delta H_1 + (\Delta H_2 - \Delta H_1) \frac{Q_H - 1700}{400} \qquad (3\text{-}14)$$

$$\Delta H_1 = \frac{2(1.5 V_s D_s + 0.01 Q_H)}{\bar{u}} - \frac{0.048(Q_H - 1700)}{\bar{u}} \qquad (3\text{-}15)$$

$$\Delta H_2 = \frac{n_0 Q_H^{n_1} H_s^{n_2}}{\bar{u}} \qquad (3\text{-}16)$$

（3）$Q_H \leqslant 1700 \text{kJ/s}$ 或 $\Delta T < 35\text{K}$ 时：

$$\Delta H = \frac{2(1.5 V_s D_s + 0.01 Q_H)}{\bar{u}} \qquad (3\text{-}17)$$

$$Q_H = 0.35 p_a Q_V \frac{T_s - T_a}{T_s}$$

式中，Q_V 为实际状态下的烟气排放量，m^3/s；p_a 为大气压力，kPa；n_0 为烟气热状况及地表系数，按表 3-4 选取；n_1 为烟气热释放率指数，按表 3-4 选取；n_2 为烟囱高度指数，按表 3-4 选取。

（4）当 10m 高处的平均风速小于或等于 1.5m/s 时：

$$\Delta H = 5.5 Q_H^{1/4} \left(\frac{\mathrm{d} T_a}{\mathrm{d} z} + 0.0098 \right)^{-3/8} \qquad (3\text{-}18)$$

式中，$\mathrm{d} T_a / \mathrm{d} z$ 为排放源高度以上温度直减率，K/m（取值不得小于 0.01K/m）。

表 3-4　n_0、n_1、n_2 值的确定

$Q_H / \text{kJ} \cdot \text{s}^{-1}$	地表状况	n_0	n_1	n_2
$Q_H \geqslant 2100$	农村或城市远郊区	0.332	3/5	2/5
	城市及近郊区	0.292	3/5	2/5
$1700 < Q_H < 2100$	农村或城市远郊区	1.427	1/3	2/3
	城市及近郊区	1.303	1/3	2/3

注意：以上计算公式适用于有风、中性和不稳定条件时烟气抬升高度的计算。不适用于有风、稳定条件及静风或小风时烟气抬升高度的计算。

【例 3-4】　某城市火电厂的烟囱高 100m，出口内径 5m，出口烟气流速 12.7m/s，温度 100℃，流量 250m³/s，烟囱出口处的风速 4m/s，大气温度 20℃，大气压力为 101.3kPa。试确定烟气抬升高度及有效源高度。

解：已知 $H_s = 100\text{m}$，$Q_V = 250\text{m}^3/\text{s}$，$D_s = 5\text{m}$，$V_s = 12.7\text{m/s}$，$T_s = 373\text{K}$，$T_a = 293\text{K}$，$\bar{u} = 4\text{m/s}$，先计算烟气的热释放率 Q_H。

$$Q_H = 0.35 p_a Q_V \frac{T_s - T_a}{T_s} = 0.35 \times 101.3 \times 250 \times \frac{373 - 293}{373} = 1901(\text{kJ/s})$$

由于 $1700\text{kJ/s} < Q_H < 2100\text{kJ/s}$，因此烟气抬升高度应用式（3-15）计算。

$$\Delta H_1 = \frac{2(1.5 V_s D_s + 0.01 Q_H)}{\bar{u}} - \frac{0.048(Q_H - 1700)}{\bar{u}}$$

$$= \frac{2 \times (1.5 \times 12.7 \times 5 + 0.01 \times 1901) - 0.048 \times (1901 - 1700)}{4} = 54.7(\text{m})$$

由表 3-4，可以确定 n_0、n_1、n_2 的值分别为 1.303、1/3、2/3，于是

$$\Delta H_2 = \frac{n_0 Q_H^{n_1} H_S^{n_2}}{\bar{u}} = \frac{1.303 \times 1901^{1/3} \times 100^{2/3}}{4} = 86.9(\text{m})$$

$$\Delta H = \Delta H_1 + (\Delta H_2 - \Delta H_1) \frac{Q_H - 1700}{400} = 54.7 + (86.9 - 54.7) \times \frac{1901 - 1700}{400} = 70.9(\text{m})$$

$$H = H_s + \Delta H = 100 + 70.9 = 170.9(\text{m})$$

所以烟气抬升高度为 70.9m，有效源高度为 170.9m。

3.3.3　增加烟气抬升高度的措施

影响烟气抬升的主要因素有烟气本身的热力性质、动力性质、气象条件和近地层下垫面等。

（1）影响烟气抬升高度的第一因素是烟气所具有的初始动量和浮力。初始动量的大小取决于烟气出口速度（V_s）和烟囱口的内径（D_s）；浮力大小决定于烟气和周围空气的密度差和温度，若烟气与空气因组分不同而产生的密度差异很小时，烟气抬升的浮力大小就主要取决于烟气温度（T_s）与空气温度（T_a）之差。当风速为 5m/s，烟气温度在 100～200℃时，T_s 与 T_a 每相差 1K，抬升高度约增加 1.5m。因此，提高排气温度有利于烟气抬升，但特意为烟气加热会增加运行费用，所以最好的做法是减少烟道及烟囱的热损失。

（2）烟气与周围空气的混合速率是影响烟气抬升的第二因素，决定混合速率的主要因素是平均风速和湍流强度。平均风速越大，滞流越强，烟气与周围空气混合越快，烟气的初始动量和热量散失得就越快，烟气的指升高度就越低。增加烟气的出口速度对动力抬升有利，但也加快烟气与空气的混合，因此，应选择一个适当的出口速度。

（3）增加排气量对动量抬升和浮力抬升均有好处，因此，当附近有几个烟囱时应采用集合烟囱排气。

 练习题

3-1　选择题。

（1）大气稳定度级别中 A 级为（　　）。
　　A. 强不稳定　　　　　　B. 不稳定　　　　　　C. 中性　　　　　　D. 稳定

（2）当气块的干绝热递减率 γ_d 大于气温直减率 γ 时，则大气为（　　）。
　　A. 不稳定　　　　　　B. 稳定　　　　　　C. 中性　　　　　　D. 极不稳定

（3）下列哪个条件下，大气处于最不稳定状态（　　　）。

　　A. 晴朗，静风，10 月份下午 6 点　　　　　　B. 阴天，有风，3 月份下午 3 点

　　C. 晴朗，有风，7 月份下午 3 点　　　　　　　D. 晴朗，静风，7 月份下午 3 点

（4）下面不是影响烟气抬升高度的因素是（　　　）。

　　A. 烟气温度　　　　　　B. 周围大气温度　　　　　C. 云量　　　　　　　　D. 烟气释热率

（5）P-T 法判别大气稳定度的方法中需要考虑的因素正确的为（　　　）。

　　A. 地面风速、日照量和云量

　　B. 地面风速、日照量和混合层高度

　　C. 逆温层厚度、日照量和云量

　　D. 地面风速、混合层高度和逆温层厚度

（6）烟囱上部大气是不稳定的大气、而下部是稳定的大气时，烟羽的形状呈（　　　）。

　　A. 平展型　　　　　　　　　　　　　　　　　B. 波浪型（翻卷型）

　　C. 漫烟型（熏蒸型）　　　　　　　　　　　　D. 爬升型（屋脊型）

（7）下列说法不正确的是（　　　）。

　　A. 存在逆温层时容易发生严重的大气污染

　　B. 在强高压控制区容易造成严重的大气污染

　　C. 在低压控制区不容易造成严重的大气污染

　　D. 存在逆温层时不容易发生严重的大气污染

（8）根据高斯扩散模式，高架连续点源的污染物地面浓度表示为（　　　）。

　　A. $\rho(x, y, z, H)$　　　　B. $\rho(x, y, z, 0)$　　　　C. $\rho(x, y, 0, H)$　　　　D. $\rho(x, y, 0, 0)$

（9）根据高斯扩散模式，$\rho(x, 0, 0, 0)$ 表示（　　　）。

　　A. 高架连续点源的污染物地面浓度

　　B. 高架连续点源烟羽地面中心线上的污染物浓度

　　C. 地面连续点源的污染物地面浓度

　　D. 地面连续点源地面中心线上的污染物浓度

（10）地面污染物最大允许浓度法求烟囱高度，就是要使高架点源产生的最大（　　　）加本底浓度不超过国家大气环境质量标准。

　　A. 落地浓度　　　　　　B. 挥发浓度　　　　　　C. 提升浓度　　　　　　D. 可控浓度

（11）产生烟气抬升有两方面的原因：一是出口烟气具有一定的（　　　），二是烟气温度高于周围环境气温而产生浮力。

　　A. 初始速度　　　　　　B. 初始动量　　　　　　C. 初始浓度　　　　　　D. 初始体积

（12）《锅炉大气污染物排放标准》（GB 13271—2014）规定，每个新建燃煤锅炉房只能设一根烟囱，烟囱高度根据锅炉房装机总容量确定。烟囱还应该高出周围（　　　）m 范围最高建筑物 3m 以上。

　　A. 100　　　　　　　　　B. 200　　　　　　　　　C. 300　　　　　　　　　D. 400

（13）《大气污染物综合排放标准》（GB 16297—1996）规定，排气筒高度除了要遵守和排放速率相结合的标准值外，还应高出周围 200m 半径范围的建筑 5m 以上。不能达到该要求的排气筒，应按其高度对应的排放速率标准值的（　　　）严格执行。

　　A. 50%　　　　　　　　　B. 60%　　　　　　　　　C. 70%　　　　　　　　　D. 80%

（14）下列条件，一定会使烟气抬升高度增加的是（　　　）。

　　A. 风速增加，排气速率增加，烟气温度降低

　　B. 风速增加，排气速率降低，烟气温度增加

　　C. 风速降低，排气速率增加，烟气温度降低

　　D. 风速降低，排气速率增加，烟气温度增加

3-2 判断题。

(1) 高烟囱排放是处理气态污染物的最好方法。 （ ）
(2) 二次污染对人类的危害比一次污染物要大。 （ ）
(3) 烟囱越高，越有利于高空的扩散稀释作用，地面污染物的浓度与烟囱高度的平方成反比。 （ ）
(4) 风速越大污染物扩散越慢。 （ ）
(5) 逆温越强越利于大气污染物扩散。 （ ）
(6) 存在逆温层时不容易发生严重的大气污染。 （ ）

3-3 计算题。

(1) 某污染源的有效源高为80m，排放SO_2量为80g/s，有效源高度的平均风速为4.6m/s，试估算：1) 冬天阴天正下风向距烟囱600m处SO_2的地面浓度；2) 冬天阴天正下风向$x = 600$m，$y = 50$m处SO_2的地面浓度。

(2) 已知某一污染源的有效源高度为120m，污染物SO_2量为60g/s，若已知$u = 6$m/s，$\sigma_y = 35$m，$\sigma_z = 18$m，求：1) 在$x = 500$m，$y = 0$，$z = 0$处污染物的浓度；2) 在当时的气象条件下，下风向$x = 500$m，$y = 50$m处SO_2的地面浓度；3) 在当时的气象条件下，污染物最大地面浓度及出现的位置。

(3) 某冶炼厂的烟筒高62m，烟云抬升高度为13m，其SO_2排放速率为30×10^5mg/h，假定烟气在烟道口采用一脱硫技术，脱硫效率为85%，试估算排放后下风向1km处的SO_2地面浓度。假定烟囱出口处平均风速为3m/s，大气稳定度为D，$\sigma_y = 55.26$m，$\sigma_z = 26.20$m。

(4) 某一工业锅炉烟囱高30m，直径0.6m，烟气出口速度为16m/s，烟气温度为405K，大气温度为293K，烟囱出口处平均风速4m/s，SO_2排放量为10mg/s。试计算：1) 烟气最大抬升高度和有效源高（试用霍兰德公式计算）；2) 在中性大气条件下（D类稳定度，$\sigma_y / \sigma_z = 0.7$）$SO_2$的地面最大浓度。

(5) 某城市火电厂（稳定度D）烟囱高120m，出口烟气量为250m^3/s，烟气温度135℃，当地大气温度20℃，大气压为1105kPa，烟气出口处风速为4.0m/s。试用国家标准中规定的计算公式确定该电厂排烟的抬升高度及有效源高。

模块 4 颗粒污染物的净化技术

【知识目标】

(1) 熟悉粉尘的基本特征，除尘器的性能指标。

(2) 掌握常用除尘器的结构、工作原理、适用场合、选型方法。

(3) 掌握典型除尘器的安装、调试要点，掌握日常运行、维护管理及常见故障处理方法。

【技能目标】

(1) 能够说明影响除尘器选择的粉尘性质。

(2) 知道评价除尘器的指标，能够计算除尘器的处理能力、净化效率、漏风率等性能指标。

(3) 能根据烟尘性质合理选择除尘器。

(4) 具有安装、调试、操作、维护管理典型除尘器的能力。

【案例引入】

陶瓷行业原料制备过程中喷雾干燥塔尾气治理流程：

喷雾干燥塔尾气的含尘浓度一般很高，故目前采用至少两级除尘。第一级采用旋风分离器，既可以作为除尘设备又可以作为收料设备，第二级可使用喷淋除尘器、泡沫式除尘器、文丘里除尘器或冲激式除尘器。如图 4-1 所示。

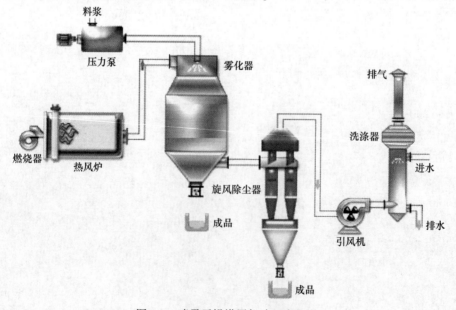

图 4-1 喷雾干燥塔尾气治理流程图

【任务思考】

(1) 案例中除尘装置有哪几种，各有什么特点？

(2) 除尘装置选用原则有哪些？

【主要内容】

4.1 除尘基础知识

4.1.1 粉尘的粒径及性质

4.1.1.1 粉尘的粒径

粉尘颗粒大小不同，其物理、化学特性不同，对人和环境的危害也不同，而且对除尘装置的性能影响很大，所以是粉尘的基本特性之一。

(1) 单一颗粒的粒径。粉尘的粒径是指表示颗粒大小的代表性尺寸。一般将粒径分为单个粒子大小的单一粒径和代表由各种不同大小粒子组成的粒子群的平均粒径，单位是 μm。实际的粉尘颗粒一般是不规则的，所以粒径需要按一定的方法确定一个表示颗粒大小的代表性尺寸，作为颗粒的直径，简称为粒径。粒径的测定和定义方法不同，所得粒径值也不同，常见的定义方法有显微镜法、筛分法、光散射法、沉降法和分割粒径。

(2) 粒径分布。粒径分布是指某种粉尘中，各种粒径的颗粒所占的百分比，也称粉尘的分散度。以颗粒的个数表示所占的比例时，称为个数分布；以颗粒的质量表示所占比例时，称为质量分布。因为质量分布更能反映不同粒径的粉尘对人体和除尘器性能的影响，所以除尘技术中多采用质量分布。粒径分布可以用表格、图形和函数表示。

4.1.1.2 粉尘的密度

单位体积粉尘的质量称为粉尘的密度，单位 kg/m^3。根据粉尘测定条件及应用条件的不同，可分为真密度和堆积密度。

(1) 真密度。将粉尘颗粒表面及其内部的空气排出后测得的粉尘自身的密度，称为真密度。以 ρ_p 表示。

(2) 堆积密度。固体磨碎形成的粉尘，在表面未氧化时，其真密度与母料密度相同。呈堆积状的舶粉尘（即粉体），每个颗粒及颗粒之间的空隙中皆含有空气。一般将包括物体颗粒间气体空间在内的粉体密度称为堆积密度，用 ρ_b 表示。

若将粉尘之间的空隙体积与包含空隙的粉尘总体积之比称为空隙率 ε，则 ε 与粉尘的真实密度 ρ_p 和堆积密度 ρ_b 之间存在如下关系：

$$\rho_b = (1 - \varepsilon)\rho_p \tag{4-1}$$

粉尘的真密度用于研究尘粒在空气中的运动，而堆积密度则用于计算粉仓或灰斗的容积等。

4.1.1.3　粉尘的安息角

粉尘从漏斗连续落到水平面上，自然堆积成一个圆锥体，圆锥体母线与水平面的夹角称为粉尘的安息角。也称休止角或堆积角。

影响粉尘安息角因素主要有粉尘粒径、含水率、颗粒形状、颗粒表面光滑程度及粉尘黏性等。对于一种粉尘，粒径越小，安息角越大；粉尘含水率增加，安息角增大；表面越光滑和越接近球形的颗粒，安息角越小。安息角是设计料仓的锥角和含尘管道倾角的主要依据。

4.1.1.4　粉尘的比表面积

粉状物料的许多理化性质，往往与其表面积大小有关，细颗粒往往表现出显著的物理、化学活动性。

粉尘的比表面积定义为单位体积（或质量）粉尘所具有的表面积。以粉尘自身体积（即净体积）表示的比表面积。粉尘的比表面积增大，其物理和化学活性增强。在除尘技术中，同一粉尘，比表面积越大，越难捕集。

4.1.1.5　粉尘的润湿性

粉尘颗粒能否与液体相互附着或附着难易的性质称为粉尘的润湿性。当尘粒与液体接触时，接触面能扩大而相互附着，就是能润湿；反之，接触面趋于缩小而不能附着，则是不能润湿。一般根据粉尘能被液体润湿的程度将粉尘大致分为两类：容易被水润湿的亲水性粉尘（如锅炉飞灰、石英粉尘），难以被水润湿的疏水性粉尘（如石墨粉尘、炭黑等）。粉尘的润湿性与粉尘的性质，如粒径、生成条件、温度、含水率、表面粗糙度、荷电性等有关，还与液体的表面张力、尘粒和液体间的黏附力及相对运动速度等有关。此外，粉尘的润湿性还随压力的增加而增加，随温度升高而减小，随液体表面张力减小而增强。各种湿式除尘装置，主要是依靠粉尘与水的润湿作用来捕集粉尘的。某些粉尘如水泥、熟石灰粉尘等水硬性粉尘，虽是亲水性的，但一旦吸水后就形成了不溶于水的硬垢，容易造成管道、设备结垢或堵塞，不宜采用湿式除尘器。

4.1.1.6　粉尘的荷电性

粉尘在其产生及运动过程中，由于相互碰撞、摩擦、放射线照射、电晕放电及接触带电体等原因，几乎总是带有一定量的电荷，称之为粉尘的荷电性。粉尘荷电后将改变其某些物理性质，如凝聚性、附着性及在气体中的稳定性等。粉尘的荷电量随温度增高、表面积加大和含水率减小而增大，还与其化学成分等有关。

电除尘器就是利用粉尘的荷电性进行工作的。其他除尘器（如袋式除尘器、湿式除尘器），也可以充分利用粉尘的荷电性来提高对粉尘的捕集能力。

4.1.1.7　粉尘的比电阻

粉尘的导电性与金属导线类似，用比电阻表示。粉尘比电阻是指单位面积的粉尘在单位厚度时所具有的电阻值，单位是 $\Omega \cdot cm$。粉尘的导电机制有两种，在高温（200℃以上）情况下，主要靠粉尘颗粒内的电子或离子进行，称为容积导电。在低温（100℃以下）情况下，主要靠其表面吸附的水分和化学膜导电，称为表面导电。因此，粉尘的比电阻取决于粉尘、气体的温度和组成成分。粉尘的比电阻对除尘器的性能有重要影响，适宜的范围是 $10^4 \sim 2 \times 10^{10} \Omega \cdot cm$，当粉尘的比电阻不利于电除尘器捕集粉尘时，需要采取措施调节粉尘的比电阻，使其处于合适的范围。

4.1.1.8 粉尘的粘附性

粉尘颗粒附着在固体表面上或者颗粒彼此相互附着的现象称为黏附，后者也称自黏。附着强度，即克服附着现象所需要的人力（垂直作用在颗粒重心上）称为黏附力。在气体介质中产生黏附力主要有范德华力、静电引力和毛细管力等。

粉尘的黏附是一种常见的实际现象，既有其有利的一面，也有其有害的一面。就气体除尘而言，一些除尘器的捕集机制是依靠施加捕集力以后粉尘在捕集表面上的黏附。但在含尘气流管道和某些设备中，又要防止粉尘在壁面上的黏附，以免造成管道和设备的堵塞。

4.1.1.9 粉尘的爆炸性

当空气中的某些粉尘（如煤粉）达到一定浓度时，若在高温、明火、电火花、摩擦、撞击等条件下就会引起爆炸。

可燃物爆炸必须具备的条件有两个：一是由可燃物与空气或氧构成的可燃混合物达到一定的浓度；二是存在能量足够的火源。能够引起可燃混合物爆炸的最低可燃物浓度称为爆炸浓度下限；最高可燃物浓度称为爆炸浓度上限。在可燃物浓度低于爆炸浓度下限或高于爆炸浓度上限时，均无爆炸危险。由于上限浓度值过大（如糖粉在空气中的爆炸浓度上限为 13.5kg/m³），在多数场合下都达不到，故实际意义不大。

粉尘的粒径越小，比表面积越大，粉尘和空气的湿度越小，爆炸的危险性就越大。另外，有些粉尘与水接触后会引起自燃或爆炸，如镁粉、碳化钙粉等；有些粉尘互相接触或混合后也会引起爆炸，如磷、锌粉与镁粉等。在实际工作中应根据粉尘的性质选择合适的除尘器，防止爆炸。

4.1.2 除尘装置的性能指标

评价除尘装置性能的指标包括技术指标和经济指标两方面。技术指标主要有处理气体流量、净化效率和压力损失等；经济指标主要有设备费、运行费和占地面积等。此外，还应考虑装置的安装、操作、检修的难易等因素。

本节主要介绍净化装置的技术性能。

4.1.2.1 处理气体流量

处理气体流量是代表装置处理气体能力大小的指标，一般以体积流量表示。实际运行的净化装置，由于本体漏气等原因，一般用除尘器的进出口气体流量的平均值来表示除尘器的气体处理量。

$$Q = \frac{Q_1 + Q_2}{2} \tag{4-2}$$

式中，Q_1 为除尘器入口气体标准状态下的体积流量，m^3/s；Q_2 为除尘器出口气体标准状态下的体积流量，m^3/s；Q 为除尘器处理气体标准状态下的体积流量，m^3/s。

用来表示除尘器严密程度的指标称为除尘器的漏风率，用 δ 表示

$$\delta = \frac{Q_1 - Q_2}{Q} \times 100\% \tag{4-3}$$

若进出口气体不是在标准状态下（$T = 273K$，$p = 101.3 \times 10^3 Pa$），可用下面公式将其换算为标准状况下的体积流量：

$$Q_0 = Q \times \frac{T_0}{T} \times \frac{p}{p_0} \tag{4-4}$$

式中，Q_0，T_0，p_0 分别为标准状态下的流量（m^3/s），温度（K），压力（Pa）；Q，T，p 分别为操作状态下的流量（m^3/s），温度（K），压力（Pa）。

4.1.2.2　除尘效率

除尘效率是表示除尘器性能的重要技术指标。

（1）总除尘效率。总除尘效率系是指在同一时间内除尘器捕集的粉尘质量占进入除尘器的粉尘质量分数，用 η 表示

$$\eta = \frac{G_3}{G_1} \times 100\% \tag{4-5}$$

由于 $G_3 = G_1 - G_2$，$G_1 = Q_1 \rho_1$，$G_2 = Q_2 \rho_2$，因此有：

$$\eta = \frac{G_1 - G_2}{G_1} \times 100\% = \left(1 - \frac{G_2}{G_1}\right) \times 100\% = \left(1 - \frac{Q_2 \rho_2}{Q_1 \rho_1}\right) \times 100\% \tag{4-6}$$

若装置不漏风，$Q_1 = Q_2$，于是有：

$$\eta = \left(1 - \frac{\rho_2}{\rho_1}\right) \times 100\% \tag{4-7}$$

式中，Q_1 为除尘器进口的气体流量，m^3/s；Q_2 为除尘器出口的气体流量，m^3/s；G_1 为粉尘流入量，g/s；G_2 为粉尘流出量，g/s；G_3 为除尘器捕集的粉尘，g/s；ρ_1 为除尘器进口气体含尘浓度，g/m^3；ρ_2 为除尘器出口气体含尘浓度，g/m^3。

根据总除尘效率，可将除尘器分为低效除尘器（50%~80%）、中小除尘器（80%~95%）和高效除尘器（95%以上）。

（2）通过率。通过率是指在同一时间内，穿过过滤器或除尘器的粒子质量与进入的粒子质量的比，一般用 $p(\%)$ 表示：

$$p = \frac{G_2}{G_1} \times 100\% = 100\% - \eta \tag{4-8}$$

例如，除尘器的 $\eta = 99.0\%$ 时，$p = 1.0\%$；另一除尘器的 $\eta = 99.9\%$，$p = 0.1\%$。则前台除尘器的通过率为后者的 10 倍。

（3）多级串联运行时的总净化效率。在实际工程中，当入口气体含尘浓度很高，或

要求出口气体含尘浓度较低时，用一种除尘装置往往不能满足除尘效率要求。因此需要把两种或多种不同型式的除尘器串联起来使用，形成两级或多级除尘系统。

当两台除尘装置串联使用时，η_1 和 η_2 分别是第一级和第二级除尘器的除尘效率，则除尘系统的总效率为：

$$\eta = \eta_1 + \eta_2(1 - \eta_1) = 1 - (1 - \eta_1)(1 - \eta_2) \tag{4-9}$$

当几台除尘装置串联使用时：

$$\eta = 1 - (1 - \eta_1)(1 - \eta_2)(1 - \eta_3)\cdots(1 - \eta_n) \tag{4-10}$$

（4）分级效率。除尘效率并不能全面地反映除尘效果，要正确评价除尘装置的除尘效果需用对某一粒径或粒径间隔内粉尘的除尘效率来衡量，这种效率称为除尘器的分级效率，用 η_i 表示。

对于分级效率，一个非常重要的值是 $\eta_i = 50\%$，与此值相对应的粒径称为除尘器的分割粒径，一般用 d_e 表示。分割粒径 d_e 在讨论除尘器性能时经常用到。

分级效率能够反映出除尘装置对不同粒径粉尘，特别是悬浮在大气中对环境和人体有较大危害的细微粉尘的捕集能力。分级效率的表示方法有质量法和浓度法。

质量分级效率用 η_i 表示，可由下式计算：

$$\eta_i = \frac{G_3 g_{d_3}}{G_1 g_{d_1}} \times 100\% \tag{4-11}$$

式中，G_1，G_3 分别为除尘器进口和被除尘器捕集的粉尘量，kg/h；g_{d_1}，g_{d_3} 分别为除尘器进口和被除尘器捕集的粉尘中，粒径为 d 的粉尘质量分数；η_i 为质量法表示的分级效率。

浓度分级效率用 η_d 表示，可用下式计算：

$$\eta_d = \frac{Q_1 g_{d_1} \rho_1 - Q_2 g_{d_2} \rho_2}{Q_1 g_{d_1} \rho_1} \times 100\% \tag{4-12}$$

如果除尘装置不漏风，$Q_1 = Q_2$，则上式可简化为：

$$\eta_d = \frac{g_{d_1} \rho_1 - g_{d_2} \rho_2}{g_{d_1} \rho_1} \times 100\% \tag{4-13}$$

式中，Q_1，Q_2 分别为除尘器进口和出口风量，m^3/h；g_{d_1}，g_{d_2} 分别为除尘器进口和出口粉尘中，粒径为 d 的粉尘质量分数，%；ρ_1，ρ_2 分别为除尘器进口和出口气体的含尘浓度，g/m^3。

对某一除尘装置，如果已知进口含尘气体中粉尘的粒径分布 g_{d_i} 和它的分级效率 η_{d_i}，则可由下式计算除尘装置的除尘效率 η：

$$\eta = \sum_{i=1}^{n} g_{d_i} \eta_{d_i} \tag{4-14}$$

4.1.2.3　压力损失

含尘气体经过除尘装置后会产生压力降，这个压力降被称为除尘装置的压力损失，也称除尘阻力，单位是 Pa。压力损失的大小，不仅取决于装置的种类和结构形式，还与处理气体流量大小有关。通常压力损失与装置进口气流的动压成正比。

$$\Delta p = \frac{1}{2} \xi \rho u^2 \tag{4-15}$$

式中，Δp 为除尘装置的压力损失，Pa；ξ 为净化装置的阻力系数；ρ 为气体的密度，kg/m^3；u 为装置进口气体流速，m/s。

除尘装置的压力损失是一项重要的经济技术指标。装置的压力损失越大，动力消耗也越大，除尘装置的设备费用和运行费用就高。根据除尘阻力大小，可将除尘器分为低阻除尘器（<500Pa）、中阻除尘器（500～2000Pa）和高阻除尘器（>2000Pa）。通常，除尘装置的压力损失一般控制在 2000Pa 以下。

4.2　除 尘 装 置

从气体中去除或捕集固态或液态微粒的设备称为除尘装置或除尘器。根据主要除尘机理，目前常用的除尘器可分为机械式除尘器、电除尘器、袋式除尘器、湿式除尘器等。

近年来为提高对微粒的捕集效率，陆续出现了综合几种除尘机制的一些新型除尘器，如通量力/冷凝（FF/C）洗涤器，高梯度磁分离器、荷电袋式过滤器、荷电液滴洗涤器等。

下面分别介绍几种常用除尘装置的工作原理。

4.2.1　机械式除尘器

机械式除尘器通常指利用质量力（重力、惯性力和离心力等）的作用使颗粒物与气流分离的装置，包括重力沉降室、惯性除尘器和旋风除尘器等。

4.2.1.1　重力沉降室

A　重力沉降室的原理

重力沉降室是通过重力作用使尘粒从气流中自然沉降分离的除尘设备，它的结构如图 4-2 所示。含尘气流进入重力沉降室后，由于扩大了流动截面积而使气体流速大大降低，较重颗粒在重力作用下缓慢向灰斗沉降，而气体则沿水平方向继续前进，从而达到除尘的目的。

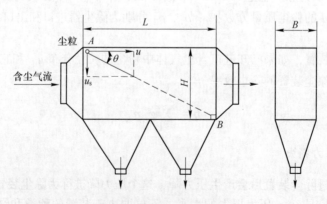

图 4-2　重力沉降室

在沉降室内，尘粒一方面以沉降速度 u_s 下降，另一方面则以气体流速 u 在沉降室内继续向前运动，气流通过沉降室的时间 t 为：

$$t = \frac{L}{u} \tag{4-16}$$

式中，L 为沉降室长度，m；u 为沉降室内气体的水平流速，m/s。

尘粒从沉降室顶部降落到底部所需要时间为：

$$t_s = \frac{H}{u_s} \tag{4-17}$$

式中，H 为沉降室高度，m；u_s 为尘粒的沉降速度，m/s。

要使尘粒不被气流带走，则必须使 $t \geqslant t_s$，即 $L \geqslant \dfrac{uH}{u_s}$

粒子的沉降速度 u_s 可以用下式求得：

$$u_s = \frac{d^2 g (\rho_p - \rho_g)}{18\mu}$$

式中，d 为尘粒的直径，m；ρ_p 为尘粒的密度，kg/m^3；ρ_g 为气体的密度，kg/m^3；μ 为气体的黏度，$Pa \cdot s$；g 为重力加速度，$9.18 m/s^2$。

由公式与可求出重力沉降室能 100% 捕集的最小粒径 d_{min}：

$$d_{min} = \sqrt{\frac{18\mu uH}{(\rho_p - \rho_g)gL}} \tag{4-18}$$

理论上 $d \geqslant d_{min}$ 的尘粒可以全部捕集下来，但实际情况下，由于气流的运动状况以及浓度分布等因素的影响，沉降效率会有所下降。

提高重力沉降室的捕集效率可采取的措施：降低沉降室内气流速度；增加沉降室长度；降低沉降室高度。

但应注意 u 过小或 L 过长，都会使沉降室体积庞大，因此在实际工作中可以采用多层沉降室，如图 4-3 所示，在室内设置多层隔板，使其沉降高度将为原来的 $H/(n+1)$。

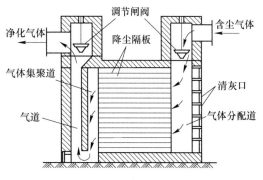

图 4-3　多层重力沉降室

B　重力沉降室的设计步骤

（1）沉降室内水平气流速度一般取 $0.2 \sim 2.0 m/s$。

（2）计算沉降室能捕集的最小粒径 d_{min}。

（3）计算颗粒沉降速度 u_s。

（4）确定沉降室的长 L、宽 B 和高 H。根据现场地形条件，确定 L、B、H 中的任意一个参数，其余两个可以通过以下公式计算：

$$L \geqslant \frac{uH}{u_s} \tag{4-19}$$

$$B = \frac{Q}{uH} \tag{4-20}$$

（5）计算对各种尘粒的分级效率。

$$\eta = \frac{u_s L}{u H} \tag{4-21}$$

重力沉降室具有结构简单，投资少，压力损失小（50~100Pa）等优点，适用于净化密度大，颗粒粗的含尘气体，特别是磨损性很强的粉尘。能有效收集 $50\mu m$ 以上的尘粒，除尘效率一般为 40%~80%，常用于一级处理或预处理。

4.2.1.2 惯性除尘器

惯性除尘器是利用惯性力的作用，使含尘气流与挡板撞击或者急剧改变气流方向借助尘粒本身的惯性作用，使其与气流发生分离的装置。

A 惯性除尘器的原理

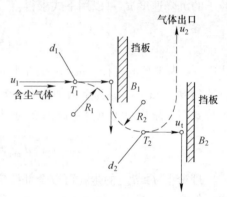

如图 4-4 所示，当含尘气流以 u_1 的速度进入装置后，在 T_1 点较大的粒子（粒径 d_1）由于惯性力的作用离开曲率半径为 R_1 的气流撞在挡板 B_1 上，碰撞后的粒子由于重力的作用沉降下来而被捕集，粒径比 d_1 小的粒子（粒径 d_2）则与气流以曲率半径 R_1 绕过挡板 B_1，然后以曲率半径 R_2 随气流作回旋运动。当粒径为 d_2 的粒子运动到 T_2 点时，将脱离以 u_2 速度流动的气流撞击到挡板 B_2 上，同样也因重力沉降而被捕集下来。因此，惯性除尘器的除尘是惯性力、离心力和重力共同作用的结果。

图 4-4 惯性除尘器的原理示意图

B 惯性除尘器的类型

惯性除尘器根据其结构形式可分为碰撞式和回转式两类。碰撞式除尘器一般是在气流流动的通道内增设挡板构成的，当含尘气流流经挡板时，尘粒借助惯性力撞击在挡板上，失去动能后的尘粒在重力的作用下沿挡板下落，进入灰斗中。挡板可以是单级，也可以是多级，如图 4-5 所示，多级挡板交错布置，一般可设置 3~6 排。在实际工作中多采用多级式，目的是增加撞击的机会，以提高除尘效率。

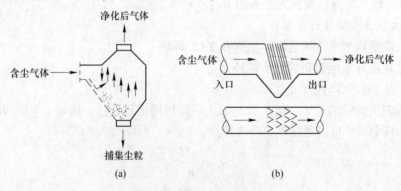

图 4-5 碰撞式除尘器装置

（a）单级型；（b）多级型

回转式又分为弯管型、百叶窗型和多层隔板型三种。它是使含尘气体多次改变运动方向，在转向过程中把粉尘分离出来，如图4-6所示。

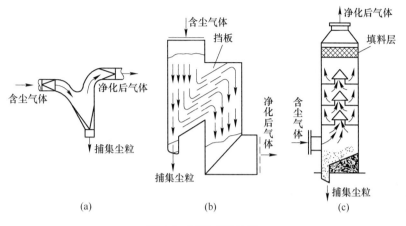

图 4-6　回转式除尘器
（a）弯管型；（b）百叶窗型；（c）多层隔板型

惯性除尘器的气流速度越高，气流方向转变角度越大，转变次数越多，净化效率就越高，压力损失也越大。

惯性除尘器应用于净化密度和粒径较大的金属或矿物粉尘，具备较高除尘效率。对于黏结性和纤维性粉尘，因为堵塞而不宜采用。

惯性除尘器结构简单，除尘效率虽然比重力除尘室要高，但由于气流方向转变次数有限，净化效率也不会太高，多用于一级除尘或高效除尘器的前级除尘，捕集 10~20μm 以上的粗颗粒，压力损失依形式而定，一般为 100~1000Pa，除尘效率为 40%~70%。

4.2.1.3　旋风除尘器

旋风除尘器是利用气流在旋转运动中产生的离心力来清除气流中尘粒的设备。由于其结构简单、体积小、可耐高温、制造容易、造价和运行费用较低，适用于非黏性及非纤维性粉尘的去除，大多用来捕集 5μm 以上的粉尘，除尘效率 80%~90%，选用耐高温、耐磨蚀和腐蚀的特种金属或陶瓷材料构造的旋风除尘器，可在温度高达 1000℃，压力达 $500×10^5Pa$ 的条件下操作。压力损失控制范围一般为 500~2000Pa。因此，它属于中效除尘器，且可用于高温烟气的净化，是应用广泛的一种除尘器，多应用于锅炉烟气除尘、多级除尘及预除尘。

A　旋风除尘器的原理

旋风除尘器是由进气管、筒体、锥体和排气管等组成，如图 4-7 所示。排气管插入外圆筒形成内

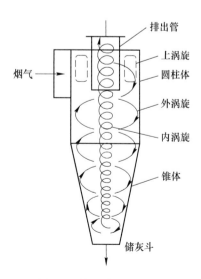

图 4-7　旋风除尘器的原理

圆筒，进气管与筒体相切，筒体下部是锥体，锥体下部是集尘室。含尘气体由除尘器入口沿切线方向进入后，沿外壁自上而下作旋转运动，形成外旋流。旋转下降的外旋流因受锥体收缩的影响渐渐向中心汇集，到达锥体底部后，转而向上沿轴心旋转形成内旋流（内旋流与外旋流的方向是相同的），最后通过出口管排出。气流做旋转运动时，悬浮在旋流中的尘粒，在离心力的作用下，一面向除尘器壁靠近，然后在重力作用下落入灰斗中，一面随气流旋转向下至气体底，落入灰斗。在外旋流转变为内旋流的锥体底部附近区域称为回流区。在此区将有少量细粉尘被内旋转带走，最后有部分被排出。此外进口气流的少部分沿筒体内壁旋转而上，到达上顶盖后折回沿出口外壁向下旋转到达出口管下端附近被上升的内旋流带走，这部分气流通常称为上旋流。上旋流中的微量细小粉尘被内旋流带走。解决上旋流和回流区中细粉尘的二次返混问题，是设计旋风除尘器时应注意的两个问题。

　　B　旋风除尘器的除尘效率

外旋流中的尘粒同时受到离心力和向心力的作用，粒径越大，粉尘获得的离心力越大。因此，在其他条件一定的境况下，必定有一个临界粒径，当粉尘的粒径大于临界粒径时，粉尘受到的离心力大于向心力，尘粒被推至外壁面分离。相反，粉尘受离心力小于所受向心力，尘粒被推入上升的内旋涡中，在轴向气流的作用下，随着气体排出除尘器。对于粒径等于临界粒径的尘粒，由于所受的离心力和所受的向心力相等，它将在内、外旋涡的交界面上旋转。在各种随机因素的影响下，或被分离排除或被内旋涡的气流带出，其概率均为 50%。把能够被旋风除尘器除掉 50% 的尘粒粒径称为分割粒径，用 d_c 表示。显然，d_c 越小，除尘器的除尘效率越高。

分割粒径 d_c 是反映旋风除尘器性能的重要指标。一般情况，尘粒的密度越大，气体进口的切向速度越大，排除管直径越小，除尘器的分割粒径越小，除尘效率也就越高。

在确定分割粒径的基础上，可以用下式计算旋风除尘器的分级效率。

$$\eta_{d_i} = 1 - \exp\left[- 0.163\left(\frac{d_i}{d_c}\right) \right] \tag{4-22}$$

式中，d_i 为尘粒的粒径，μm；d_c 为尘粒的分割粒径，μm。

但应注意的是，尘粒在旋风除尘器内的分离过程是非常复杂的。因此根据某些假设条件得出的理论公式还不能进行比较精确的计算。目前，旋风除尘器的效率一般通过实验确定。

　　C　影响旋风除尘器除尘效率的因素

根据生产实践和理论分析，影响旋风除尘器除尘效率的主要因素包括除尘器的入口和排气口形式、比例尺寸、除尘器底部的严密性、进口风速和粉尘的物理性质等。

　　a　除尘器的入口和排气口形式

旋风除尘器的入口形式可以分为轴向进入式和切向进入式两类。

轴向进入式是利用进口设置的导流叶片促使气体做旋转运动，借助旋转气流产生的离心力使尘粒分离。在同一压力损失下，处理气量较切向式增加两倍，且气流分布均匀。轴向进入式又分为轴流直进式和轴流反转式如图 4-8 所示。轴流反转式的阻力一般为800~1000Pa，除尘效率与切向式无显著差别。轴流直进式的阻力较小，一般为 400~500Pa，但除尘效率比较低。轴流式旋风除尘器常用于组合多管旋风除尘器，用于处理烟气量大的场合。

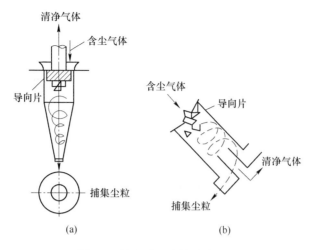

图 4-8　轴向进入式旋风除尘器
(a) 反转式；(b) 直进式

切向进入式又分为直入式和蜗壳式，如图 4-9 所示。直入式的入口进气管外壁与筒体相切，蜗壳式的入口进气管内壁与筒体相切，外壁采用渐开线的形式。蜗壳式的可提高除尘效率和降低气体进口的阻力。

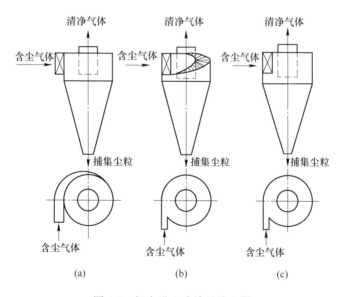

图 4-9　切向进入式旋风除尘器
(a) 蜗壳式；(b) 螺丝顶式；(c) 狭缝式

除尘器入口断面的宽高之比也很重要，一般认为，入口断面宽高比越小，进口气流在径向方向越薄，越有利于粉尘在圆筒内分离和沉降，收尘效率越高。因此进口断面多采用矩形，宽高比为 2 左右。

旋风除尘器的排气管口均为直筒形，排气管的插入加深效率提高，但阻力增大，插入变浅，效率降低，阻力减小。这是因为短浅的排气管容易形成短路现象，造成一部分尘粒来不及分离便从排气管排出。

b 除尘器的比例尺寸

旋风除尘器的各个部件都有一定的尺寸比例，尺寸比例的变化影响旋风除尘器的效率和压力损失等。表 4-1 给出了尺寸比例变化对性能的影响。

（1）筒体直径。在相同转速下，筒体直径越小，尘粒所受的离心力越大，除尘效率越高；但筒体直径过小，处理的风量显著降低，易堵塞，因此筒体直径一般不小于0.15m，同时为了保证除尘效率，筒体直径也不要不大于 1m，若处理风量大，可采用同型号并联组合或多管型旋风除尘器。

（2）排出管直径。减小排气管直径可以减小内旋涡直径，有利于提高除尘效率，但减小排气管直径会加大出口阻力，一般取排出管直径为筒体直径的 0.4~0.65 倍。

（3）筒体和锥体高度。增加旋风除尘器的筒体和锥体高度，可以增加气体在除尘器内的旋转圈数，有利于尘粒分离，但会造成返混。锥体部分，由于断面减小，尘粒向壁面的沉降距离也逐渐减小，同时，气流的旋转速度增加，尘粒受到的离心力增大，利于尘粒分离，但阻力增加。因此高效除尘器的锥体长度为筒体长度的 2.8~2.85 倍，两者总高度不超筒体直径的 5 倍。

表 4-1 比例尺寸变化对性能的影响

比 例 变 化	性 能 趋 向		投资趋向
	压力损失	效率	
增大旋风除尘器直径	降低	降低	提高
加长筒体	稍有降低	提高	提高
增大入口面积（流量不变）	降低	降低	—
增大入口面积（速度不变）	提高	降低	降低
加长锥体	稍有降低	提高	提高
增大锥体的排出孔	稍有降低	提高或降低	—
减小锥体的排出孔	稍有提高	提高或降低	—
加长排出管伸入器内的长度	提高	提高或降低	提高
增大排气管管径	降低	降低	提高

（4）排尘口直径。排尘口直径过小会影响粉尘沉降，易被堵塞，因此排尘口直径一般为排气管直径的 0.7~1.0 倍，但不能小于 70mm。

c 除尘器底部的严密性

无论旋风除尘器在正压还是负压下操作，旋风除尘器的底部总是处于负压状态。如果除尘器的底部不严密，从外部漏入的空气就会把落入灰斗的一部分粉尘重新卷入内旋涡并带出除尘器，使除尘器效率显著下降。因此在不漏风的情况下进行正常排尘是保证旋风除尘器正常运行的重要条件。收尘量不大的除尘器，可在排尘口下设置固定灰斗，定期排放；收尘量大且连续工作的除尘器，可设置双翻板式或回转式锁气室，如图 4-10 所示。

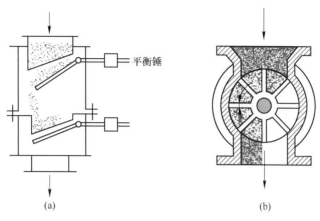

图 4-10 锁气器

（a）双翻板式；（b）回转式

d　入口风速

入口风速提高，粉尘的离心力增大，分割粒径变小，除尘效率提高，入口风速过大，气流过于强烈，会把已经分离的粉尘重新带走，除尘效率反而下降，阻力急剧上升，一般进口气速应控制在 12~25m/s 之间。

e　烟尘的物理性质

当粉尘的密度和粒径增大时，除尘效率明显提高；气体的黏度增大，温度升高，除尘器的效率下降；进口含尘浓度增大，阻力下降，效率影响不大。

D　旋风除尘器的压力损失

旋风除尘器的压力损失是指气流通过旋风分离器的压力降。此值直接关系到送风机的动力消耗。它与其结构和运行条件等有关，要从理论上计算是比较困难的，主要靠试验确定。试验表明，旋风除尘的压力损失一般与气体进口流速的平方成正比。旋风除尘器操作运行中可以接受的压力损失一般低于 2kPa。影响压力损失的主要因素有：

（1）压力损失随入口气量的增加而增加；

（2）压力损失随进口面积和排出管直径减小而增大，随圆通和圆锥部分增大而减小。

（3）压力损失随入口含尘浓度的增高而明显下降。

（4）压力损失随气流温度与黏度的增高而减小。

（5）除尘器内有叶片，突起和支持物时，使气流的旋转速度降低，离心力减少，因而使总的压降减小。

E　旋风除尘器的结构形式

旋风除尘器的结构形式，取决于含尘气体的入口形式和除尘器内部的流动状态，按进气方式可分为切向进入式和轴向进入式；按气流组织不同可分为旁路式、直流式、平旋式、旋流式等；另外，还可以分为单管、双管和多管组合式旋风除尘器。常见形式如下。

（1）切向反转式旋风除尘器。进气方向大致与除尘器轴线垂直，与筒体表面相切进入。含尘气体进入后，在筒体部分旋转向下，进入锥体到达锥体顶端前，返转向上，清洁气体经排气管引出。这就是常见的切向返转式旋风除尘器。切向返转式旋风除尘器又分为直入式和蜗壳式，如图 4-11（a）、（b）所示，前者的进气管外壁与筒体相切，后者进气管内壁与筒体相切，进气管外壁采用渐开线形式，渐开角有 180°、270° 和 360° 三种。蜗壳式入口形式易于增大进口面积，进口处有一环状空间，使进口气流距筒体外壁更近，减小了尘粒向器壁的沉降距离，有利于粒子的分离。另外，蜗壳式进口还减少了进气流与内涡旋气流的相互干扰，使进口压力降减小。直入型进口管设计与制造方便，且性能稳定。

（2）轴向式旋风除尘器。进气方向与除尘器轴线平行的，称为轴向式旋风除尘器，如图 4-11（c）所示。该除尘器利用导流叶片，使含尘气体在除尘器内旋转，叶片形式有各种形式。轴向进入式旋风除尘器，根据含尘气体在除尘器内流动方式可分为直流式和反旋式两类。与切向返转式旋风除尘器相比，在相同的压力损失下，能够处理三倍的气体量，且气流分布均匀，主要用于多管旋风除尘器和处理气体量大的场合。压力损失约为 400~500Pa，除尘效率较低。

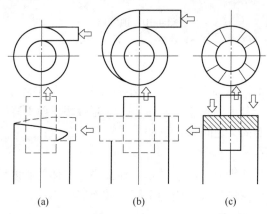

图 4-11　旋风除尘器进口形式示意图
(a) 直入式；(b) 蜗壳式；(c) 轴向式

（3）XLP 型旋风除尘器。XLP 型旋风除尘器又称旁路式旋风除尘器，其结构特点是带有旁路分离室，旁路分离室，使其上部灰环中的粉尘，能够通过旁路分离分室，直接进入下旋涡而得到的清除，因而提高了除尘效率，但是由于旁路室容易积灰堵塞，因此，它对被处理的含尘气体中的粉尘性质有一定的要求，即粉尘的流动性要好一点。图 4-12 和图 4-13 分别是呈半螺旋形的 XLP/A 型和呈全螺旋形的 XLP/B 型。XLP/B 型旋风除尘器除带有旁路分离室外，其顶盖和出气口之间保持一定的距离，排气管插入深度也较短。含尘气体进入后，以排气管底部为分界面产生强烈的分离作用，形成上、下两股旋转气流，细小尘粒由上旋流带往上部，在顶盖下面形成强烈旋转的灰环，并由上部特设的切向缝口进入灰尘分离室，再从下部回风口切向引入除尘器下部，与内部气流汇合，灰尘被分离落入灰斗。试验表明，关闭除尘器的旁路时，除尘效率显著下降，所以使用时应防止旁路积灰，避免堵塞。

XLP 型旋风除尘器的入口进气速度范围是 12~20m/s，压力损失约为 500~900Pa。可除去 5μm 以上的粉尘，若除去 5μm 以下的粉尘效率很低，只能达到 20%~30%，而除去 10μm 粉尘的分级效率约为 90%。

（4）XLK 型旋风除尘器。XLK 型旋风除尘器又称扩散式旋风除尘器，如图 4-14 所示。其结构特点是 180°蜗壳入口，锥体为倒置的，锥体下部装有圆锥形的反射屏（又称挡灰盘）。含尘气流进入除尘器后，从上而下作旋转运动，到达锥体下部反射屏时已净化的气体在反射屏的作用下，大部分气流折转形成上旋气流从排出管排出。紧靠器壁的少量

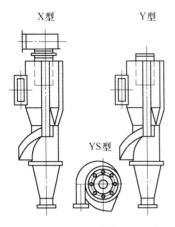

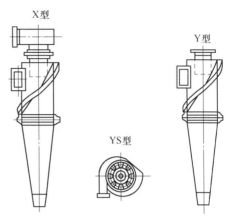

图 4-12　XLP/A 型旋风除尘器　　　　　图 4-13　XLP/B 型旋风除尘器

含尘气流由反射屏和倒锥体之间环隙进入灰斗。进入灰斗后的含尘气体由于流道面积大、速度降低，粉尘得以分离。净化后的气流由反射屏中心透气孔向上排出，与上升的主气流汇合后经排气管排出。由于反射屏的作用，防止了返回气流重新卷起粉尘。

扩散式旋风除尘器对入口粉尘负荷有良好的适应性，进口气流速度 10～20m/s，压力损失 900～1200Pa，除尘效率为 90% 左右。

（5）直流式。含尘气体由除尘器的一端进入做旋转运动，使粉尘从气流中分离出来，净化后的气体继续旋转，并由除尘器的另一端排出。这类除尘器因为没有上升的内涡旋，减少了返混和二次飞扬的问题，除尘阻力损失较小，但除尘效率有所下降。在设计时，必须特别注意，要采用合适的稳流体填充旋转气流中心的负压区，防止中心涡流与短路，以减少压力损失和提高除尘效率，如图 4-15 所示。

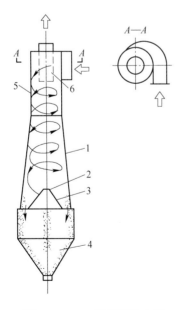

图 4-14　XLK 型旋风除尘器
1—倒圆锥体；2—透气孔；3—反射屏；
4—灰斗；5—圆筒体；6—排气管

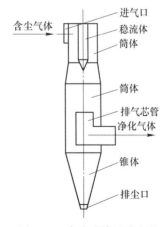

图 4-15　直流式旋风除尘器

（6）多管旋风除尘器。为了提高除尘效率或增大处理气体量，往往将多个旋风除尘器串联或并联使用。当要求除尘效率较高，采用一级除尘不能满足要求时，可将多台除尘器串联起来使用，这种组合方式称为串联式旋风除尘器组合形式。当处理气体量较大时，可将若干个小直径的旋风除尘器并联起来作用，这种组合方式称为并联式旋风除尘器组合形式。常见的是并联起来使用。

将许多结构和尺寸相同的小型旋风除尘器（旋风子）并联使用，这种除尘器称为多管除尘器。如图 4-16 所示，多管除尘器内通常要并联几十个旋风子，因此要求气流分布均匀，有的旋风子会从下部进风，如同灰斗下部漏风一样，除尘器的效率降低。旋风子的尺寸不宜过小，不宜处理黏性大的粉尘，以免旋风子发生堵塞。

多管除尘器的旋风管采用铸铁或陶瓷材料，耐磨损，耐腐蚀，可处理含尘浓度高的气体，能有效地分离 5~10μm 的粉尘。

图 4-17 所示为三级串联式旋风除尘器示意图，第一级锥体较短，净化较大的颗粒物，第二级和第三级的锥体逐渐加长，净化较细的粉尘。串联式旋风除尘器的处理气量决定于第一级除尘器的处理量。总压力损失等于各除尘器及连接件的压损之和，再乘以 1.1~1.2 的系数，并联除尘器的压损为单体压损的 1.1 倍，处理气量为各单元处理气量之和。

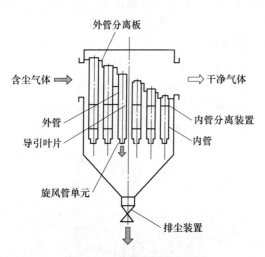

图 4-16　多管旋风除尘器

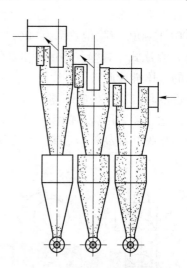

图 4-17　三级串联式旋风除尘器

F　旋风除尘器的命名

国内用拼音字母表示：第一个字母 X 表示旋风除尘器，第二、三个字母表示结构特点为主，有时也用来表示工作原理。如 XLP/B4.2 型旋风除尘器，X 表示旋风除尘器，L 表示立式，P 表示旁通式，B 表示型号，4.2 表示筒体的直径（单位为分米）。

另外根据除尘器安装位置的不同分为两种型号：X 型——吸入式，Y 型——压入式。根据进入气流的方向，分为 S 型和 N 型。从除尘器顶部看，S 型表示进入气流按顺时针旋转，而 N 型表示逆时针旋转。

G　旋风除尘器的设计选型

在选用旋风除尘器时，常根据工艺提供或收集到的设计资料来确定其型号和规格，一般使用计算法和经验法。在实际工作中常采用经验法来选择除尘器的型号和规格。步骤如下：

（1）首先收集原始条件，包括：含尘气体流量及波动范围，气体化学成分、温度、压力、腐蚀性；气体中粉尘浓度、粒度分布，粉尘的粘附性、纤维性和爆炸性；净化要求的除尘效率和压力损失等；粉尘排放和要求回收价值；空间场地、水源电源和管道布置。根据以上因素全面分析，合理选择旋风除尘器的类型。

（2）根据使用时允许的压力降确定进口气速 u。如果制造厂已提供各种操作温度下的进口气速与压力降的关系，则根据工艺条件允许的压力降就可以选定气速，若没有气速与压力降的数据，则根据允许的压力降计算进口气速，若没有提供允许的压力损失数据，一般取进口气速为 12~25m/s。

$$u = \left(\frac{2\Delta p}{\rho\xi}\right)^{\frac{1}{2}} \tag{4-23}$$

式中，u 为入口气速，m/s；Δp 为旋风除尘器的允许压力降，Pa；ρ 为气体的密度，kg/m^3；ξ 为旋风除尘器的阻力系数。

（3）确定旋风除尘器的进口截面积 A、入口宽度 b 和入口高度 h。

$$A = bh = \frac{Q}{u} \tag{4-24}$$

式中，A 为进口截面积，m^2；b 为入口宽度，m；h 为入口高度，m；Q 为旋风除尘器处理的烟气量，m^3/s。

（4）确定各部分几何尺寸。由进口截面积 A、入口宽度 b 和入口高度 h 定出各部分的几何尺寸，几种旋风除尘器的主要尺寸比例参见表 4-2，其他各种旋风除尘器的标准尺寸比例可查阅有关除尘设备手册。

表 4-2　几种旋风除尘器的比例尺寸

尺寸内容		XLP/A	XLP/B	XLT/A	XLT
入口宽度 b		$(A/3)^{1/2}$	$(A/2)^{1/2}$	$(A/2.5)^{1/2}$	$(A/1.75)^{1/2}$
入口高度 h		$(3A)^{1/2}$	$(2A)^{1/2}$	$(2.5A)^{1/2}$	$(1.75A)^{1/2}$
筒体直径 D	上 3.85b		3.33b	3.85b	4.9b
	下 0.7D				
排出筒直径 d_e		0.6D	0.6D	0.6D	0.58D
筒体长度 L	上 1.35D		1.7D	2.26D	1.6D
	下 1.00D				
锥体长度 H	上 0.5D		2.3D	2.0D	1.3D
	下 1.0D				
排尘口直径 d_1		2.96D	0.43D	0.3D	0.145D
压力损失/Pa	12m/s[①]	700（600）[②]	500（420）	860（770）	440（490）
	15m/s	1100（940）	890（700）[③]	1350（1210）	670（770）
	18m/s	1400（1260）	1450（1150）[④]	1950（1150）	990（1110）

①进口风速；

②"（ ）"内的数值是出口无蜗壳式的压力损失；

③进口风速为 16m/s 时的压力损失；

④进口风速为 20m/s 时的压力损失。

【例 4-1】　已知烟气处理量 $Q = 5000\text{m}^3/\text{h}$，烟气密度 $\rho = 1.2\text{kg}/\text{m}^3$，允许压力损失为 900Pa，若选用 XLP/B 型旋风除尘器，试确定其主要尺寸。

解：查表可知，阻力系数 $\xi = 5.8$。旋风除尘器入口气速：

$$u = \left(\frac{2\Delta P}{\rho\xi}\right)^{1/2} = \left(\frac{2 \times 900}{1.2 \times 5.8}\right)^{1/2} = 16.1(\text{m}/\text{s})$$

进口截面积：

$$A = \frac{Q}{u} = \frac{5000}{3600 \times 16.1} = 0.0863(\text{m}^2)$$

查出 XLP/B 型旋风除尘器尺寸比例：

入口宽度　　　　$b = \left(\dfrac{A}{2}\right)^{1/2} = \left(\dfrac{0.0863}{2}\right)^{1/2} = 0.208(\text{m})$

入口高度　　　　$h = (2A)^{1/2} = (2 \times 0.0863)^{1/2} = 0.42(\text{m})$

筒体直径　　　　$D = 3.33b = 3.33 \times 0.208 = 0.624(\text{m})$

参考 XLP/B 产品系列，取 $D = 700\text{mm} = 0.7\text{m}$，则：

排出筒直径　　　　$d_\text{e} = 0.6D = 0.42(\text{m})$

筒体长度　　　　$L = 1.7D = 1.19(\text{m})$

锥体长度　　　　$H = 2.3D = 1.61(\text{m})$

排尘口直径　　　　$d_\text{p} = 0.43D = 0.30(\text{m})$

H　旋风除尘器的运行和维护

a　稳定运行参数

旋风式除尘器运行参数主要包括除尘器入口气流速度、处理气体的温度和含尘气体的入口质量浓度等。

（1）入口气流速度。对于尺寸一定的旋风式除尘器，入口气流速度增大不仅处理气量可提高，还可有效地提高分离效率，但压降也随之增大。当入口气流速度提高到某一数值后，分离效率可能随之下降，磨损加剧，除尘器使用寿命缩短，因此入口气流速度应控制在 18~23m/s 范围内。

（2）处理气体的温度。因为气体温度升高，其黏度变大，使粉尘粒子受到的向心力加大，于是分离效率会下降。所以高温条件下运行的除尘器应有较大的入口气流速度和较小的截面流速。

（3）含尘气体的入口质量浓度。浓度高时大颗粒粉尘对小颗粒粉尘有明显的携带作用，表现为分离效率提高。

b　防止漏风

旋风式除尘器一旦漏风将严重影响除尘效果。据估算，除尘器下锥体处漏风 1% 时除尘效率将下降 5%；漏风 5% 时除尘效率将下降 30%。旋风式除尘器漏风有三种部位：进出口连接法兰处、除尘器本体和卸灰装置。引起漏风的原因如下：

（1）连接法兰处的漏风主要是螺栓没有拧紧、垫片厚薄不均匀、法兰面不平整等。

（2）除尘器本体漏风的主要原因是磨损，特别是下锥体。据使用经验，当气体含尘质量浓度超过 $10\text{g}/\text{m}^3$ 时，在不到 100 天时间里可以磨坏 3mm 的钢板。

（3）卸灰装置漏风的主要原因是机械自动式（如重锤式）卸灰阀密封性差。

c　预防关键部位磨损

影响关键部位磨损的因素有负荷、气流速度、粉尘颗粒，磨损的部位有壳体、圆锥体和排尘口等。防止磨损的技术措施包括：

（1）防止排尘口堵塞。主要方法是选择优质卸灰阀，使用中加强对卸灰阀的调整和检修。

（2）防止过多的气体倒流入排灰口。使用的卸灰阀要严密，配重得当。

（3）经常检查除尘器有无因磨损而漏气的现象，以便及时采取措施予以杜绝。

（4）在粉尘颗粒冲击部位，使用可以更换的抗磨板或增加耐磨层。

（5）尽量减少焊缝和接头，必须有的焊缝应磨平，法兰止口及垫片的内径相同且保持良好的对中性。

（6）除尘器壁面处的气流切向速度和入口气流速度应保持在临界范围以内。

d　避免粉尘堵塞和积灰

旋风式除尘器的堵塞和积灰主要发生在排尘口附近，其次发生在进排气的管道里。

（1）排尘口堵塞。引起排尘口堵塞通常有两个原因：一是大块物料或杂物（如刨花、木片、塑料袋、碎纸、破布等）滞留在排尘口，之后粉尘在其周围聚积；二是灰斗内灰尘堆积过多，未能及时排出。预防排尘口堵塞的措施有：在吸气口增加一栅网，在排尘口上部增加手掏孔（孔盖加垫片并涂密封膏）。

（2）进排气口堵塞。进排气口堵塞现象多是设计不当造成的，进排气口略有粗糙直角、斜角等就会形成粉尘的黏附、加厚，直至堵塞。

e　旋风除尘器的维护

在负压除尘系统中，除尘器下部的锁风阀要经常检修，特别是翻板阀、插板阀比回转阀（星型卸料器）更要注意。

旋风除尘器还有一个问题需要注意，就是检查除尘器磨损的情况，特别是处理磨琢性粉尘时，在入口和锥体部分很容易磨损，应及时焊补，最好衬胶或作耐磨处理。

I　旋风除尘器的故障原因及消除方法

a　旋风除尘器排放浓度过高

引起旋风除尘器排放浓度过高的原因可以有以下几点：

（1）锁风阀失灵，下部漏风，除尘效率猛降。

（2）除尘器选用不当，适应不了高起始粉尘浓度。

（3）灰斗积灰，超出一定位置，被捕集的粉尘又被负压吸入返混旋涡。

相应消除方法：

（1）修复或更换关风机，使其保持密闭和动作灵活、准确。

（2）仅能用作第一级除尘，再增加第二级除尘器。

（3）出空灰斗并使其连续出灰或将锁风阀装在除尘器锥体与灰斗之间。

b　旋风除尘器筒壁磨损过快

引起旋风除尘器筒壁磨损过快的原因可以有以下几点：

（1）除尘器结构和材料不适应于磨琢性粉尘。

（2）旋风除尘器入口风速选用过高。

相应问题消除方法：

（1）在旋风除尘器入口和锥体部位衬以橡胶并加厚钢板，多管可用耐磨铸铁做。

（2）降低旋风除尘器入口风速。

　　c　旋风除尘器堵塞

引起旋风除尘器堵塞的原因可以有以下几点：

（1）含尘气体的含湿量过高，引起冷凝而黏结。

（2）除尘器结构不适应处理黏结性粉尘。

　　遇到此种问题最好的解决办法就是：除尘器保温或采取其他防止低于露点温度的措施。

　　d　旋风除尘器并联使用时各个除尘器负荷不均匀

引起旋风除尘器并联使用时，各个除尘器负荷不均匀的原因可以有以下几点：

（1）连接管阻力不平衡，阻力小的环路，其除尘器担负了过多的风量。

（2）多管旋风除尘器内压差不等。

（3）合用灰斗时，底部窜气。

　　故障排除办法：

（1）改变管路连接，进行阻力平衡。

（2）原出口等高时可采取有倾斜形接口，出口采取阶梯形，下部灰斗分隔两个以上。

（3）灰斗内加隔板。

4.2.2　湿式除尘器

　　湿式除尘器也称洗涤式除尘器，是利用液体的洗涤作用，使尘粒从气流中分离出来的除尘器。湿式除尘器可以有效地将直径为 $0.1 \sim 20 \mu m$ 的液态或固态粒子从气流中除去，也能脱除气态污染物，同时还能起到气体降温作用。它具有结构简单、造价低、占地面积小，操作及维修方便和净化效率高（除尘效率达 90% 以上）等优点。适用于净化非纤维性和不与水发生化学反应，不发生黏结现象的各类粉尘，能够处理高温、易燃、易爆及有害气体。但采用湿式除尘器时要特别注意设备和管道腐蚀以及污水和污泥的处理等问题。湿式除尘过程也不利于副产品的回收。如果设备安装在室外，还必须考虑在冬天设备可能冻结的问题。再则，要使去除微细尘粒的效率也较高，则需使液相更好地分散，但能耗增大。

4.2.2.1　湿式除尘器的除尘原理

　　在除尘器内含尘气体与水或其他液体相碰撞尘粒发生凝聚，进而被液体介质捕获，达到除尘的目的。气体与水接触有如下过程：尘粒与预先分散的水膜或雾状液相接触；含尘气体冲击水层产生鼓泡形成细小水滴或水膜；较大的粒子在与水滴碰撞时被捕集，捕集效率取决于粒子的惯性及扩散程度。因为水滴与气流间有相对运动，并由于水滴周围有环境气膜作用，所以气体与水滴接近时，气体改变流动方向绕过水滴，而尘粒受惯性力和扩散的作用，保持原轨迹运动与水滴相撞。这样，在一定范围内，尘粒都有可能与水滴相撞，然后由于水的作用凝聚成大颗粒，被水流带走。水滴小且多，比表面积加大，接触尘粒机会就多，产生碰撞、扩散、凝聚效率也高；尘粒的容重、粒径的相对速度越大，碰撞、凝聚效率就越高；而液体的黏度、表面张力越大，水滴直径越大，分散的不均匀，碰撞凝聚效率就越低。实验与生产经验表明，亲水粒子比疏水粒子容易捕集。这是因为亲水粒子很容易通过水膜的缘故。

根据湿式除尘器的净化机理，可分为：（1）重力喷雾洗涤器；（2）旋风洗涤器；（3）自激喷雾洗涤器；（4）泡沫洗涤器；（5）填料床洗涤器；（6）文丘里洗涤器；（7）机械诱导喷雾吸毒器。

4.2.2.2 湿式除尘器的类别

A 重力喷雾洗涤器

重力喷雾洗涤器又称喷雾塔或洗涤塔，是湿式洗涤器中最简单的一种。如图 4-18 所示，在逆流式喷雾塔中，含尘气体向上运动，液滴由喷嘴喷出向下运动。因尘粒和液滴之间的惯性碰撞、拦截和凝聚等作用，较大的粒子被液滴捕集。假如气体流速较小，夹带了尘粒的液滴将因重力作用而沉于塔底。为保证塔内气流分布均匀，常采用孔板形气流分布板。通常在塔的顶部安装除雾器，以除去那些十分小的液滴。

一般按照尘粒与水流流动方式的不同将重力喷雾洗涤器分为逆流式、并流式和横流式。

重力喷雾洗涤器多用于净化大于 $10\mu m$ 的尘粒，压力损失一般小于 250Pa，塔断面气流速度一般为 0.6 ~

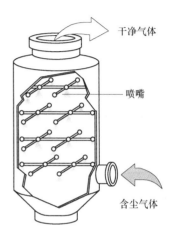

图 4-18 重力喷雾洗涤器

1.5m/s。重力喷雾洗涤器结构简单，压力损失小，操作稳定，但耗水量大，设备庞大，占地面积大，除尘效率低，因此常被用于电除尘器入口前的烟气调质，以改善烟气的比电阻，也可用于处理含有害气体的烟气。

B 旋风洗涤除尘器

旋风洗涤器是于干式旋风分离器内部以环形方式安装一排喷嘴，增加水滴的捕集作用，除尘效率得到明显提高。喷雾作用发生在外涡旋区，携带尘粒的液滴被甩向旋风洗涤器的湿壁上形成壁流，减少了气流带水，增加了气液间的相对速度，提高惯性碰撞效率，而且采用更细的喷雾，壁流还可以将甩向外壁的粉尘立刻冲下，有效地防止了二次扬尘。近水喷嘴也可安装在旋风洗涤器入口处。在出口处通常需要安装除雾器。

旋风洗涤器适用于净化大于 $5\mu m$ 的粉尘，在净化亚微米范围的粉尘时，常将其串联在文丘里洗涤器之后，作为凝聚水滴的脱水器。

常用的旋风洗涤除尘器有旋风水膜除尘器和中心喷雾旋风除尘器。

（1）旋风水膜除尘器（water-film cyclone）。旋风水膜除尘器在我国得到广泛应用。喷雾沿切向喷向筒壁，使壁面形成一层很薄的不断下流的水膜。含尘气流由筒体下部导入，旋转上升，靠离心力甩向壁网的粉尘为水膜所黏附，沿壁面流下排走。

旋风水膜除尘器一般可分为立式旋风水膜除尘器和卧式旋风水膜除尘器两类。

立式旋风水膜除尘器是应用比较广泛的一种洗涤式除尘器，其构造如图 4-19 所示，在圆筒形的筒体上部，沿筒体切线方向安装若干个喷嘴，水雾喷向器壁，在器壁上形成一层很薄的不断向下流动的水膜。含尘气体向筒体下部切向导入旋转上升，气流中的尘粒在离心力的作用下被甩向器壁，从而被液滴和器壁上的液膜捕集，最终沿壁向下注入集水槽，经排污口排出，净化后的气体由顶部排出。

立式旋风水膜除尘器的除尘效率随气体的入口速度增加和筒体直径减小而提高，但入口气速过高，会使阻力损失大大增加，因此入口气速一般控制在 15~22m/s，用于处理含尘浓度大的废气时，应设置预除尘装置，一般情况下除尘效率为 90%~95%，设备阻力损失为 500~750Pa。

卧式旋风水膜除尘器（horizontal waterfilm cyclone）也称旋筒式除尘器，如图 4-20 所示，它由外筒、内筒、螺旋形导流体、集水槽及排水装置等组成。除尘器的外筒和内筒横向水平放置，设在内筒壁上的导流片使外筒和内筒之间形成一个螺旋形的通道。除尘器下部为集水槽。含尘气体从除尘器一端沿切线方向进入，气体沿螺旋通道做旋转运动，在离心力的作用下尘粒被甩向器壁，气流冲击水面激起的水滴和尘粒碰撞，把一部分尘粒捕获；携带水滴的气流继续做旋转运动，水滴被甩向器壁形成水膜，又把落在器壁上的尘粒捕获，由于这种旋风卧式旋风除尘器综合了旋风、冲击水浴和水膜三种除尘形式，因而其除尘效率可达 90%以上，最高可达 98%。

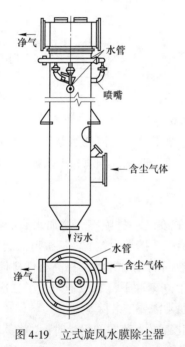

图 4-19　立式旋风水膜除尘器

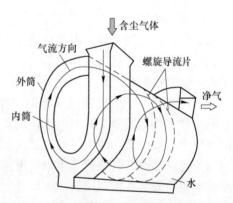

图 4-20　卧式旋风水膜除尘器

为了防止或减少卧式旋风水膜除尘器排出气体带水，通常将除尘器后部做成气水分离室，并增设除雾装置。

卧式旋风水膜除尘器的阻力损失大约 800~1000Pa，平均耗水 0.05~0.15L/m³，由于它具有结构简单、设备压力损失小、除尘效率高、负荷适应性强、运行维护费用低等优点，因此应用十分广泛。

（2）中心喷雾旋风除尘器。旋风洗涤器的另一种形式如图 4-21 所示，常称为中心喷雾的旋风洗涤器。含尘气体由筒体的下部切向引入，水通过轴上安装的多头喷嘴喷出形成水雾，利用水滴与尘粒的碰撞作用和器壁水膜对尘粒的黏附作用而除去尘粒。如果在喷雾段上面有足够的高度，也能起一定的除雾作用。

　　中心喷雾旋风除尘器结构简单，设备造价低，操作运行稳定可靠，由于塔内气流旋转运动的路程比喷雾塔长，尘粒与液滴之间相对运动速度大，因而被粉尘捕集的概率大。中心喷雾旋风除尘器对粒径在 $0.5\mu m$ 以下粉尘的捕集效率可达95%以上，压力损失为 $500\sim 2000Pa$，耗水量为 $0.4\sim 1.3L/m^3$。

　　C　自激喷雾除尘器

　　冲击液体表面依靠气流自身的动能激起水滴和水雾的除尘器称为自激喷雾式除尘器。图4-22所示是自激式除尘器示意图。

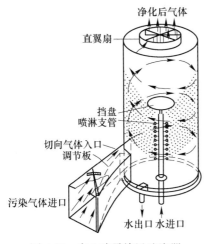

图 4-21　中心喷雾旋风洗涤器　　　　　　　图 4-22　自激式除尘器

　　该除尘器由除尘室、排泥装置和水位控制系统组成。在洗涤除尘器内设置了S形通道，使气流冲击水面激起的泡沫和水花充满整个通道，从而使尘粒与液滴的接触机会大大增加。含尘气流进入除尘器后，转弯向下冲击水面，粗大的尘粒在惯性的作用下冲入水中，被水捕集直接流降在泥浆斗内。未被捕集的微细尘粒随着气流高速通过S形通道，激起大量的水花和水雾，使粉尘与水滴充分接触，通过碰撞和截留，使气体得到进一步的净化，净化后的气体经挡水板脱水后排出。

　　自激式除尘器结构紧凑，占地面积小，施工安装方便，负荷适应性好，耗水量少。缺点是价格较贵，压力损失大。

　　D　泡沫除尘器

　　泡沫除尘器又称泡沫洗涤器。在泡沫设备中与气体相互作用的液体，呈运动着的泡沫状态，使气液之间有很大的接触面积，尽可能地增强气液两相的湍流程度，保证气液两相接触表面有效更新，达到高效净化气体中尘、烟、雾的目的。可分为溢流式和淋降式两种。如图4-23所示，在圆筒型溢流式泡沫塔内，设有一块和多块多孔筛板，洗涤液加到顶层塔板上，并保持一定的原始液层，多余液体沿水平方向横流过塔板后进入溢流管。待净化的气体从塔的下部导入，均匀穿过塔板上的小孔而分散于液体中，鼓泡而出时产生大量泡沫。泡沫塔的效率，包括传热、传质及除尘效率，主要取决于泡沫层的高度和泡沫形成的状况。气体速度较小时，鼓泡层是主要的，泡沫层高度很小；增加气体速度，鼓泡层高度便逐渐减少，而泡沫层高度增加；气体速度进一步提高，鼓泡层便趋于消失，全部液体几乎全处在泡沫状态；气体速度继续提高，则烟雾层高度显著增加，机械夹带现象严重，对传质产生不良影响。一般除尘过程，气体最适宜的操作速度范围为 1.8~2.8m/s。当泡沫层高度为 30mm 时，除尘效率为 95%~99%；当泡沫层高度增至 120mm 时，除尘效率为 99.5%。压力损失为 600~800Pa。

　　E　文丘里洗涤器

　　文丘里洗涤器是一种高效湿式洗涤器，常用在高温烟气降温和除尘上。文丘里洗涤器由文丘里管和脱水器组成。除尘过程可分为雾化、凝聚和除雾三个阶段，前两阶段在文丘里管内进行，后一阶段在脱水器内完成。其结构如图 4-24 所示，由收缩管、喉管和扩散管组成。含尘气体由进气管进入收缩管后，流速逐渐增大，气流的压力能逐渐转变为动能，在喉管入口处，气速达到最大，洗涤液（一般为水）通过沿喉管周边均匀分布的喷嘴进入，液滴被高速气流雾化和加速。充分的雾化是实现高效除尘的基本条件。喉管处的高低压使气流达到饱和状态，同时尘粒表面附着的气膜被冲破，使尘粒被水润湿。因此，在尘粒与水滴或尘粒之间发生激烈的碰撞和凝聚。在喉管下游，惯性碰撞的可能性迅速减小。在扩散管中，气流速度减小和压力的回升，使以尘粒为凝结核的凝聚作用的速度加快，形成粒径较大的含尘液滴，以便于被低能洗涤器或除雾器捕集下来。

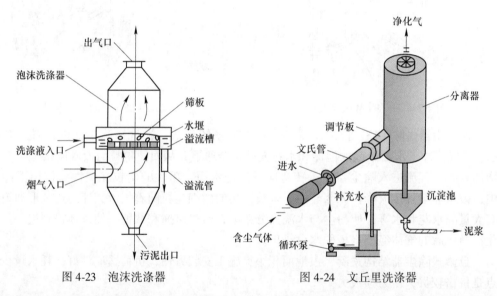

图 4-23　泡沫洗涤器　　　　　图 4-24　文丘里洗涤器

　　文氏管的主要工艺参数是炉气在喉管中的流速、液气比和压力降。其中最关键的参数是喉管气速，在工程上一般保证气速为 50~80m/s，而水的喷射速度应控制在 6m/s，还要保持适当的液气比，以保证高的除尘效率。

　　文丘里洗涤器结构简单、体积小、布置灵活、投资费用低，适用于去除粒径 0.1~100μm 的尘粒，液气比取值范围为 0.3~1.5L/m³，除尘效率为 80%~99%，低阻文丘里管的压力损失为 1.5~5.0kPa，高阻文丘里管的压力损失为 5.0~20kPa。文丘里洗涤器对高温气体的降温效果良好，广泛用于高温烟气的除尘、降温，也能用作气体吸收器。

4.2.3　袋式除尘器

　　过滤式除尘器是利用多孔介质的过滤作用捕集含尘气体中粉尘的除尘器，这种除尘方式的最典型的装置是袋式除尘器，它是过滤式除尘器中应用最为广泛的一种。袋式除尘器属于一种干式高效过滤式除尘器，适用于清除粒径 0.1μm 以上的尘粒，除尘效率一般可达99%以上，适用于捕集细小、干燥、非纤维性粉尘，用于各种工业生产的除尘过程。操作稳定，便于回收干料，无污泥处理，不会产生设备腐蚀等问题，维护简单。缺点是应用范围受滤料限制；不适用于黏结性强及吸湿性强的粉尘；过滤速度较低，设备体积庞大，滤袋损耗大，压力损失大，运行费用较高等。

4.2.3.1 袋式除尘器的除尘原理

袋式除尘器是利用棉、毛或人造纤维等织物作滤料制成滤袋对含尘气体进行过滤的除尘装置。其工作原理如图 4-25 所示，当含尘气流通过洁净的滤袋时，由于滤袋本身的网孔较大，一般为 20~50μm，即使是表现起绒的滤袋，网孔也在 5~10μm 左右，因此新滤袋的除尘效率不高，大部分微细粉尘会随着气流从滤袋的网孔中通过，粗大的颗粒被截留，并在网孔中产生"架桥"现象。随着"架桥"现象不断增强，在滤袋表面聚集一层粉尘，常称为粉尘初层。粉尘初层形成后，成为袋式除尘器的主要过滤层，提高了除尘效率，滤布不过起着形成粉尘初层和支撑它的骨架作用，随着粉尘在滤布上的积累，滤袋两侧的压力差增大，会把已附在滤料上的细小粉尘挤压过去，使除尘效率下降。另外，若除尘器压力过高，还会使除尘系统的处理气体量显著下降，影响生产系统的排风效果，因此除尘器阻力达到一定数值后，要及时清灰，而清灰不应破坏粉尘初层，以免降低除尘效率。

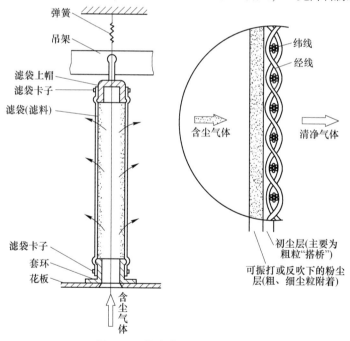

图 4-25　袋式除尘器的除尘原理

4.2.3.2 袋式除尘器除尘效率的影响因素

A　过滤风速

过滤风速是指气体通过滤布时的平均速度。在工程上是指单位时间内通过单位面积滤布的含尘气体的流量。它代表了袋式除尘器处理气体的能力，是一个重要的技术经济指标。其计算公式为：

$$u_f = \frac{Q}{60A} \qquad (4-25)$$

式中，u_f 为过滤风速，$m^3/(m^2 \cdot min)$；Q 为气体的体积流量，m^3/h；A 为过滤面积，m^2。

过滤速度的选择因气体性质和所要求的除尘效率不同而不同。一般选用范围为 $0.6 \sim 1.0m/min$。提高过滤风速可以减少过滤面积，提高滤料的处理能力。但风速过高把滤袋上的粉尘压实，阻力加大，由于滤袋两侧的压力差增大，会使细微粉尘透过滤料，而使除尘效率下降；另外，风速过高还要频繁清灰，增加清灰能耗，减少滤袋的寿命等。而风速低，阻力也低，除尘效率高，但处理量下降。因此，过滤风速的选择要综合考虑各种影响因素。

　　B　袋式除尘器的压力损失

迫使气流通过滤袋是需要能量的，这种能量通常用气流通过滤袋的压力损失表示，它是个重要的技术经济指标，不仅决定着能量消耗，而且决定着除尘效率和清灰间隔时间等。

袋式除尘器的压力损失 Δp 是由清洁滤料的压力损失 Δp_f 和过滤层的压力损失 Δp_d 组成的，即

$$\Delta p = \Delta p_f + \Delta p_d \qquad (4-26)$$

袋式除尘器的压力损失与过滤速度和气体黏度成正比，而与气体密度无关。

4.2.3.3　袋式除尘器的滤料

滤料是袋式除尘器制作滤袋的材料，是组成袋式除尘器的核心部分，其性能对袋式除尘器操作有很大影响，滤料费用占设备费用的 $10\% \sim 15\%$。选择滤料时必须考虑含尘气体的特征，如粉尘和气体件质（温度、湿度、粒径和含尘浓度等）。性能良好的滤料应容尘量大、吸湿性小、效率高、阻力低，使用寿命长，同时具备耐温、耐磨、耐腐蚀、力学强度高等优点。滤料特性除与纤维本身的性质有关外，还与滤料表面结构有很大关系。表面光滑的滤料容尘量小，清灰方便，适用于含尘浓度低、黏性大的粉尘，采用的过滤速度不宜过高。表面起毛（绒）的滤料（如羊毛毡）容尘量大，粉尘能深入滤料内部，可以采用较高的过滤速度，但必须及时清灰。

袋式除尘器采用的滤料种类较多。按滤料的材质分为天然纤维、无机纤维和合成纤维等；按滤料的结构分为滤布和毛毯两类；按编织方法分为平纹、斜纹和缎纹编织，如图 4-26 所示，其中斜纹编织滤料的综合性能较好。

平纹编织　　　　　　斜纹编织　　　　　　缎纹编织

图 4-26　滤料的编织形式

目前，中国生产的滤料有三大类，即玻璃纤维滤料、聚合物滤料和覆膜滤料。

（1）玻璃纤维类滤料具有耐高温（280℃）、耐腐蚀、表面光滑、不易结露、不缩水等优点，在工业生产中广泛应用。目前国内生产的玻璃纤维滤料有三种：普通玻璃纤维滤布，价格较低，清灰容易，但除尘效率低，粉尘排放量略大，可在排放要求不高、粉尘价值低的场合使用；玻璃纤维膨体纱滤布，捕捉粉尘能力好，除尘效率高，价格适中，适宜在反吹风清灰方式的袋式除尘设备中使用；玻璃纤维针刺毡滤布，具有透气性好、系统阻力小的特点，除尘效率更高，但价格较贵。

（2）聚合物类滤料主要包括聚酰胺纤维（尼龙）、聚酯纤维（涤纶729、208）、聚苯硫醚（PPs）纤维、聚丙烯腈纤维（奥纶）、聚乙烯醇纤维（维尼纶）、聚酰亚胺纤维（P84）、芳香族聚酰胺纤维（诺梅克斯）、聚四氟乙烯纤维（特氟纶）等。它具有强度高、抗折性能好、透气性好、收尘效率高等优点，适宜在低于130℃废气温度的袋式除尘设备中使用。表4-3列出了常用的聚合物类滤料及其特性。

表4-3 常用的聚合物类滤料及其特性

滤料名称	滤料特性
聚酰胺纤维（尼龙）	优点：耐磨性、耐碱性能好，易清灰； 缺点：耐酸性、耐温性能差（85℃以下）
聚酯纤维（涤纶729、208）	优点：耐酸性能好，阻力小，过滤效率高，清灰容易，可在130℃以下长期使用，是目前国内使用最普遍的一种滤料； 缺点：耐磨性一般，耐碱性能较差
聚丙烯腈纤维（奥纶）	优点：耐酸碱性能好，过滤效率高，可在120℃以下长期使用； 缺点：耐磨性，抗有机溶剂性能一般
聚乙烯醇纤维（维尼纶）	优点：耐酸碱性能好，过滤效率高，可在110℃以下长期使用； 缺点：耐磨性一般，抗有机溶剂性能差
芳香族聚酰胺纤维（诺梅克斯）	优点：耐磨性、耐碱性、耐温性能好，可在200℃以下长期使用； 缺点：耐磨性一般，价格较高
聚四氟乙烯纤维（特氟纶）	优点：耐磨性、耐酸碱性、耐腐蚀性、耐温性能好，可在200℃以下长期使用，机械强度高，可在较高的过滤风速（2.4m/min）下工作，除尘效率高； 缺点：价格昂贵

（3）玻璃纤维覆膜滤料是在玻璃纤维基布上复合多微孔聚四氟乙烯薄膜制成的新型过渡材料，它集中了玻璃纤维的高强度、耐高温、耐腐蚀等优点和聚四氟乙烯多微孔薄膜的表面光滑、憎水透气、化学稳定性好等优良特性，它几乎能截留含尘气流中的全部粉尘，而且能在不增加运动阻力的情况下保证气流的流通量，是理想的烟气过滤材料。

4.2.3.4 袋式除尘器的结构形式

根据袋式除尘器的结构特点将袋式除尘器分为四种形式，即上进风式和下进风式、正压式和负压式、圆袋式和扁袋式、内滤式和外滤式。

（1）上进风式和下进风式。上进风式是指含尘气流入口位于袋室上部，气流与粉尘沉降方向一致，下进风式是指含尘气流入口位于袋室下部，气流与粉尘的沉降方向相反。

　　用得较多的是下进气方式，它具有气流稳定、滤袋安装调节容易、减少积灰等优点，但气流方向与粉尘下落方向相反，清灰后会使细粉尘重新积附于滤袋上，清灰效果变差，压力损失增大。上进气形式可以避免上述缺点，但由于增设了上花板和上部进气分配室，除尘器高度增大，滤袋安装调节较复杂，上花板易积灰。

　　（2）内滤式和外滤式。内滤式系指含尘气流由袋内流向袋外，利用滤袋内侧捕集粉尘，粉尘被阻留在袋内，净气透过滤料逸到袋外侧排出；外滤式是指含尘气流由袋外流向袋内，利用滤袋外侧捕集粉尘。外滤式的滤袋内部通常设有支撑骨架（袋笼），滤袋易磨损，维修困难，如图 4-27 所示。

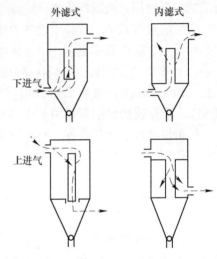

图 4-27　内、外滤式示意图

　　（3）正压式和负压式。正压式（又称压入式）除尘器内部气体压力高于大气压力，一般设在通风机出风段；反之为负压式（又称吸入式）。正压式袋式除尘器的特点是外壳结构简单、轻便，严密性要求不高，甚至在处理常温无毒气体时可以完全敞开，只需保护滤袋不受风吹雨淋即可，且布置紧凑，维修方便，但风机易受磨损。负压式袋式除尘器的突出优点是可使风机免受粉尘的磨损，但对外壳的结构强度和严密性要求高。正压袋接在风机出口端，负压袋接在风机进口端。

　　（4）圆袋式和扁袋式。圆袋式是指滤袋为圆筒形，而扁袋式是指滤袋为平板形（信封形）、梯形，楔形以及非圆筒形的其他形状。

4.2.3.5　袋式除尘器的分类

　　袋式除尘器的效率、压力损失、滤速及滤袋寿命等皆与清灰方式有关，故实际中多数按清灰方式对袋式除尘器进行分类和命名。

　　根据清灰方式不同，袋式除尘器分为四类，即机械振动类、反吹风类、脉冲喷吹类和复合式清灰类。

　　A　机械振动类

　　机械振动类除尘器是利用机械装置（电动、电磁或气动装置）使滤袋产生振动而清灰的袋式除尘器。分为低频、中频、高频和分室振动四种。低频振动袋式除尘器的振动频率低于 60 次/min；中频振动袋式除尘器的振动频率为 60～700 次/min；高频振动袋式除尘器的振动频率高于 700 次/min；分室振动袋式除尘器，是指各种振动频率的分室结构袋式除尘器。

　　机械振动方法常见的有三种，图 4-28（a）是利用振动机构拖动滤袋进行上部或中部的水平方向摆动的清灰方法。该方法虽然对滤袋损伤较小，但振打强度分布不均匀。图 4-28（b）是利用振动机构使滤袋沿垂直方向发生振动，从而使滤袋上的积尘脱落进入集尘斗中。该方法清灰效果好，但对滤袋下部的损伤较大。图 4-28（c）是利用偏心轮使滤袋作往复扭转运动的清灰方法。图 4-29 是偏心轮振动清灰袋式除尘器示意图。滤袋下部固定在花板凸出接口上，上部吊挂在框架上，清灰时马达带动偏心轮，使滤袋振动，从滤袋脱落下来的粉尘进入集尘斗中。该方法清灰效果好，耗电量少，适用于净化含尘浓度不高的废气。

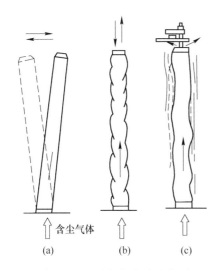

图 4-28 三种振打方法示意图
(a) 水平方向；(b) 垂直方向；(c) 偏心轮扭转

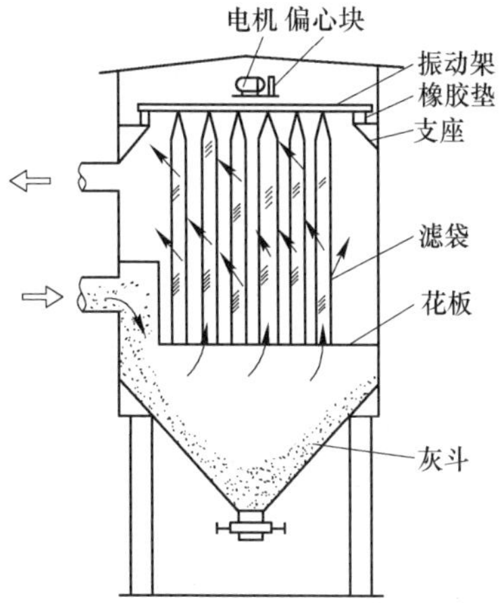

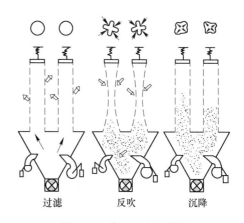

图 4-29 偏心轮振动清灰袋式除尘器示意图

机械振动类袋式除尘器的过滤风速一般取 1.0~2.0m/min，阻力约 800~1200Pa。这种除尘器的缺点是滤袋因常受到机械力的作用而损坏较快，滤袋的检修和更换工作量较大。

B 反吹风类

反吹风类除尘器是利用阀门切换气流，在反吹气流作用下使滤袋缩瘪与鼓胀发生抖动进行清灰的袋式除尘器，根据反吹气流的不同，又分为分室反吹类和喷嘴反吹类。

（1）分室反吹类。采取分室结构，利用阀门逐室切换气流，将空气或除尘后洁净循环烟气反向气流引入不同袋室进行清灰的除尘器。根据工作状态不同，分为分室二态和分室三态反吹袋式除尘器。分室二态是指清灰过程只有"过滤""反吹"两种工作状态；分室三态是指清灰过程具有"过滤""反吹""沉降"三种工作状态，如图 4-30 所示，根据除尘器运行时所处的压力状态，可分为正压反吹袋式除尘器和负压反吹袋式除尘器。

图 4-31 所示为单袋两室反吹风袋式除尘器示意图，左侧袋室正在进行过滤，右侧袋室正清灰。含尘气体由灰斗进气管进入，再进入滤袋内部进行滤尘，粉尘粒子被滤袋阻留在内表面上，穿过滤袋的洁净气体通过风机排出，阻留在滤袋内表面上的粉尘达到一定的厚度时必须进行清灰，清灰时先关闭除尘器顶部净化气体的排出阀，开启吹入气体的进气阀，使风机吹入的净化气体从滤袋外侧穿过滤袋，滤袋内的积尘因滤袋受外部风压而塌

图 4-30 分室三态示意图

陷，并脱落进入灰斗中，当右侧滤袋清灰完毕时，关闭反吹气体进气阀。打开气体排出阀，即可转入滤尘过程。

（2）喷嘴反吹类。该类是以高压风机或压气机提供反吹气流，通过移动的喷嘴进行反吹，使滤袋变形抖动并穿透滤料而清灰的袋式除尘器，喷嘴反吹类袋式除尘器为非分室结构，根据喷嘴的不同分为下列几种类型。

1）机械回转反吹风袋式除尘器。该类除尘器喷嘴为条口形或圆形，经回转运动，依次与各个滤袋净气出口相对，进行反吹清灰，如图 4-32 所示。这种除尘器的特点是结构紧凑，单位体积内可容纳的过滤面积大，占地面积小，自带反吹风机，不受压缩空气源的限制，易损部件少，运行可靠，维护方便，除尘效率为 99%～99.8%，阻力为 800～1600Pa。

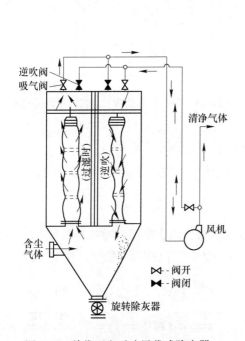

图 4-31　单袋两室反吹风袋式除尘器

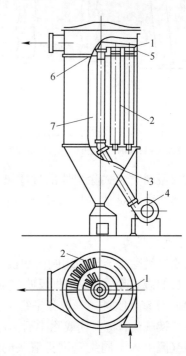

图 4-32　回转反吹扁袋式除尘器
1—悬臂风管；2—滤袋；3—灰斗；4—反吹风机；
5—反吹风口；6—花板；7—反吹风管；

2）气环反吹袋式除尘器。该类除尘器喷嘴为环缝形，套在滤袋外面，经上下移动进行反吹清灰。

图 4-33 所示是气环反吹清灰袋式除尘器及清灰过程示意图。气环箱紧套在滤袋外部，可做上下往复运动。气环箱内侧紧贴滤袋处开有一条环缝（气环喷管）。滤袋内表面沉积的粉尘，被气环喷管喷射的高压气流吹掉。气环的反吹空气可由小型高压鼓风机供给。清灰耗用的反吹空气可由小型高压鼓风机供给。清灰耗用的反吹空气量约为处理含尘气体量的 8%～10%，风压为 3000～10000Pa。当处理潮湿和黏性粉尘时，为提高清灰效果，需要将反吹高压空气加热到 40～60℃后，再进行反吹清灰。

气环反吹清灰袋式除尘器的特点是过滤风速高，可用于净化含尘浓度较高和较潮含尘

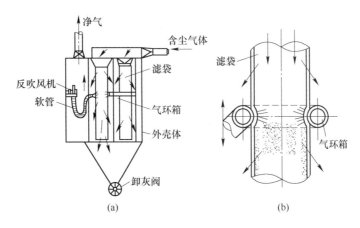

图 4-33 气环反吹清灰袋式除尘器及清灰过程示意图

（a）气环反吹清灰袋式除尘器；（b）反吹清灰过程示意图

废气。主要缺点是滤袋磨损快，气环箱及传动机构容易发生故障。

3）往复反吹袋式除尘器。该类除尘器喷嘴为条口形，经往复运动，依次与各个滤袋净气出口相对，进行反吹清灰。

4）回转脉动反吹袋式除尘器。该类除尘器是反吹气流呈脉动状供给的回转反吹袋式除尘器。

5）往复脉动反吹袋式除尘器。该类除尘器是反吹气流呈脉动状供给的往复反吹袋式除尘器。

C　脉冲喷吹类

脉冲喷吹类除尘器是以压缩空气为清灰动力，利用脉冲喷吹机构在瞬间放出压缩空气，高速射入滤袋，使滤袋急剧鼓胀，依靠冲击振动和反向气流而清灰的袋式除尘器。

脉冲喷吹袋式除尘器示意图如图 4-34 所示，含尘气体由下锥体引入脉冲喷吹袋式除尘器，粉尘阻留在滤袋外表面，通过滤袋的净化气体经文氏管进入上箱体，从出气管排出，当滤袋表面的粉尘负荷增加到一定阻力时，由脉冲控制仪发出指令，按顺序触发各控制阀，开启脉冲阀，使气包内的压缩空气从喷吹管各喷孔中以接近声速的速度喷出一次空气流，通过引射器诱导二次气流一起喷入袋室，使得滤袋瞬间急剧膨胀和收缩，从而使附着在滤袋上的粉尘脱落。清灰过程中每清灰一次，即为一个脉冲，脉冲周期是滤袋完成一个清灰循环的时间，一般为 60s 左右。脉冲宽度就是喷吹一次所需要的时间，约 0.1~0.2s。这种除尘器的优点是清灰过程不中断滤袋工作，时间间隔短，过滤风速高，效率在 99% 以上。但脉冲控制系统较为复杂，而且需要压缩空气，要求维护管理水平高。

根据喷吹气源压强的不同分为低压喷吹（低于 250kPa）、中压喷吹（250~500kPa）和高压喷吹（高于 500kPa）。

根据过滤与清灰同时进行与否，分为在线脉冲喷吹袋式除尘器和离线脉冲喷吹袋式除尘器。在线脉冲喷吹袋式除尘器是指滤袋进行清灰时，不切断过滤气流，过滤与清灰同时进行。离线脉冲喷吹袋式除尘器是指滤袋进行清灰时，切断过滤气流，过滤与清灰不同时进行。

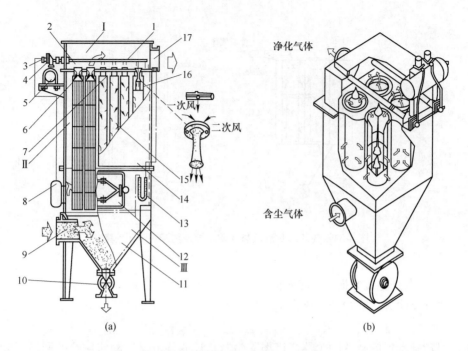

图 4-34　脉冲喷吹袋式除尘器示意图

1—喷吹管；2—喷吹孔；3—控制阀；4—脉冲阀；5—压缩空气包；6—文丘里管；7—多孔板；
8—脉冲控制仪；9—含尘空气进口；10—排灰装置；11—灰斗；12—检查门；13—U 形压力计；
14—外壳；15—滤袋；16—滤袋框架；17—净气出口；
Ⅰ—上箱体；Ⅱ—中箱体；Ⅲ—下箱体

　　根据喷吹气源结构特征，分为顺喷脉冲袋式除尘器、逆喷脉冲袋式除尘器、对喷脉冲袋式除尘器、环隙脉冲袋式除尘器、气箱式脉冲袋式除尘器和回转式脉冲袋式除尘器。

　　（1）顺喷脉冲袋式除尘器是指喷吹气流与过滤后袋内净气流向一致，净气由下部净气箱排出。含尘气体从顶部进入风管，由滤袋外壁进入内部进行过滤。过滤后的气体汇集到下部的净气联箱，从出风管排出。这种除尘器箱体采用单元体组合结构。一般以 35 袋为一单元体，可根据处理风量大小选择组合，设备阻力小于 1400Pa，过滤风速 1~2m/s，除尘效率大于 99.5%。

　　（2）逆喷脉冲袋式除尘器是指喷吹气流与滤袋内净气流向相反，净气由上部净气箱排出。设备阻力小于 1200Pa，过滤风速 1~2m/s，除尘效率大于 99.5%。

　　（3）对喷脉冲袋式除尘器是指喷吹气流从滤袋上下同时射入，净气由净气联箱排出，它由上、中、下三部分箱体组成，含尘气流从中箱体上部进风口进入，经滤袋过滤后，沿滤袋自上而下流入下部进入气联箱，再从下方口排出。

　　（4）环隙脉冲袋式除尘器是使用环隙形喷吹引射器的逆喷式脉冲袋式除尘器，含尘气体进入预分离室除去粗粒粉尘后，由滤袋外壁进入内部进行过滤，被净化后的气体通过环隙引射器进入上箱体由排气管排出。

　　（5）气箱式脉冲袋式除尘器是指袋室为分室结构，按程序逐室喷吹清灰，只是将喷吹气流喷入净气箱而不直接喷入滤袋，当含尘气体由进风口进入灰斗后，一部分较大尘粒由于惯性碰撞和自然沉降等原因落入灰斗，大部分尘粒随气流上升进入袋室，经滤袋过滤后，尘粒被阻留在滤袋外侧，净化的烟气由滤袋内部进入箱体，再由阀板孔、出风口排入大气，随着过滤过程的不断进行，滤袋外侧的积尘也逐渐增多，运行阻力也逐渐增高，当阻力增至预先设定值时，清灰控制器发生信号，控制提升阀将阀板孔关闭，切断过滤烟气流，停止过滤，然后电磁脉冲阀打开，以极短的时间（0.1~0.15s）向箱体内喷入压缩空气，压缩空气在箱体内迅速膨胀，通过滤袋内部，使滤袋产生变形、振动，滤袋外部的粉尘便被清除下来并落入灰斗。

（6）回转式脉冲袋式除尘器是指以同心圆方式布置滤袋束，每束或几束滤袋布置一根喷吹管，对滤袋进行喷吹。这种除尘器大体上与回转反吹袋式除尘器相同，主要不同之处是在反吹风机与反吹旋臂之间设置了一个回转阀。清灰时，由反吹风机送来的反吹气流，通过回转阀后形成脉动气流，进入反吹旋臂，随着旋臂的旋转，依次垂直向下对每个滤袋进行喷吹。

D 复合式清灰类

复合式清灰类袋式除尘器是采用两种以上清灰方式联合清灰的袋式除尘器，常见的有机械振打与反吹风复合袋式除尘器、声波清灰与反吹风复合袋式除尘器等。

图4-35所示是机械振打与反吹风复合清灰袋式除尘器示意图，在正常过滤时，含尘气体经过气管进入，由分配管分配给各组滤袋，净气通过主阀门经排气总管排出，某室需要清灰时，关闭其上部主阀门，打开反吹风阀门，同时启动该室上部提升机构，在机械振打和反吹风的同时作用下实现清灰。

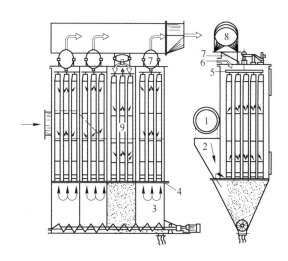

图4-35 机械振打与反吹风复合清灰袋式除尘器示意图
1—进气管；2—分配管；3—灰斗；4—花板；5—支撑架；6—反吹阀门；
7—主风道阀门；8—排气管；9—滤袋

机械振动式、逆气流清灰式和逆气流机械振动式，皆属于间歇清灰方式，即除尘器被分隔成若干个室，清灰时逐室切断气路，顺次对各室进行清灰。这种间歇清灰方式没有伴随清灰而产生的粉尘外逸现象，可获得较高的除尘效率。气环反吹式和脉冲喷吹式是连续清灰方式，清灰时不切断气路，连续不断地对滤袋的一部分进行清灰。这种连续清灰方式，由于其压力损失稳定，适于处理含尘浓度高的气体。

4.2.3.6　袋式除尘器的选型

袋式除尘器选择时主要考虑过滤面积、滤袋袋数、过滤风速、压力损失、过滤材料、滤袋的排列、清灰方式及控制仪等。

（1）过滤风速的选择。过滤风速是单位时间内、单位面积滤布上气体的通过量（m/min）。它是除尘器选型的关键因素，不同应用场合选用不同的值。主要考虑因素有含尘气流的浓度、气体温度、粉尘特性、含水量、滤料等。过滤风速选用范围涤纶滤料一般为0.6~1.0m/min，玻璃纤维滤料一般为0.4~0.5m/min。

（2）过滤面积的计算。根据气体处理量大小，选择适当过滤速度，若面积太大，则设备投资大；若面积过小，则过滤阻力大，操作费用高，滤布使用寿命短。

计算过滤面积：

$$A = \frac{Q}{60u_f} \tag{4-27}$$

式中，A 为除尘器的过滤面积，m^2；Q 为除尘器的处理气体量，m^3/h；u_f 为除尘器的过滤风速，m/min。

（3）滤袋袋数的确定。滤袋袋数的计算公式：

$$n = \frac{A}{\pi DL} \tag{4-28}$$

式中，A 为除尘器的过滤面积，m^2；D 为单个滤袋的直径，m；L 为单个滤袋的长度，m。

滤袋直径由滤布规格确定，一般100~300mm，滤袋的长度一般取3~5m，有时高达10~12m。滤袋的排列形式有三角形排列和正方形排列。

（4）压力损失的选择。压力损失的大小受多种因素的影响，所以确定了压力损失也就确定了操作的主要参数，如清灰方式等。

采用一级除尘时，一般压力损失在980~1470Pa；采用二级除尘时，一般压力损失在490~784Pa。

（5）过滤材料的选择。在选择过滤材料时，要根据气体的温湿度等物理化学性质、粉尘的粒度、化学组成、酸碱性、吸湿性、荷电性、爆炸性、腐蚀性等，选择适当的滤布。

1）当含水量较小，无酸性时可根据含尘气体温度选用。当温度低于130℃时，常用500~550g/m² 涤纶针刺毡；当温度低于250℃时，宜选用芳纶诺梅克斯针刺毡，有时采用800g/m² 玻璃纤维针刺毡和800g/m² 纬双重玻璃纤维织物，或氟镁斯（FMS）高温滤料。

2）当含水量较大，粉尘浓度也较大时，宜选用防水、防油滤料（或称抗结露滤料）或覆膜滤料（基布应是经过防水处理的针刺毡）。

3）当含尘气体含酸、碱性且气体温度低于190℃，常选用莱通针刺毡。若气体温度低于240℃，耐酸碱性要求不太高时，可选用聚酰亚胺针刺毡。

4）当含尘气体为易燃易爆气体时，选用防静电涤纶针刺毡；当含尘气体既有一定的水分又为易燃易爆气体时，选用防水、防油、防静电（三防）涤纶针刺毡。

（6）清灰方式和滤袋的确定。应该根据粉尘的性质和运转条件，选择适当的清灰方式及滤袋形状，袋式除尘器各种清灰方式、滤袋的形状及滤料的选择见表4-4。

表4-4 清灰方式、滤袋的形状及滤料的选择

清灰方式	过滤风速/m·min^{-1}	阻力/Pa	滤袋形式	滤布结构优选
机械振动	0.50~2.0	800~1000	内滤圆袋	筒形缎纹或斜纹织物
逆气流反吹风	1.0~2.0	800~1200	内滤圆袋	高强低伸型筒形缎纹或斜纹织物； 加强基布的薄型针刺毡
			外滤异形袋	普通薄型针刺毡； 阔幅筒形缎纹织物
反吹风+振动			内滤圆袋	高强低伸型筒形缎纹或斜纹织物； 加强基布的薄型针刺毡
喷嘴反吹风			外滤扁袋	中等厚度针刺毡； 筒形缎纹织物
			内滤圆袋	厚实型针刺毡、压缩毡、ES229
脉冲喷吹	2.0~4.0	800~1500	外滤圆袋	针刺毡或压缩毡； 纬双重或双层织物ES729

4.2.3.7 袋式除尘器的运行和操作

（1）袋式除尘器的运行应配置专职的操作人员，并经培训和考试合格。

（2）开机顺序：开机程序启动（送电）→斗式提升机→刮板机→清灰装置（压缩空气）→风机+调节阀→系统开始工作。

（3）岗位工人应填写运行记录，严格执行交接班工作制度。运行记录按天上报企业生产和环保管理部门，按月成册或存入计算机。所有除尘器均应有运行记录，一般通风设备用除尘器运行记录可随同车间工艺设备一起编制，高温烟气系统的除尘器、处理风量大于10000m³/h的大型除尘系统的除尘器运行记录宜单独编制，记录间隔可取1~2h。

（4）运行过程中，当烟气温度超过滤袋正常使用温度时，控制系统报警，若烟气温度继续上升至滤料最高使用温度并持续10min时，应采取停机措施。

（5）存在燃爆危险的除尘系统应控制温度、压力和一氧化碳含量，经常检查泄压阀、检测装置、灭火装置等。一旦发生燃爆事故应立即启动应急预案，并逐级上报。

（6）在运行工况波动的条件下，控制系统采取定压差的清灰控制方式，更有利于适应烟尘负荷的变化。

（7）除尘器运行时严禁开启各种检修门、检查孔。

（8）运行过程中若发现滤袋破损现象，应及时检查和更换破袋，防止危害其他滤袋。

（9）袋式除尘器灰斗应装设高料位检测装置，当高料位发出报警信号时，应及时卸灰。若发现卸灰不畅，应及时检查和排除故障。

（10）应定时记录袋式除尘器运行参数。主要内容包括：

1）记录时间；

2）烟气温度，若发现温度异常，应及时报告主管部门；

3）除尘器阻力，若阻力过大要调整；

4）粉尘排放浓度（设有粉尘浓度监测仪时）；

5）灰斗料位状态；

6）压缩空气、储气罐压力及喷吹压力。

（11）袋式除尘系统的停机。

1）当生产工艺或生产设备停机后，袋式除尘器需继续运行 5~10min 后再停机。

2）冬季袋式除尘器长时间停运后，启动时应采取加热措施，玻璃钢除雾器沿海等空气潮湿地方的袋式除尘器负载运行启动前宜采用烟气加热，使除尘器内温度高于露点温度10℃以上。

3）除尘器短期停运（不超过 4 天），停机时可不进行清灰；除尘器长期停运、停机时应彻底清灰；对于吸潮性板结类的粉尘，停机时应彻底清灰；袋式除尘器停运期间应关闭所有挡门板和人孔。

4）无论短期停运或长期停运，袋式除尘器灰斗内的存灰都应彻底排出。

5）灰斗设有加热装置的袋式除尘器，停运期间视情况可对灰斗实施加热保温，防止结露和粉尘板结导致的危害。

6）袋式除尘系统长期停运时，各机械活动部件应敷涂防锈黄油。电气和自动控制系统应处于断电状态。

7）袋式除尘器停机顺序：引风机停机→压气供气系统停止运行→清灰控制程序停止+除尘器卸灰、输灰系统停止运行→电气、自控和仪表断电。

（12）事故状态下袋式除尘系统的操作。

1）当烟气温度升高接近滤料最高许可使用温度时，控制系统应报警。

2）当烟气温度达到滤料最高许可使用温度之前，应及时开启混风装置，或喷雾降温系统，或旁路系统。若生产许可，也可停运引风机。

3）当烟道内出现燃烧或除尘器内部发生燃烧时，应紧急停运引风机，关闭除尘器进出口阀门，严禁通风。同时，启动消防灭火系统。

（13）紧急停机。当生产设备发生故障需要紧急停运袋式除尘器时，应通过自动或手动方式立刻停止引风机的运行，同时关闭除尘器进口阀门、玻璃钢除雾器出口阀门。

4.2.3.8　袋式除尘器的常见故障及处理

袋式除尘器的常见故障及处理方法见表 4-5。

表 4-5　袋式除尘器的常见故障及处理方法

故障现象	产　生　原　因	排　除　措　施
滤袋磨损	相邻滤袋间摩擦 与箱体摩擦	调整滤袋张力及结构
	粉尘的磨蚀（滤袋下部滤料毛绒变薄） 相邻滤袋破坏而致	修补已破损滤袋或更换

续表 4-5

故障现象	产 生 原 因	排 除 措 施
滤袋堵塞	滤袋使用时间长	更换
	处理气体中含有水分	检查原因并处理
	漏水	修补、堵漏
	风速过大	减小风速
	清灰不良	加强清灰、检查清灰机构
阻力异常上升	反吹管道被粉尘堵塞	清理疏通
	换向阀密封不良	修复或更换
	气体温度变化而使清灰困难	控制气体温度
	清灰机构发生故障	检查并排除故障
	粉尘湿度大、发生堵塞或清灰不良	控制粉尘湿度、清理、疏通
	清灰定时器时间设定有误	整定定时器时间
	振动机构动作不良	检查、调整
	气缸用压缩空气压力降低	检查、提高压缩空气压力
	气缸用电磁阀动作不良	检查、调整
	灰斗内积存大量积灰	清扫积灰
	风量过大	减少风量
	滤袋堵塞	检查原因、清理堵塞
	因漏水使滤袋潮湿	修补漏洞
	换向阀门动作不良及漏风量大	调整换向阀门动作、减少漏风量
	反吹阀门动作不良及漏风量大	调整反吹阀门动作、减少漏风量
	反吹风量调节阀门发生故障及调节不良	排除故障、重新调整
	反吹风量调节阀门闭塞	调整、修复
	换向阀门与反吹阀门的计时不准确	调整计时时间
清灰不良	滤袋过于拉紧	调整张力（松弛）
	滤袋松弛	调整张力（张紧）
	粉尘潮湿	检查原因并处理
	清灰中滤袋处于膨胀状态（换向阀等密封不良或发生故障）	检查密封、排除故障，消除膨胀状态
	清灰机构发生故障	检查、调整并排除故障
	清灰阀门发生故障	排除
	清灰定时器时间设定值有误或发生故障	检查，整定时间设定值
	反吹风量不足	检查原因，加大反吹风量

4.2.4 电除尘器

静电除尘是在高压电场的作用下，通过电晕放电使含尘气流中的尘粒带电，利用电场力使粉尘从气流中分离出来并沉积在电极上的过程。利用静电除尘的设备称为静电除尘器（ESP），简称电除尘器，这种除尘器在冶金、水泥、火力发电及化工行业中广泛应用。

电除尘器的特点是：除尘效率高，其除尘效率一般都高于99%，能够捕集 0.01μm 以上的细粒粉尘；阻力损失小，总能耗低。电除尘器的阻力损失一般为 150~300Pa，约为袋式除尘器的 1/5，在总能耗中所占的份额较低。一般处理 1000m³/h 的烟气量需消耗电能 0.2~0.8kW·h。烟气处理量大（$10^5~10^6 m^3/h$），可以完全实现操作自动控制；适用范围广（温度可达到 350~400℃ 或者更高的）。但是设备复杂、投资大，安装、运行及维护管理水平高，除尘效率受粉尘物理性质影响大，占地面积大。

4.2.4.1 电除尘器的工作原理

电除尘器的基本原理包括电晕放电、尘粒荷电、荷电尘粒的迁移和捕集，粉尘的清除等基本过程。

（1）电晕放电。静电除尘器由两个极性相反的电极组成，其中一个是表面曲率很大的线状电极，即电晕极；另一个是管状或板状电极，即集尘极。如图 4-36 所示，电极间的空气离子在电场的作用下，向电极移动，形成电流。当电压升高到一定值时，电晕极表面出现青紫色的光，并发出嘶嘶声，大量的电子从电晕线不断逸出，这种现象称为电晕放电。发生电晕放电时，在电极间通过的电流称为电晕电流。电晕产生的自由电子被气体分子（氧气、水蒸气、二氧化硫、氨气等）捕获并产生负离子，它们也和电子一起向集尘极运动，这些负离子和自由电子就构成了使粉尘颗粒荷电的电荷来源。

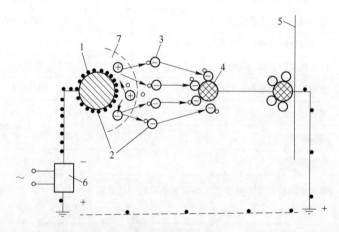

图 4-36 电晕放电和电除尘器除尘过程示意图

1—电晕极；2—电子；3—离子；4—尘粒；5—集尘极；6—供电装置；7—电晕区

在产生电晕放电之后，当极间的电压继续升高到某一点时，电流迅速增大，电晕极产生一个接一个的火花，这种现象称为火花放电。在火花放电之后，如果进一步升高电压，电晕电流会急剧增加，电晕放电更加激烈，当电压升至某一值时，电场击穿，出现持续的放电，爆发出强光并伴有高温，这种现象就是电弧放电，由于电弧放电会损坏设备，使电除尘器停止工作，因此在电除尘器操作中应避免这种现象。

（2）粉尘颗粒荷电。尘粒的荷电有两种不同的过程，一种是电场荷电，另一种是扩散荷电。电场荷电是指电晕电场中的电子在电场力的作用下作定向运动，与尘粒碰撞后使尘粒荷电的方式。扩散荷电是指电子由于热运动与粉尘颗粒表面接触，使粉尘荷电的方式。尘粒的荷电方式与粒径有关，粒径大于 $0.5\mu m$ 的尘粒以电场荷电为主，小于 $0.2\mu m$ 的尘粒以扩散荷电为主，由于工程中应用的电除尘器所处理粉尘粒径一般大于 $0.5\mu m$，而且进入电除尘器的颗粒大多凝聚成团，所以粒尘的荷电方式主要是电场荷电。

（3）荷电尘粒的迁移和捕集。在电晕区内，气体正离子向电晕极运动的路程极短，因此它们只能与极少数的尘粒相遇并使之荷正电，而沉降在电晕极上；在负离子区内，大量荷负电的粉尘颗粒在电场力的驱动下向集尘极运动，到达极板失去电荷后便沉降在集尘极上，当尘粒所受的静电力和尘粒的运动阻力相等时，尘粒向集尘极做匀速运动，此时的运动速度就称为驱进速度。粒子驱进速度与粒子荷电量、气体黏度、电场强度及粒子的直径有关。

（4）被捕集粉尘的清除。集尘极表面的灰尘沉积到一定厚度后，会导致火花电压降低，电晕电流减小；而电晕极上附有少量的粉尘，也会影响电晕电流的大小和均匀性。为了防止粉尘重新进入气流，保持集尘极和电晕极表面的清洁，应及时清灰。

电晕极的清灰一般采用机械振动的方式。集尘极清灰方法有干法和湿法两种。

在干式除尘器中，沉积在集尘极上的粉尘是由机械撞击或电极振动产生的振动力清除的，现代的电除尘器大多采用电磁振打或锤式振打清灰，两种常用的振打器是电磁型和挠臂型，近年来还使用了振片式声波清灰器，它是一种增强型振片式声波清灰器，通过喇叭的声阻抗匹配产生低频高能声波，辐射到电除尘器内的积灰区域，使灰尘在声波作用下产生震荡，脱离其附着的表面，处于悬浮流化状态，在重力或气流的作用下进入灰斗或被清除。

湿式电除尘器的清灰一般是用水冲洗集尘极板，使极板表面经常保持一层水膜，粉尘落在水膜上时，被捕集并顺水膜流下，从而达到清灰的目的。湿法清灰的主要优点是已除去的粉尘不会重新进入气相造成二次扬尘，同时也会净化部分有害气体，如 SO_2、HF 等；其主要缺点是极板腐蚀较为严重，含水污泥需要处理，产生二次污染。

4.2.4.2　电除尘器的结构

电除尘器的结构形式很多，根据集尘极的形式可以分为管式和板式两种；根据气流的流动方式，分为立式和卧式两种；根据粉尘在电除尘器内的荷电方式及分离区域布置的不同，分为单区和双区电除尘器。

（1）管式和板式电除尘器。结构最简单的管式电除尘器（见图 4-37）为单管电除尘器，它是在圆管的中心放置电晕极，而把圆管的内壁作为集尘极，集尘极的截面形状可以是圆形或六角形，管径一般为 $150\sim300mm$，管长 $2\sim5m$，电晕线用重锤悬吊在集尘极圆管中心。含尘气体由除尘器下部进入，净化后的气体由顶部排出，由于单管电除尘器通过的气量少，在工业上通常采用多管并列组成的多管电除尘器，如图 4-38 所示。管式电除尘器的电场强度高且变化均匀，但清灰较困难，多用于净化含尘气量较小或含雾的气体。

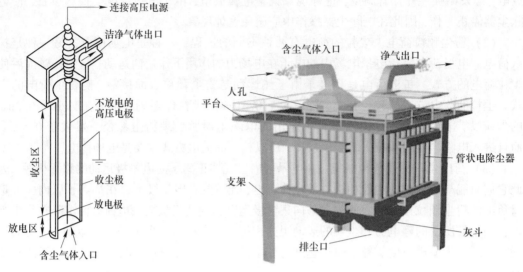

图 4-37　单管电除尘器示意图　　　　　　图 4-38　多管电除尘器

　　板式电除尘器如图 4-39 所示，是由多块一定形状的钢板组合成集尘极，放电极（电晕线）均布在平行集尘极间，两平行集尘极板间距一般为 200～400mm，极板高度为 2～5m，极板总长度可根据对除尘效率高低的要求而定，通道视气量而定，少则几十，多则几百。板式电除尘器由于几何尺寸灵活而在工业除尘中广泛应用。

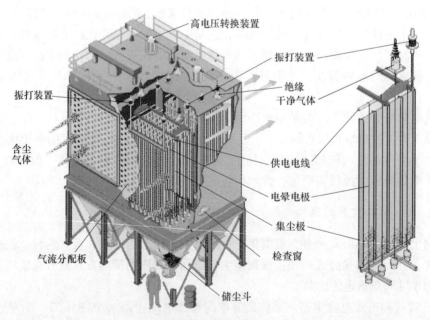

图 4-39　板式电除尘器

　　（2）立式和卧式电除尘器。立式电除尘器多为管式，含尘气流通常是自下而上流过电除尘器，立式电除尘器的优点是占地面积小，在高度较高时，可以将净化后的烟气直接排入大气而不另设烟囱，但检修不如卧式方便。

卧式电除尘器多为板式,气体在其中水平通过,每个通道内沿气流方向每隔3m左右(有效长度)划分成单独电场,常用的是2~4个电场。卧式电除尘器安装灵活、维修方便,适用于处理烟气量大的场合。

(3)单区和双区电除尘器。在单区电除尘器中,电晕极和集尘极布置在同一电场区内,尘粒的荷电和捕集在同一电场中进行,如图4-40所示。单区电除尘器应用广泛,通常用于工业除尘和烟气净化。

在双区电除尘器内,尘粒的荷电和捕集分别在两个不同的区域内进行,安装电晕极的电晕区主要完成对尘粒的荷电过程,而在装有高压极板的集尘区主要是捕集荷电粉尘,如图4-41所示。双区电除尘器可以防止反电晕的现象,一般用于空调送风的净化系统。

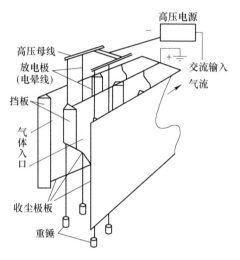

图 4-40 板式单区电除尘器

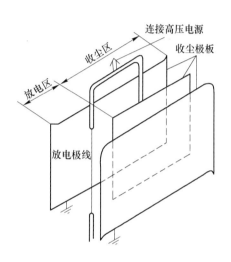

图 4-41 板式双区电除尘器

(4)干式和湿式电除尘器。干式电除尘器,它是通过振打的方式使集尘极上的积尘落入灰斗中,含尘气体的电离、粉尘粒子荷电、集尘及振打清灰等过程,均是在干燥状态下完成的。这种清灰方式简单,便于粉尘的综合利用,有利于回收有经济价值的粉尘;但易造成二次扬尘,降低除尘效率。目前,工业上应用的电除尘器多为干式电除尘器。

湿式电除尘器是采用溢流或均匀喷雾的方式使集尘极表面经常保持一层水膜,用以清除被捕集的粉尘,这种方式不仅除尘效率高,而且避免了二次扬尘,由于没有振打装置,运行比较稳定,其主要缺点是对设备有腐蚀,泥浆后处理复杂。

4.2.4.3 电除尘器的主要部件

静电除尘器的结构由除尘器主体、供电装置和附属设备组成。除尘器的主体包括电晕电极、集尘极、清灰装置、气流分布装置和灰斗等。

(1)电晕电极。电晕极包括电晕线、电晕极框架吊杆及支撑套管、电晕极振打装置。电晕极是产生电晕放电的电极,应具有良好的放电性能(起晕电压低、击穿电压高、电晕电流大等),具有较高的机械强度和耐腐蚀性能。

电晕极有多种形式,如图4-42所示,其中最简单的是圆形导线,圆形导线的直径越小，起晕电压越低、放电强度越高，但机械强度较低，振打时容易损坏，工业电除尘器中一般使用直径为 2~3mm 的镍铬线作为电晕极，上部自由悬吊，下端用重锤拉紧，也可以将圆导线做成螺旋弹簧形，适当拉伸并固定在框架上，形成框架式结构。

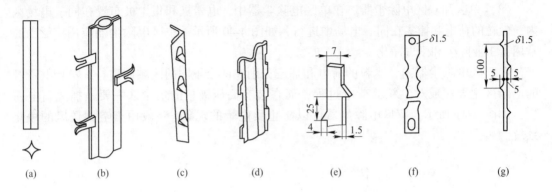

图 4-42　电晕电极的形式

（a）星形线；（b）三角形芒刺；（c）角钢芒刺；（d）波形芒刺；
（e）扁钢芒刺；（f）锯齿形芒刺；（g）条状芒刺

　　星形电晕极是用直径为 4~6mm 的普通钢材经冷拉而成的（有的扭成麻花状），它利用四个尖角边放电，放电性能好，机械强度高，采用框架方式固定，适用于含尘浓度较低的场合。

　　芒刺形和锯齿形电晕极属于尖端放电，放电强度高。在正常情况下比星形电晕极产生的电晕电流大一倍，起晕电压比其他的低。此外，由于芒刺或锯齿尖端放电产生的电子流和离子流特别集中，在尖端伸出方向，增强了电风，这对减弱和防止因烟气含尘浓度高时出现的电晕闭塞现象是有利的，因此芒刺形和锯齿形电晕极适合于含尘浓度高的场合，如在多电场的电除尘器中用在第一电场和第二电场中。

　　相邻电晕极之间的距离对放电强度影响较大，极间距太大会减弱电场强度，极间距过小也会因屏蔽作用降低放电强度，实验表明，最优间距为 200~300mm。

　　（2）集尘极。集尘极的结构形式对粉尘的二次飞扬、金属消耗量和造价有很大的影响，直接影响除尘效率。对集尘极的基本要求是：振打时二次扬尘少，单位集尘面积消耗金属量低；极板较高时，不易变形；气流通过极板空间时阻力小等。

　　集尘极形式有板式、管式两大类，管式除尘器的集尘极为直径约 15cm、长 3m 左右的圆管，大型管式电除尘器的集尘极为直径约 40cm、长 6m 左右的圆管。

　　板式集尘极的集尘极板的形式有平板形、Z 形、C 形、波浪形、曲折形等，如图4-43所示。平板形极板可防止二次扬尘，并使极板保持足够的刚度。Z 形板是将极板加工成沟槽的形状。当气流通过时，紧贴极板表面处会形成一层涡流区，该处的流速比主气流流速小，因而当粉尘进入该区时易沉积在集尘极表面，同时由于板面不直接受主气流冲刷，粉尘重返气流的可能性以及振打清灰时产生的二次扬尘都较少，有利于提高除尘效率。

　　极板之间的间距对电除尘器的电场性能和除尘效率影响较大，间距太小（200mm 以下），电压升不高，间距太大又受供电设备允许电压的限制。因此，在采用 60~72kV 变压器的情况下，极板间距一般取 200~350mm。近年来，板式电除尘器一个引人注目的变化

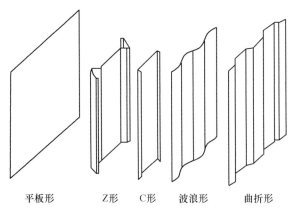

平板形　　Z形　　C形　　波浪形　　曲折形

图 4-43　集尘极板的形式

是发展宽极距超高压电除尘器，这种电除尘器制作、安装、维修等较方便，而且设备小，能量消耗也小。

（3）清灰装置。及时清除集尘极和电晕极上的积灰，是保证电除尘器高效运行的重要环节。干式电除尘器的清灰方式有机械振打、电磁振打及压缩空气振打，目前应用较广的是挠臂锤振打；湿式电除尘器采用喷雾或溢流方式，在集尘极表面上形成一层水膜，使沉积在集尘板上的粉尘和水一起流到除尘器的下部而排出。

电晕极上沉积的粉尘采取连续振打清灰方式，常用振打方式有提升脱钩振打、电磁振打及气动振打等。

（4）气流分布装置。气流分布的均匀程度与除尘器进口的管道形式和气流分布装置有密切关系，一般要求气流分布装置分布均匀性好、阻力损失小。在电除尘器安装位置不受限时，气流应设计成水平进口，即气流由水平方向通过扩散形变径管进入除尘器，然后经过 1~2 块平行的气流分布板后进入除尘器的电场。在除尘器出口渐缩管前也常设一块分布板，被净化后的气体从电场出来后，经此分布板和与出口管连接的渐缩管，然后离开除尘器。

气流分布板一般为多孔薄板，孔形分为圆孔或方孔，也有百叶窗式孔板，通常采用厚度为 3~3.5mm 的钢板制作，孔径 30~50mm，开孔率 25%~50%。需要通过试验确定，具体标准是：任何一点的流速不得超过该断面平均流速的±40%；任何一个测定断面上，85%以上测点的流速与平均流速不得相差±25%。

电除尘器内气流分布对除尘效率具有较大影响，为了减少涡流，保证气流分布均匀，在进出口处应设变径管道，进口变径管内应设气流分布板。最常见的气流分布板有百叶窗式、多孔板分布格子、槽形钢式和栏杆型分布板等，而以多孔板使用最广。

电除尘器正式投入运行前，必须进行测试。调整、检查气流分布是否均匀。

（5）除尘器的外壳。除尘器外壳必须保证严密，减少漏风。漏风量增加，风机负荷加大，电场内风速过高，除尘效率下降，特别是处理高温湿烟气时，冷空气漏入会使烟气温度降至露点以下，导致除尘器内构件沾染灰尘和腐蚀。电除尘器的漏风率控制应在 3% 以下。

（6）供电装置。电除尘器的供电装置分为高压供电装置和低压供电装置。

高压供电装置用于提供尘粒荷电和捕集所需要的电晕电流。对电除尘器供电系统的要求是为除尘器提供一个稳定的高电压并具有足够的功率。供电装置主要包括升压变压器、高压整流器和控制系统，通常是将 380V 或 220V-11 频交流电升压和整流得到高压直流电源，输入到整流变压器初级侧的交流电压称为一次电压，输入到整流变压器初级侧的交流电流称为一次电流；整流变压器输出的直流电压称为二次电压，整流变压器输出的直流电流称为二次电流。

低压控制配电柜分别向电除尘器、旋风除尘器、风机及输灰系统的高、低压电气设备供电，便于管理。

在电除尘系统中，要求供电装置自动化程度高，适应能力强，运行可靠，使用寿命在20 年以上。

4.2.4.4　影响电除尘器除尘效率的因素

假定：除尘器中气流为紊流状态；在垂直于集尘极表面任一横截面上，粒子浓度和气流分布是均匀的；粉尘粒径是均一的，且进入除尘器后立即完成荷电过程；忽略电风和二次扬尘的影响。多依奇（Dertsch）在上述假定的基础上，提出了理论捕集效率的计算公式：

$$\eta = 1 - \frac{c_2}{c_1} = 1 - \exp\left(-\frac{A\omega}{Q}\right) \tag{4-29}$$

式中，c_1 为电除尘器出口含尘气体的浓度，g/m^3；c_2 为电除尘器进口含尘气体的浓度，g/m^3；A 为集尘极总面积，m^2；Q 为含尘气体流量，m^3/s；ω 为尘粒的驱进速度，m/s。

影响除尘效率的主要因素有粉尘特性、烟气特性、结构因素和操作因素等。

（1）粉尘特性。粉尘特性主要包括粉尘的粒径分布、真密度、堆积密度、黏附性和比电阻等，其中最主要的是粉尘的比电阻，从图 4-44 可以看出，粉尘的比电阻小于 $10^4 \Omega \cdot cm$，导电性能好，且随着比电阻的减小，除尘效率下降，而电流消耗大大增加，粉尘的比电阻过高或过低均不利于除尘，最适合于电除尘捕集的粉尘，其比电阻的范围是（1×10^4）～（2×10^{10}）$\Omega \cdot cm$。

影响粉尘比电阻的因素很多，主要是气体的温度和湿度。对于比电阻偏高的粉尘，往往可以通过改变烟气的温度和湿度来调节。具体做法是向烟气

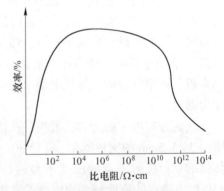

图 4-44　粉尘的比电阻和除尘效率的关系

中喷水，这样可以同时达到增加烟气湿度和降低烟气温度的双重目的。为了降低烟气的比电阻，也可以向烟气中加入 SO_3、NH_3 以及 Na_2CO_3 等化合物，以使尘粒的导电性增加。

（2）烟气特性。烟气特性主要包括烟气温度、湿度、压力、成分、含尘浓度、断面气流速度和分布等。

1）气体的温度和湿度。含尘气体的温度对除尘效率的影响主要表现为对粉尘比电阻的影响。在低温区，由于粉尘表面的吸附物和水蒸气的影响，粉尘的比电阻较小；随着温度的升高，作用减弱，使粉尘的比电阻增加；在高温区，主要是粉尘本身的电阻起作用。因而随着温度的升高，粉尘的比电阻降低。

当温度低于露点时，气体的湿度会严重影响除尘器的除尘效率。主要会因捕集到的粉尘结块黏结在集尘极和电晕极上，难以振落，而使除尘效率下降。当温度高于露点时，随着湿度的增加，不仅可以使击穿电压增高，而且可以使部分尘粒的比电阻降低，从而使除尘效率有所提高。

2）含尘浓度。荷电粉尘形成的空间电荷会对电晕极产生屏蔽作用，抑制电晕放电，随着含尘浓度的提高，电晕电流逐渐减少，这种效应称为电晕阻止效应。当含尘浓度增加到某一数值的时候，电晕电流基本为零，这种现象被称为电晕封闭，此时的电除尘器失去除尘能力。

为了避免产生电晕闭塞，进入电除尘器气体的含尘浓度应小于 $60g/m^3$。当气体含尘浓度过高时，除了选用曲率大的芒刺形电晕电极外，还可以在电除尘器前串接除尘效率较低的机械除尘器，进行多级除尘。

3）除尘器断面气流速度。除尘器断面气流速度越低，粉尘荷电的机会越多，除尘效率也就越高。低流速有利于提高除尘效率，但气流速度过低，不仅经济上不合理，而且管道易积灰。实际生产中，断面上的气流速度一般为 0.6~1.5m/s。

4）断面气流分布。电除尘器断面气流速度分布均匀与否，对除尘效率有很大的影响。如果断面气速分布不均匀，在流速较低的区域，就会存在局部气流停滞，造成集尘极局部积灰严重，使运行电压变低；在流速较高的区域，又会造成二次扬尘。因此，除尘器断面上气流速度差异越大，除尘效率越低。

为了解决除尘器内气流分布问题，一般采取在除尘器的入口或在出入口同时设置气流分布装置，为了避免在进、出口风道中积尘，应控制风道内气流速度在 15~20m/s 之间。

（3）结构因素。结构因素主要包括电晕线的几何形状、直径、数量和线间距；收尘极的形式、极板断面形状、间距、极板面积、电场数、电场长度；供电方式、振打方式（方向、强度、周期）、气流分布装置、外壳严密程度、灰斗形式和出灰口锁风装置等。

（4）操作因素。操作因素主要包括伏安特性、漏风率、二次飞扬和电晕线肥大等。

电除尘器运行过程中，电晕电流与电压之间的关系称为伏安特性，它是很多变量的函数，其中最主要的是电晕极和除尘极的几何形状，及烟气成分、温度、压力和粉尘性质等，电场的平均电压和平均电晕电流的乘积即电晕功率，它是投入到电除尘器的有效功率，电晕功率越大，除尘效率也就越高。

（5）清灰。由于电除尘器在工作过程中，随着集尘极和电晕极上堆积粉尘厚度的不断增加，运行电压会逐渐下降，使除尘效率降低，因此，必须通过清灰装置使粉尘剥落下来，以保持高的除尘效率。

（6）火花放电频率。为了获得最高的除尘效率，通常用控制电晕极和集尘极之间火花频率的方法，做到既维持较高的运行电压，又避免火花放电转变为弧光放电，这时的火花频率被称为最佳火花频率，其值因粉尘的性质和浓度、气体的成分、温度和湿度的不同而不同，一般取 30~150 次/min。

4.2.4.5　电除尘器的选型

A　电除尘器性能参数的确定

电除尘器的设计主要是根据需要处理的含尘气体流量和净化要求，确定集尘极面积、电场断面面积、集尘极和电晕极的数量和尺寸等，电除尘器有平板形和圆筒形，本节只介绍平板形电除尘器的有关设计计算。

（1）集尘极面积。

$$A = \frac{Q}{\omega_e} \ln\left(\frac{1}{1-\eta}\right) \tag{4-30}$$

式中，A 为集尘极面积，m^2；Q 为处理气体流量，m^3/s；η 为集尘效率；ω_e 为微粒有效趋进速度，m/s。

（2）电场断面面积。

$$A_e = \frac{Q}{u} \tag{4-31}$$

式中，A_e 为电场断面面积，m^2；Q 为处理气体流量，m^3/s；u 为除尘器断面气流速度，m/s。

（3）集尘室的通道数。由于每两块集尘极之间为一通道，则集尘室的通道个数 n 可由下式确定：

$$n = \frac{Q}{bhu} \tag{4-32}$$

$$n = \frac{A_e}{bh} \tag{4-33}$$

式中，b 为集尘极间距，m；h 为集尘极高度，m；Q 为气体流量，m^3/s。

（4）电场长度。

$$L = \frac{A}{2nh} \tag{4-34}$$

式中，L 为集尘极沿气流方向的长度，m；h 为电场高度，m。

（5）工作电压。根据实际需要，工作电压 U 一般可按下式计算：

$$U = 250b \tag{4-35}$$

（6）工作电流。工作电流 I 可由集尘极的面积 A 与集尘极的电流密度 I_d 的乘积来计算：

$$I = AI_d \tag{4-36}$$

B　电除尘器的形式选择

电除尘器的形式和配置需根据处理含尘气体的性质及处理要求决定，其中最重要的因素是粉尘比电阻。

如果粉尘的比电阻适中（$10^5 \sim 10^{10}\Omega \cdot cm$），则采用普通干式除尘器，对于比电阻高的粉尘，宜采用宽极距型和高温电除尘器，如仍然采用普通型电除尘器，则应在含尘气体中加入适量的调理剂（如 NH_3、H_2O 等），以降低粉尘的比电阻，对于比电阻低的粉尘，由于在电场中产生跳跃，一般的干式电除尘器难以捕集，可以在电除尘器后加一个旋风除尘器或过滤式除尘器。

湿式电除尘器既能捕集比电阻高的粉尘，也能捕集比电阻低的粉尘，而且具有较高的除尘效率，其缺点是会带来污水处理及通风管道和除尘器的腐蚀问题，一般不采用。但在治理输煤系统的大量粉尘时，采用荷电水雾除尘技术，既可以消除使用静电除尘器带来的煤尘爆炸隐患，又可以解决高浓度粉尘可能出现的高压电晕闭塞、反电晕及高压电绝缘易遭破坏等问题。

4.2.4.6 电除尘器的运行

A 电除尘器投入运行前准备工作

(1) 除尘器壳体内、保温箱内无杂物，各入口门均已关闭严密。

(2) 各传动机构完好（包括各振打装置、卸灰装置、输灰装置），转动灵活，各润滑点均有足够的润滑油。

(3) 电除尘器的外壳和高压变压器正极均应良好接地。

(4) 用 $100V \cdot M\Omega$ 表检查各电动机的绝缘情况，绝缘电阻应不低于 $0.5M\Omega$。

(5) 在电收尘器上楼梯口放置"高压危险"等安全警告牌。

(6) 将高压控制柜上的"输出电流选择键"全部复位。

(7) 合上高压控制柜上的空气开关，电源指示灯亮。

(8) 按下高压控制柜上的"自检"按钮并保持二次电流表、二次电压表和一次电压表均有读数（二次电流表读数一般很小），表明回路正常（按"自检"按钮时，若二次电流表无指示，不允许继续操作，否则会损坏变压器）。

B 电除尘器启动

(1) 电除尘器投入使用前 4h，启动保温箱内的电加热器，对绝缘套管进行加热。

(2) 启动水封拉链运输机，使其连续运行。

(3) 启动旋风除尘器的星形卸灰阀，使其连续运行。

(4) 启动电除尘器各振打装置。

(5) 启动工艺系统排风机，使烟气通过电除尘器。

(6) 启动高压供电装置，向电场送电：

1) 按下高压控制柜上的"高压"按钮，"高压"指示灯亮；

2) 扳动"输出电流选择键"，逐步增加输出电流值，直到电场本体上的电压出现饱和或电场即将产生闪络为止。

C 除尘器正常操作

(1) 在电除尘器运行过程中，至少每 4h 检查一次各振打装置和排灰传动机构的运行情况。

(2) 岗位工人每隔 1h 记录：每个电场高压供电装置低压端的电流、电压值，高压端的电流、电压值；振打程序的选择；各振打机构、排灰机构及输灰机构的运行情况；故障及处理情况。

(3) 每隔 2h 进行一次排灰，4 台螺旋运输机依次运行，每台螺旋运输机上的 3 个星形卸灰阀依次运行。开机顺序为先启动螺旋运输机，再依次启动星形卸灰阀，关机顺序为先停星形卸灰阀，待螺旋运输机内的灰输送完后再停螺旋运输机。

(4) 操作中应注意：

1) 在高压运行时，操作人员不得打开电除尘器入孔口；

2) 为了防止高压供电装置操作过电压，不能在高压运行时拉闸。

D 电除尘器停机

(1) 将高压控制柜上的"输出电流选择键"逐一复位后，再按下"关机"按钮（紧急停机时可直接按"关机"按钮），最后关断空气开关。

（2）停止工艺排风机。

（3）继续开动各振打机构和排灰输灰装置（包括旋风除尘器卸灰装置及水封拉链运输机）30min，使机内积灰及时排出。

4.2.4.7　电除尘器的维护

A　电除尘器本体的维护

（1）每周对保温箱进行一次清扫，在清扫过程中需同时检查电晕极支撑绝缘子及石英套管是否有破损、爬电等现象，如果有破损，则应及时更换。

（2）每周应检查一次各振打转动装置及卸灰输灰转动装置的减速机油位，并适当补充润滑油。

（3）各减速机第一次加油运转一周后更换新油，并将内部油污冲净，以后每 6 个月更换一次润滑油，润滑油可采用 40 号机械油，推荐采用工业齿轮油。

（4）每周清扫一次电晕极振打转动瓷联轴，在清扫过程中需同时检查是否有破坏、爬电等现象，如果有破坏，则应及时更换。

（5）每年检查一次电除尘器壳体、检查门等处与地线的连接情况，必须保证其电阻值小于 4Ω。

（6）根据极排的积灰情况，选择适宜的振打程序或另编程更改程序。

（7）每 6 个月检查一次电除尘器保温层，如发现破损，应及时修理。

（8）每年测定一次电除尘器进出口处烟气量、含尘浓度和压力降，从而分析电收尘器性能的变化。

（9）电除尘器工作 3 个月以上，则应利用工艺生产停车机会对电除尘器内部构件进行检查、维护，其维护内容包括：

1）检查各层气体分布板孔是否被粉尘堵塞，若部分孔被粉尘堵塞，则应仔细检查振打装置的工作状况，并进行适当处理；

2）检查两极间距，仔细检查每个电场每个通道的偏差是否在 10mm 以内，每根电晕线与阳极距离的偏差是否在 5mm 以内，达不到要求进行处理；

3）检查两极排面的积灰情况，如发现个别极排积灰过厚，则应分析该极排的振打情况，并进行适当处理；

4）检查各检查门、顶盖、法兰联接等处是否严密，如有漏风，要进行处理；

5）检查各振打装置是否松动、磨损等；

6）检查机内的积灰情况。

（10）操作人员进入电场内前须做如下工作：

1）确认电场已断电；

2）在高压控制柜上挂"正在检修设备，禁止合闸"的警告；

3）用放电线给电场放电。

B　电气部分的维护

（1）高压控制柜和高压发生器均不允许开路运行。

（2）及时清扫所有绝缘件上的积灰和控制柜内部积灰，检查接触器开关、继电器线圈、触头的动作是否可靠，保持设备的清洁干燥。

（3）每年测量一次，高压发生器和控制柜的接地电阻不超过 2Ω 。

（4）每年更换一次高压发生器的干燥剂。

（5）每年一次进行变压器油耐压试验，其击穿电压不低于交流有效值 40kV/2.5mA。

C 电除尘器的常见故障及处理

电除尘器的常见故障和处理方法见表4-6。

表 4-6 电除尘器的常见故障及处理方法

序号	故障现象	产 生 原 因	处 理 方 法
1	二次工作电流大，二次电压升不高，甚至接近于零	（1）收尘极板和电晕极之间短路；（2）石英套管内壁冷凝结露、造成高压对地短路；（3）电晕极振打装置的绝缘瓷瓶破损，对地短路；（4）高压电缆或电缆终端接头击穿短路；（5）灰斗内积灰过多，粉尘堆积至电晕极框架；（6）电晕极断线，线头靠近收尘极	（1）清除短路杂物或剪去折断的电晕线；（2）擦抹石英套管，或提高保温箱温度；（3）修复损坏的绝缘瓷瓶；（4）更换损坏的电缆或电缆接头
2	二次工作电流正常或偏大，二次电压升至较低电压便发生闪络	（1）两极间的距离局部变小；（2）有杂物挂在收尘极板或电晕极上；（3）保温箱或绝缘室温度不够，绝缘套管内壁受潮漏电；（4）电晕极振打装置绝缘套管受潮积灰，造成漏电；（5）保温箱内出现正压，含湿量较大的烟气从电晕极支撑套管向外排出；（6）电缆击穿或漏电	（1）调整极间距；（2）清除杂物；（3）擦抹石英套管，或提高保温箱温度；（4）提高绝缘套管箱内温度；（5）采取措施，防止出现正压或增加一个热风装置，鼓入热风；（6）更换电缆
3	二次电压正常，二次电流显著降低	（1）收尘极板积尘过多；（2）收尘极或电晕极的振打装置未开或失灵；（3）电晕线肥大放电不良；（4）烟气中粉尘浓度过大，出现电晕闭塞	（1）清除积灰；（2）检查并修复振打装置；（3）分析肥大原因，采取必要措施；（4）改进工艺流程，降低烟气的粉尘含量
4	二次电压和一次电流正常，二次电流无读数	（1）整流输出端的避雷器或放电间隙击穿损坏；（2）毫安表并联的电容器损坏，造成短路；（3）变压器至毫安表连接导线在某处接地；（4）毫安表本身指针卡住	查找原因，消除故障
5	一、二次电压和一次电流正常，二次电流无读数	（1）气流分布板孔眼被堵；（2）灰斗的阻流板脱落，气流发生短路；（3）靠出口处的排灰装置严重漏风	（1）检查气流分布板的振打装置是否失灵；（2）检查阻流板，并做适当处理；（3）加强排灰装置的密闭性
6	二次电流不稳定，毫安表指针急剧摆动	（1）电晕线折断，其残留段受风吹摆动；（2）烟气湿度过小，造成粉尘比电阻值上升；（3）电晕极支撑绝缘套管对地产生沿面放电	（1）剪去残留段；（2）通知相关人员，进行适当处理；（3）处理放电的部位

4.2.5 电袋复合式除尘器

电袋复合式除尘器是通过电除尘与布袋除尘有机结合的新型的高效除尘器。它充分发挥电除尘器和布袋除尘器各自的除尘优势，以及两者相结合产生新的性能优点，改善了进入袋区的烟尘工况条件，达到除尘效率稳定高效、滤袋阻力低使用寿命长、运行维护费用低、占地面积小等优点。

这种电袋复合式除尘器对于高比电阻粉尘、低硫煤粉尘和脱硫后的烟气粉尘处理效果更具技术优势和经济优势。

4.2.5.1　电袋除尘器的除尘机理

在电袋除尘器中，烟气先通过前级电除尘区，烟气中的大部分粉尘通过电除尘方式被收集下来，未被捕集的荷电粉尘，再均匀进入后级袋式除尘区，如图 4-45 所示。

含尘烟气从电除尘器的进风口进入电场，在电场作用下，带电粉尘向收尘极沉积，通过电场的烟气约有 60%～70% 的粉尘被收集下来，然后烟气通过电场出风口，一部分烟气经多孔型板水平进入袋除尘器中部，大部分烟气转向下部进入袋除尘器底部并向上进入滤袋每个室。烟气进入滤袋后粉尘被阻留在滤袋外表面，净烟气从清洁室再通过提升阀，从除尘器出口排出经烟囱排放。当滤袋表面积聚粉尘达到一定厚度，除尘器阻力增加，可启动脉冲喷吹系统，让压缩空气气流经脉冲喷吹管喷入滤袋，使滤袋瞬间发生膨胀，滤袋表面粉尘剥落到灰斗，达到清灰目的。

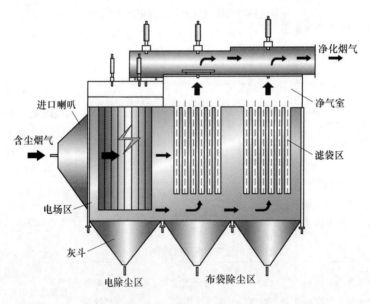

图 4-45　电袋复合除尘器

4.2.5.2　电除尘区的预除尘作用

前级电除尘区秉承了电除尘器第一电场的除尘优势，其除尘效率与极板有效面积呈指数曲线变化，能收集烟尘中大部分粉尘，收尘效率达 70%～80%，并使流经电除尘区未被收集下的微细粉尘电离荷电。一方面大大降低进入布袋除尘器区含尘浓度，另一方面荷电后的粉尘在滤袋沉积的粉饼呈低阻特性，从而既达到排放浓度小于 50mg/m³ 的环保要求，又提高了除尘器整体性能的功效。

4.2.5.3 荷电粉尘在滤袋区的过滤机理

荷电粉尘从电场区进入滤袋区后，大部分带负电荷的粉尘在趋近和到达滤袋表面时，由于荷电粉尘带相同电荷，同性电荷的粉尘相互排斥，从而在滤袋表面形成规则有序、结构疏松的粉尘层。此外，有一部分异性电荷粉尘会发生电凝并作用，在吸附到滤袋表面形成粉尘层前，已由小颗粒凝并成较大颗粒，从而更容易被滤袋所阻留。

烟气中的荷电粉尘有如下作用：

（1）扩散作用。由于粉尘带有同种电荷，因而相互排斥，迅速在后级的空间扩散，形成均匀分布的气溶胶悬浮状态，使得流经后级布袋各室浓度均匀，流速均匀。

（2）吸附和排斥作用。由于荷电效应使粉尘在滤袋上沉积速度加快，以及带有相同极性的粉尘相互排斥，使得沉积到滤袋表面的粉尘颗粒之间有序排列，形成的粉尘层透气性好，空隙率高，剥落性好。所以电袋复合式除尘器利用荷电效应减少了除尘器的阻力，提高了清灰效率，从而设备的整体性能得到提高。

4.2.5.4 电袋复合式除尘器性能特点

（1）适合高浓度烟尘除尘。电袋复合式除尘器前级电区具有较强的高效预除尘特点，在处理干法脱硫后高浓度烟尘场合，具有 90% 的效率，使进入后级袋区的浓度仅为进口的 10%。除尘效率具有高效性和稳定性。电袋除尘器的效率不受高比电阻细微粉尘影响，不受煤种、烟灰特性影响，排放浓度容易实现在 $50mg/m^3$ 以下，且长期稳定。

（2）保证长期高效稳定运行。电袋复合式除尘器的除尘效率不受煤种、烟气特性、飞灰比电阻等影响，排放浓度可以保持长期高效、稳定。

（3）运行阻力低，滤袋清灰周期时间长，具有节能功效。电袋复合式除尘器滤袋的粉尘负荷量小，具有荷电效应作用（经过电场荷电后的粉尘排列有序且呈蓬松状态），滤袋形成的粉尘层阻力小，易于清灰，比常规布袋除尘器低 500Pa 的运行阻力，清灰周期时间是纯布袋除尘器 4 倍以上，降低设备 20% 的运行能耗。

（4）滤袋使用寿命长、维护费用低。由于滤袋清灰周期的延长，从而清灰次数少，且滤袋粉尘透气性强、阻力低，滤袋的强度负荷小，从而大大延长滤料使用寿命，相同运行条件下电袋的使用寿命比纯布袋除尘器的寿命延长 2~3 年，同时能降低除尘器的运行、维护费用。

电袋除尘器适用于电力、建材、冶金、钢铁、化工等行业的烟气粉尘治理。适用于电除尘难以高效收集的高比电阻、特殊煤种等烟尘的净化处理；排放要求不超过 $50mg/m^3$ 燃煤锅炉烟气净化；尤其适合旧电除尘器的增效改造。

4.3 除尘器的选择与发展

4.3.1 除尘器的选择

选择除尘器时必须全面考虑有关因素，如除尘效率、压力损失、一次投资、维修管理等，其中最主要的是除尘效率。以下问题要特别引起注意。

（1）选用的除尘器必须满足排放标准规定的排放浓度。对于运行状况不稳定的系统，要注意烟气处理量变化对除尘效率和压力损失的影响。例如，旋风除尘器除尘效率和压力损失随处理烟气量增加而增加，但大多数除尘器的效率却随处理烟气量的增加而下降。

（2）粉尘的物理性质对除尘器性能具有较大的影响。例如，黏性大的粉尘容易黏结在除尘器表面，不宜采用干法除尘；比电阻过大或过小的粉尘，不宜采用电除尘；纤维性或憎水性粉尘不宜采用湿法除尘。

不同的除尘器对不同粒径颗粒的除尘效率是完全不同的，选择除尘器时必须首先了解欲捕集粉尘的粒径分布，再根据除尘器除尘分级效率和除尘要求选择适当的除尘器。

（3）气体的含尘浓度。含尘浓度较高时，在静电除尘器或袋式除尘器前应设置低阻力的预净化设备，去除粗大尘粒，以使设备更好地发挥作用。一般来说，为减少喉管磨损及防止喷嘴堵塞，对文丘里洗涤器、喷雾塔洗涤器等湿式除尘器，希望含尘浓度在 $10g/m^3$；袋式除尘器的理想含尘浓度为 $0.2 \sim 10g/m^3$，电除尘器希望含尘浓度在 $30g/m^3$ 以下。

（4）气体温度和其他性质也是选择除尘设备时必须考虑的因素。对于高温、高湿气体不宜采用袋式除尘器。如果烟气中同时含有 SO_2、NO 等气态污染物时，可以考虑采用湿式除尘器，但是必须注意腐蚀问题。

（5）选择除尘器时，必须同时考虑捕集粉尘的处理问题。

（6）选择除尘器需要考虑的其他因素。

选择除尘器还必须考虑设备的位置、可利用的空间，环境条件等因素；设备的一次投资（设备、安装和工程等）以及操作和维修费用等经济因素也必须考虑，表 4-7 为各种除尘器的综合性能比较。

表 4-7　各种除尘器的综合性能

除尘器名称	适用的粒径范围/μm	除尘效率/%	压力损失/Pa	设备费用	运行费用	投资费用和运行费用的比例
重力沉降室	>50	<50	50~130	低	低	
挡板式除尘器	>20	50~70	300~800	低	低	
旋风除尘器	>5	60~70	800~1500	中	中	1:1
冲击水浴除尘器	>1	80~95	600~1200	中	中	1:1
旋风水膜除尘器	>1	95~98	800~1200	中	中	3:7
文丘里除尘器	>0.1	90~98	4000~10000	低	高	3:7
电除尘器	>0.1	90~98	50~130	高	中	3:1
袋式除尘器	>0.1	95~99	1000~1500	较高	较高	1:1

4.3.2　除尘设备的发展

国内外除尘设备的发展，着重在以下几个方面。

（1）除尘设备趋向高效率。由于对烟尘排放浓度要求越来越严格，趋于发展高效率的除尘器。

（2）发展处理大烟气量的除尘设备。当前，工艺设备朝大型化发展，相应需处理的烟气量也大大增加。如 500t 平炉的烟气量达 $50 \times 10^4 m^3/h$ 之多，没有大型除尘设备是不能满足要求的。国外电除尘器已经发展到 $500 \sim 600\text{m}^2$，大型袋式除尘器的处理烟气量每小时可达几十万到百余万立方米。

（3）着重研究提高现有高效除尘器的性能。国内外，对电除尘器的供电方式、备部件的结构、振打清灰、解决高比电阻粉尘的捕集等方面做了大量工作，从而使电除尘器运行可靠，效率稳定。对于袋式除尘器着重于改进滤料及其清灰方式。

（4）发展新型除尘设备。宽间距或脉冲高压电除尘器、环形喷吹袋式除尘器、顺气流喷吹袋式除尘器等，都是近年来研究的热点。

（5）重视除尘机理及理论方面的研究。工业发达国家大都建立一些能对多种运行参数进行大范围调整的试验台，研究现有各种除尘设备的基本规律、计算方法，作为设计和改进设备的依据，另一方面探索一些新的除尘机理，试图应用到除尘设备中去。

 练习题

4-1　选择题。

（1）关于总效率、全效率、分级效率、单级效率和分割粒径的叙述，下述哪些说法是正确的？（　　）
　　　A. 除尘器的分割粒径为 $10\mu\text{m}$，是指该除尘器分级效率为 50% 时相对应的粉尘粒径是 $10\mu\text{m}$
　　　B. 除尘系统的总效率等于各单级效率之和
　　　C. 除尘器的全效率与分级效率有关，等于各分级效率之和
　　　D. 除尘器的全效率取决于各分级效率和粒径的分散度

（2）粉尘安息角是评价粉尘流动选择性的重要指标，以下哪些说法正确？（　　）
　　　A. 安息角小的粉尘，其流动性好
　　　B. 安息角是设计除尘器灰斗锥度和系统管路倾斜度的主要依据
　　　C. 对于一种粉尘，粒径越小，安息角越小
　　　D. 粉尘含水率增加，安息角增大

（3）当除尘器的气密性不够理想时，除尘器出口的过剩空气系数与进口相比将（　　）。
　　　A. 增加　　　　　B. 降低　　　　　C. 不变　　　　　D. 不确定

（4）用公式 $\eta = \left(1 - \dfrac{c_1}{c_2}\right) \times 100\%$ 来计算除尘效率的条件（　　）。
　　　A. 适用于机械式除尘器　　　　　　B. 适用于洗涤式除尘器和过滤式除尘器
　　　C. 适用于静电除尘器　　　　　　　D. 适用于漏风率 $\delta = 0$ 的除尘装置

（5）一个串联除尘系统第一级 $\eta_1 = 80\%$，第二级 $\eta_1 = 80\%$，总除尘效率为（　　）。
　　　A. 90%　　　　　B. 92%　　　　　C. 94%　　　　　D. 96%

（6）某净化装置，进口气体流量为 $5.5\text{m}^3/\text{s}$，污染物浓度为 $750\text{mg}/\text{m}^3$，装置出口气体流量为 $5.1\text{m}^3/\text{s}$，污染物浓度为 $50\text{mg}/\text{m}^3$。则该装置的净化效率为（　　）。
　　　A. 93.33%　　　B. 93.82%　　　C. 85%　　　　　D. 92.73%

（7）机械式除尘器是利用重力、惯性力、离心力分离捕集粉尘的装置。包括重力沉降室、惯性除尘器以及（　　）等。
　　　A. 压力沉降　　　B. 旋风除尘器　　C. 喷淋除尘器　　D. 袋式除尘器

（8）提高沉降室除尘效率的主要途径有降低沉降室内的气流速度、增加沉降室的长度和降低沉降室高度等。气流速度要尽量低，维持在（　　）m/s，呈层流状态。

　　A. 0.2~1m/s　　　B. 1~2m/s　　　　C. 0.2~2m/s　　　D. 0.1~1m/s

(9) 多层重力沉降室在保证处理量的同时减小了沉降距离，从而提高了除尘效果。但是多层沉降室清灰困难，所以一般隔板数不超过（　　）。

　　A. 2　　　　　　　B. 3　　　　　　　C. 4　　　　　　　D. 5

(10) 旋风除尘器筒体直径越小，粉尘受到的离心力越大，除尘效率越高；但直径越小处理风量越小，还会引起（　　）。

　　A. 粉尘扩散　　　B. 离心力增强　　C. 效率提高　　　D. 粉尘堵塞

(11) 在重力沉降室设计时，可通过哪些措施提高除尘效率？（　　）

　　A. 降低沉降室内的气流速度　　　　B. 增加沉降室高度

　　C. 增加沉降室长度　　　　　　　　D. 内部设置多层水平隔板

(12) 要使尘粒在旋风除尘器中被去除，必须保证（　　）。

　　A. $F_c < F_D$　　　B. $F_c > F_D$　　　C. $F_c = F_D$　　　D. $F_c \leq F_D$

(13) 要使沉降 u_x 的尘粒在重力沉降室全部沉降下来，必须保证（　　）。

　　A. $t < t_s$　　　　B. $t > t_s$　　　　C. $t = t_s$　　　　D. $t \geq t_s$

(14) 旋风除尘器基本尺寸的计算如能计算出（　　）或入口尺寸，即可确定整个除尘器的尺寸。

　　A. 出口直径　　　B. 直筒长度　　　C. 锥体长度　　　D. 外筒直径

(15) 旋风除尘器结构形式相同或几何图形相似时，几何相似放大或缩小，压力损失系数（　　）。

　　A. 增大　　　　　B. 减小　　　　　C. 基本不变　　　D. 无法判断

(16) 旋风除尘器进口风速大，离心力也大，除尘效率提高。但是，进口风速过大会导致压损增大，引起内部气流紊乱，影响除尘效率。所以，进口风速一般取（　　）。

　　A. 15~25m/s　　B. 10~20m/s　　C. 5~15m/s　　　D. 10~25m/s

(17) 下列除尘器或洗涤器中，效率最高的是（　　）。

　　A. 喷淋除尘器　　B. 水膜除尘器　　C. 洗浴除尘器　　D. 文丘里洗涤器

(18) 喷淋式除尘器的水滴直径在 0.5~1mm 时效率高，（　　）mm 最佳。

　　A. 0.7　　　　　B. 0.8　　　　　C. 0.6　　　　　D. 0.9

(19) 水膜除尘器的除尘机理是：离心力除尘和水膜黏附除尘。立式旋风水膜除尘器净化 $d_p <$（　　）μm 的尘粒仍然有效，耗水量（液气比）：$L/G = 0.5~1.5L/m^3$。

　　A. 2　　　　　　B. 3　　　　　　C. 4　　　　　　D. 5

(20) 文丘里洗涤器设备结构简单，设备体积小，处理气量大；气液接触好；净化效率高；具有同时（　　）的作用。

　　A. 除尘　　　　　B. 吸收气体　　　C. 降压　　　　　D. 降温

(21) 水泥、消石灰粉尘不应采用湿式除尘，主要原因是哪些？（　　）（多选）

　　A. 水泥和消石灰属于憎水性粉尘

　　B. 存在污水处理问题

　　C. 水泥、消石灰粉尘吸水后易结垢

　　D. 水泥、消石灰粉尘采用湿式除尘，不能实现资源回收利用

(22) 下列属于湿式除尘的是（　　）。

　　A. 颗粒层除尘器　　　　　　　　　B. 文丘里管除尘器

　　C. 旋风除尘器　　　　　　　　　　D. 惯性除尘器

(23) 洗涤式除尘器中效率最高的一种除尘器是（　　）。

　　A. 泡沫板式洗涤器　　　　　　　　B. 旋风水膜除尘器

　　C. 填料床式洗涤器　　　　　　　　D. 文丘里除尘器

(24) 下列关于洗涤式除尘器的说法，不正确的是（　　）。

A. 液滴对尘粒捕集作用并非单纯的液滴与尘粒之间的惯性碰撞和截留

B. 既具有除尘作用，又具有烟气降温和吸收有害气体的作用

C. 适用于处理黏性大和憎水性的粉尘

D. 适用于处理高温、高湿、易燃的有害气体

(25) 对纤维状粉尘采用袋式除尘器，滤料应选用（   ）。

    A. 棉绒布　　　　B. 涤纶布　　　　C. 平绸　　　　D. 玻璃纤维滤料

(26) 袋式除尘器的常用清灰方式有机械振动清灰、逆气流清灰、脉冲喷吹清灰等。一般在压损 Δp 接近（   ）Pa 时，需清灰。

    A. 500　　　　　B. 800　　　　　C. 1000　　　　D. 1200

(27) 按滤袋的形状分，布袋除尘器分为圆袋除尘器和扁袋除尘器等，扁袋在相同的体积内，可以多布置（   ）的过滤面积，结构紧凑，但清灰、维修较困难。

    A. 20%～40%　B. 20%～30%　C. 10%～30%　D. 10%～40%

(28) 在选用静电除尘器来净化含尘废气时，首先必须考虑粉尘的（   ）。

    A. 粒径　　　　B. 密度　　　　C. 黏附性　　　　D. 荷电性

(29) 袋式除尘器根据废气、粉尘性质，过滤风速以及（   ）的要求，选择滤料。如：湿烟气不能用棉布，高温应用玻璃纤维，一般用合成纤维滤料，等等。

    A. 除尘器尺寸　B. 除尘效率　　C. 布袋尺寸　　D. 设计标准

(30) 某除尘系统采用袋式除尘器，已知袋式除尘器入口工况风量为 900000m³/h（100℃），过滤风速为 1m/min，滤袋规格（直径×长度）为 160mm×6000mm，试计算最少需要多少条滤袋？（   ）

    A. 83　　　　　B. 114　　　　　C. 4976　　　　D. 6799

(31) 脉冲除尘器中较长滤袋，直径一般是 152mm；短的滤袋，直径一般为（   ）（确定该规格的起因是布匹的宽幅）。

    A. 120mm 或 130mm　　　　　　B. 110mm 或 130mm

    C. 110mm 或 120mm　　　　　　D. 100mm 或 130mm

(32) 对于高温、含湿、含油、粉尘较细的烟气，先采用喷粉或喂粉的方式对滤袋进行人工喂涂，使滤袋表面建立良好的粉尘初层，阻力（   ）Pa 达到时才投入运行。

    A. 100～400　　B. 200～300　　C. 200～400　　D. 300～400

(33) 某袋式除尘器净化含尘气体，处理风量为 254000m³/h，总过滤面积为 3920m²，除尘器分 10 个过滤仓室并联工作，当其中一个仓室需要隔离检修时（离线检修），此时除尘器运行的过滤风速是多少？（   ）

    A. 1.20m/min　B. 1.20m/s　　C. 1.08m/min　D. 1.08m/s

(34) 下面关于袋式除尘器的滤料，不正确的是（   ）。

    A. 表面光滑的滤料容尘量小、除尘率低

    B. 薄滤料的滤料容尘量大、除尘率高

    C. 厚滤料的滤料容尘量大、除尘率高

    D. 表面起绒的滤料容尘量大、除尘率高

(35) 工业上电除尘器倾向于采用（   ）。

    A. 正电晕电极　　　　　　　　B. 负电晕电极

    C. 直流电极　　　　　　　　　D. 正、负电晕电极均可

(36) 电除尘器中，粒径小于 0.2μm 的粒子荷电以（   ）为主。

    A. 电场荷电　　　　　　　　　B. 扩散荷电

    C. 电场电荷和扩散电荷的综合作用　D. 自动荷电

(37) 对于高温、高湿烟气的烟尘治理工艺，在选择设备时不宜采用（   ）。

　　　A. 旋风除尘器　　　　　　　　　B. 袋式除尘器

　　　C. 静电除尘器　　　　　　　　　D. 湿式除尘器

(38) 电除尘装置发生电晕闭塞现象的主要原因是（　　　）。

　　　A. 烟尘的电阻率小于 $10^4\Omega\cdot cm$

　　　B. 烟尘的电阻率大于 $10^{11}\Omega\cdot cm$

　　　C. 烟气温度太高或者太低

　　　D. 烟气含尘浓度太高

(39) 电除尘器的主要特点是（　　　）。

　　　A. 适用各种粉尘，且均具有很高的除尘效率　　B. 压力损失小

　　　C. 适合高温烟气净化　　　　　　　　　　　　D. 处理烟气量大

(40) 烟囱是指将烟雾和热气流从火炉、工业炉等燃烧炉中排入大气的装置，具有拔火拔烟，改善燃烧条件的作用。根据制作材料的不同，可分为（　　　）。

　　　A. 砖烟囱　　　　　　　　　　　　B. 钢筋混凝土烟囱

　　　C. 钢板烟囱　　　　　　　　　　　D. 铝合金烟囱

(41) 电除尘器对电晕电极的要求是：起晕电压低、电晕电流大；要有一定的机械强度和耐腐蚀性；能维持准确的极距；以及（　　　）。

　　　A. 易清灰　　　　　B. 造价低　　　　　C. 易操作　　　　　D. 低能耗

(42) 电除尘器处理较高粉尘浓度的废气时，电晕线一般采用芒刺线。含尘浓度很高时，静电除尘器电晕电流急剧下降，严重时趋于零，失去除尘效果，这称为电晕闭塞。所以电除尘器要求进口粉尘浓度小于（　　　）。

　　　A. 20g/m³　　　　B. 25g/m³　　　　C. 30g/m³　　　　D. 35g/m³

(43) 在处理水泥窑含尘气体时，用喷湿方法有利于电除尘器的操作，主要是由于（　　　）。

　　　A. 增大了比电阻　　　　　　　　　B. 改进了凝聚性能

　　　C. 改进了高比电阻粉尘的表面导电性能　　D. 增强了电阻

(44) 适合高效处理高温、高湿、易燃易爆含尘气体的除尘器是（　　　）。

　　　A. 重力沉降室　　　B. 袋式除尘器　　　C. 旋风除尘器　　　D. 湿式除尘器

(45) 处理一定流量的气体，（　　　）占用的空间体积最小。

　　　A. 重力除尘装置　　　　　　　　　B. 惯性除尘装置

　　　C. 离心力除尘装置　　　　　　　　D. 洗涤式除尘装置

(46) 木材加工厂常用的除尘器有哪几种？（　　　）

　　　A. 旋风除尘器　　　B. 湿式除尘器　　　C. 袋式除尘器　　　D. 电除尘器

(47) 能够净化易燃易爆的含尘气体的除尘装置是（　　　）。

　　　A. 袋式除尘器　　　B. 电除尘器　　　C. 旋风除尘器　　　D. 颗粒层除尘器

(48) 对于高温高湿气体不宜采用（　　　）。

　　　A. 湿式除尘器　　　B. 电除尘器　　　C. 机械式除尘器　　D. 袋式除尘器

4-2　判断题。

(1) 临界粒径是指分级效率为 50% 时的粒径。　　　　　　　　　　　　　　（　　）

(2) 分级除尘效率是指除尘器对某一粒径或粒径范围内的粉尘的除尘效率。（　　）

(3) 同一粒径的粉尘，粒径越大，休止角越大。　　　　　　　　　　　　　（　　）

(4) 粉尘的荷电性会随着温度、表面积及含水量的增加而增大。　　　　　　（　　）

(5) 水泥、熟石灰是亲水性的粉尘，所以适合用湿式除尘。　　　　　　　　（　　）

模块 5 气态污染物的净化技术

【知识目标】

（1）熟悉各种气态污染物净化方法的特点、原理和工艺。
（2）掌握各种气态污染物进化方法的应用范围和相应设备。

【技能目标】

（1）能说明各种气态污染物净化方法的原理、工艺和特点。
（2）能根据不同的气态污染物选择合适的净化方法。

【案例引入】

2×330MWCFB 锅炉循环流化床干法烟气脱硫除尘工程

（1）主要工艺原理。在循环流化床脱硫塔中，$Ca(OH)_2$ 与烟气中的 SO_2 和几乎全部的 SO_3、HCl、HF 发生化学反应，同时利用流化床高比表面积的颗粒层，可以在吸收塔中添加吸附剂和脱硝剂，达到同步脱除二噁英（PCDD/Fs）和 NO_x 等多种污染物的目的。且 SO_2 与 $Ca(OH)_2$ 发生反应时，在其空隙结构表面产生了吸附活性区域，当气态单质汞（Hg(g)）扩散到活性区域表面时就会被催化氧化，形成 Hg^{2+} 化合物，此种价态的汞化合物很不稳定，会进一步被氧化成 Hg^+ 化合物，附着于 $Ca(OH)_2$ 和飞灰颗粒表面，随烟气经除尘器被脱除。

（2）工艺流程。循环流化床干法烟气脱硫除尘工艺如图 5-1 所示。

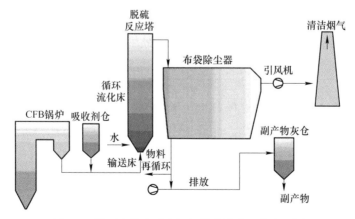

图 5-1 循环流化床干法烟气脱硫除尘工艺流程图

【任务思考】

(1) 案例中气态污染物的治理方法有哪几种？

(2) 此工艺设计的依据是什么？

【主要内容】

气态污染物的处理方法有高空稀释排放和净化处理。净化处理方法广泛采用吸收法、吸附法及催化转化法，其他的方法还有燃烧法、冷凝法、生物净化法、膜分离及电子辐射-化学净化等。气态污染物的净化可采用一种方法，也可以多种方法联合使用。

5.1　吸　收　法

5.1.1　吸收的原理

利用液体吸收剂将混合气体中的一种或多种组分有选择地吸收分离的过程称为吸收。在吸收操作中被吸收的气体称为吸收质，具有吸收作用的物质称为吸收剂，吸收操作得到的液体称为吸收液或溶液，剩余的气体称为吸收尾气。

吸收法就是利用混合气体中各组分在吸收剂中的溶解度不同或与吸收剂中的组分发生选择性化学反应，从而将有害组分从气流中分离出来。前者不发生明显的化学反应，单纯是被吸收组分溶于液体的过程，称为物理吸收，如用水吸收 HCl 等；后者发生明显的化学反应，称为化学吸收，如用氢氧化钠吸收二氧化硫。对于废气流量大、成分比较复杂、吸收组分浓度低的废气，大多采用化学吸收。吸收法是分离、净化气体混合物最重要的方法之一，被广泛用于净化含 SO_2、NO_x、HF、HCl 等的废气。

5.1.2　吸收剂

5.1.2.1　常用吸收剂

选择吸收剂是吸收操作的重要环节，常用的有水、氨水、氢氧化钠、碳酸钠溶液、石灰等。表 5-1 列出了工业上净化有害气体所用的吸收剂。

表 5-1　工业上净化有害气体所用的吸收剂

有害气体	吸收过程中所用的吸收剂
SO_2	H_2O，NH_3，$NaOH$，Na_2CO_3，$NaSO_3$，$Ca(OH)_2$，$CaCO_3/CaO$，碱性硫酸铝，MgO，ZnO，MnO
NO_x	H_2O，NH_3，$NaOH$，$NaSO_3$，$(NH_4)_2SO_3$
HF	H_2O，NH_3，Na_2CO_3
HCl	H_2O，$NaOH$，Na_2CO_3
Cl_2	$NaOH$，Na_2CO_3，$Ca(OH)_2$
H_2S	NH_3，Na_2CO_3，二乙醇胺，环丁砜
含 Pb 废气	CH_3COOH，$NaOH$
含 Hg 废气	$KMnO_4$，$NaClO$，浓 H_2SO_4，$KI\text{-}I_2$

5.1.2.2 吸收剂的选择原则

一般来说，选择吸收剂的基本原则如下所述。

（1）具有比较适宜的物理性质，如黏度小，较低的凝固点，适宜的沸点，比热容不大，不起泡等；同时还要求具有低的饱和蒸气压，以减少吸收剂的损失；要求对有害成分的溶解度要大，以提高吸收效率，减少吸收液用量和设备尺寸。

（2）具有良好的化学性质，如不易燃，热稳定性高，无毒性；同时还要求吸收剂对设备的腐蚀性小，以减少设备费用 。

（3）廉价易得，最好能就地取材，易于再生重复使用。

（4）有利于有害物质的回收利用。

一般说来，化学吸收剂易于达到较高的选择性，并可使溶质易于溶解；但再生比较困难，消耗能量较多。事实上，很难找到一个能够满足上述各项要求的理想吸收剂，只能通过对可用吸收剂的全面评价，按经济上是否合理做出选择。为此，性能优良的新吸收剂的开发，一直为人们所关注。

5.1.2.3 吸收剂的解吸

使溶解于液相中的气体释放出来的操作称为解吸（或称脱吸），其作用是回收溶质，同时再生吸收剂（恢复其吸收溶质的能力）。解吸是构成完整吸收操作的重要环节。解吸方法有以下几种。

（1）气提解吸。气提解吸法也称载气解吸法，其过程类似于逆流吸收，只是解吸时溶质由液相传递到气相。吸收液从解吸塔顶喷淋而下，载气从解吸塔底通入自下而上流动，气液两相在逆流接触的过程中，溶质将不断地由液相转移到气相。其中以空气、氮气、二氧化碳作载气，称为惰性气体气提；以水蒸气作载气，同时又兼作加热热源的解吸常称为汽提；以溶剂蒸气作为载气的解吸，也称提馏。

（2）减压解吸。对于在加压情况下获得的吸收液，可采用一次或多次减压的方法使溶质从吸收液中释放出来。溶质被解吸的程度取决于解吸操作的最终压力和温度。

（3）加热解吸。一般情况下，吸收质的溶解度随温度的升高而降低，若将吸收液的温度升高，则必然有部分溶质从液相中释放出来。

（4）加热-减压解吸。将吸收液加热升温之后再减压，加热和减压的结合，能显著提高解吸推动力和溶质被解吸的程度。

在实际中很少采用单一的解吸方法，往往是先升温再减压至常压，最后再采用气提法解吸，且多用水蒸气作为解吸剂，自下而上地通入解吸塔。待解吸的溶液则自上而下流动。两相逆流接触，可使解吸进行得相当完全。从塔底得到再生的吸收剂，从塔顶引出水蒸气和溶质。

5.1.3 吸收设备

吸收设备的主要功能在于建立最大的并能迅速更新的相接触表面，常见类型有：

（1）填料塔。填料塔是以塔内的填料作为气液两相间接触构件的传质设备。如图 5-2 所示，填料塔的塔身是一直立式圆筒，底部装有填料支承板，填料以乱堆或整砌的方式放置在支承板上。填料的上方安装填料压板，以防被上升气流吹动。液体从塔顶经液体分布器喷淋到填料上，并沿填料表面流下。气体从塔底送入，经气体分布装置（小直径塔一般不设气体分布装置）分布后，与液体呈逆流连续通过填料层的空隙，在填料表面上，气液两相密切接触进行传质。为防止气流速度较大时把吸收液带走，减少雾沫夹带，在填料塔顶部安装除沫装置。填料塔属于连续接触式气液传质设备，两相组成沿塔高连续变化，在正常操作状态下，气相为连续相，液相为分散相。

填料的种类很多，如拉西环、鲍尔环、鞍形、波纹填料等，材质主要为塑料、金属、陶瓷等。最普遍、最便宜的是陶瓷填料环，又称拉西环。填料选择的条件主要有：较大的比表面积；液体在填料表面有较好的均匀分布性能；气流在填料中能均匀分布；填料具有较大的空隙率。

填料塔直径一般不超过 800mm，空塔气速一般为 $0.3 \sim 1.5 \mathrm{m/s}$，单层填料层高度在 $3 \sim 5 \mathrm{m}$ 之下，压降通常为 $400 \sim 600 \mathrm{Pa/m}$，液气比为 $0.5 \sim 2.0$。填料

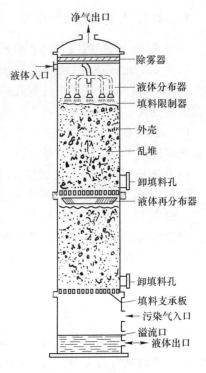

图 5-2　填料塔结构

塔的优点是吸收效果比较可靠；结构简单，制造容易；填料可用耐酸陶瓷，易解决防腐问题；压力损失小；操作弹性大，运行可靠。缺点是气速过大会形成液泛，处理能力低；填料多、重量大，检修不方便；直径大时，气液分布不均，传质效率下降，易堵塞。

（2）湍球塔。湍球塔是一种强化操作的设备，由支承板（栅板）、轻质小球、挡网、除沫器等部分组成。在支承板（栅板）上放置一定量的轻质球形填料（直径 $29 \sim 38 \mathrm{mm}$），吸收剂自塔顶喷下，湿润小球表面，气体从塔底进入，小球被吹起湍动旋转，由于气、液、固三相充分接触，小球表面液膜不断更新，增加了吸收推动力，提高了吸收效率。在上升高速气流的冲力、液体的浮力和自身重力等各种力的相互作用下，球形填料悬浮起来形成湍动旋转和相互碰撞，引起气、液的密切接触，有效地进行传质、传热和除尘作用。此外，由于小球各向无规则的运动，表面经常受到碰撞、冲洗，在一定空塔气速下，会产生自身清净作用。

该塔处理风量较大，空塔气速 $1.5 \sim 6.0 \mathrm{m/s}$，喷淋密度 $20 \sim 110 \mathrm{m^3/(m^2 \cdot h)}$，压力损失 $1500 \sim 3800 \mathrm{Pa}$，可以同时除尘、降温、吸收。湍球塔的优点是该塔制造、安装、维修较方便，可以用大小、质量不同的小球改变操作范围；气速高、处理能力大、气液分布比较均匀、结构简单且不易被堵塞。缺点是球的湍动在每段内有一定程度的返混，且本身不能承受高温，较易变形和破裂（一般 $0.5 \sim 1$ 年），需经常更换，成本高。

（3）板式塔。板式塔通常是由一个呈圆柱形的壳体，如图 5-3 所示，沿塔高按一定的间距水平设置的若干层塔板（或称塔盘）所组成。在操作时液体在重力作用下，由顶部逐板流向塔底排出，并在各层塔板的板面上形成流动的液层；气体在压力差推动下，由塔

底向上经过均布在塔板上的开孔依次穿过各层塔板由塔顶排出，气体通过塔板分散到液层中去，进行传质、传热及化学反应。

由此可见，塔板是塔内气液接触的基本构件，板式塔的类型很多，有泡罩塔、浮阀塔、筛板塔、网孔塔、旋流板塔等，主要区别在于塔内所设置的塔板结构不同，塔板上设有溢流堰，以保持约 30mm 厚度的液层，操作中合适的气液比例非常重要，气量过大，则气速过高，穿过筛孔时会以连续相通过塔板液层，形成气体短路，并增大阻力。气量过小或液流量过大，会导致液体从筛孔泄漏，降低吸收效率。筛孔孔径一般为 3~8mm，开孔率为 5%~15%，空塔气速为 10~25m/s，穿孔气速为 4.5~12.8m/s，每层塔板的压降为 800~2000Pa。与填料塔相比，板式塔空塔速度较高，处理能力大，但体积大，压降损失大，构造复杂，造价也较高。用得比较多的板式塔主要是筛板塔和旋流板塔，旋流板塔主要用于除尘脱硫、除雾中，处理效果良好。

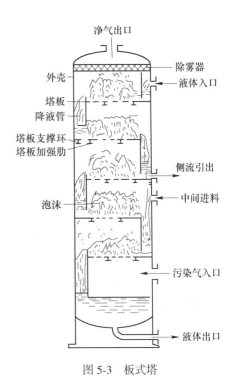

图 5-3　板式塔

（4）喷淋塔。喷淋塔是将液体喷淋成大量微细的雾滴以吸收气体的方法，也称重力喷淋塔、喷淋室或喷淋洗涤器，是气体吸收最简单的设备。

喷淋塔结构包括一个空塔和一套喷淋液体的喷嘴。一般情况下，气体由塔底进入，经气体分布系统均匀分布后向上穿过整个设备，而同时由一级或多级喷嘴喷淋液体，气体与液滴逆流接触，净化后气体除雾后由塔顶排出。塔内完全开放，除喷嘴外无其他内部设施，喷嘴是主要附件，要求喷嘴能提供细小和尺寸均匀的液滴以使喷淋塔有效运转。目前广泛用于湿法脱硫系统中。

喷淋塔的主要特点是结构简单，压力损失小，可同时除尘、降温、吸收，缺点是气液接触时间短，混合不易均匀，吸收率低；动力消耗大，喷嘴易堵塞产生雾滴，需设除雾器。

（5）文丘里吸收器。文丘里吸收器的吸收原理与湿式除尘器基本相同。其主要特点是结构简单，设备小；气速高，处理气量大，气液接触好，净化效率高，可同时除尘、降温、吸收。缺点是气液接触时间短，对于难溶气体或慢反应吸收率低；压力损失大，动力消耗多。

5.1.4 吸收设备的选择

吸收设备的选择一般可从物料性质、操作条件和对吸收设备自身要求三个方面来考虑。

（1）物料性质。对于溶解度大的气体，宜优先选用填料塔或喷淋塔；对于溶解度小的气体，只能选择鼓泡塔或填料塔，对于易起泡沫、高黏性的物料系统宜选填料塔；对于有悬浮固体、有残渣或者易结垢的物料，可选用大孔径筛板塔，对于有腐蚀性的物料宜选用填料塔，也可以选择无溢流筛板塔；对于在吸收过程中有大量的热量交换的系统，宜选用填料塔或者筛板塔。

（2）操作条件。对气量大的系统宜选用板式塔，而气相处理量小的则用填料塔；对于有化学反应的吸收过程，或者处理系统的液气比较小时，选用填料塔或板式塔比较有利；对气膜控制的吸收过程，一般应选择填料塔；对于液膜控制的吸收过程，宜选用板式塔。几种常见塔型操作参数见表 5-2。

表 5-2 几种常见塔型操作参数

塔 型	填料塔	板式塔	湍球塔	空塔（喷淋塔）
空塔气速/m·s^{-1}	0.5~2.0	2.0~3.0	2.0~5.0	1.5~4.0
液气比/L·m^{-3}	0.5~2.0	1.5~3.0	1.5~3.0	2.0~10
运行阻力/Pa	<500/m	<1200/板	<6000	<2000

（3）对吸收设备的要求。对吸收设备的一般要求是：处理废气量大，净化效率高（达到规定分离要求的塔高要低）、气液比值范围宽、操作稳定、压力损失小、结构简单，造价低，易于加工制造、安装和维修等。

5.1.5 吸收净化法工艺配置

（1）烟气除尘。燃烧烟气烟尘带入吸收塔内很可能造成堵塞，因此吸收前应考虑先除尘。

（2）烟气的预冷却。若烟气温度过高，直接进入吸收塔会使塔内液相温度升高，不利于吸收操作，应考虑先冷却，在吸收前应降温，可提高吸收效率。

（3）设备、管道的结垢和堵塞。由于烟尘中含有一定量的粉尘，吸收过程中会产生一些固体，导致喷雾孔等的结垢和堵塞。解决方法：工艺操作上，控制水分蒸发量，控制溶液 pH，严格控制进入吸收系统的粉尘量等；设备选择上，选择不易结垢和堵塞的吸收器，减少吸收器内部构件，增加其内部的光滑度；操作上提高流体的流动性和冲击性。

（4）吸收操作。吸收操作是提高吸收效果的关键。气液接触方式有顺流、逆流和错流。操作方式：一次吸收和循环吸收；一个吸收塔内分为一段吸收和多段吸收；并联吸收和串联吸收等。

（5）除雾。洗涤器内易生成"水雾""酸雾"或"碱雾"，对烟囱造成腐蚀，产生结垢，排入环境造成污染，因此处理后烟气经过除雾器（折流式、旋风、丝网和电）除雾之后再排放。

（6）气体的再加热。高温烟气净化后，温度下降很多，直接排入大气，使热力抬升作用减少、扩散能力降低，容易造成局部污染。另一方面，在一定的气象条件下，会出现"白烟"现象。因此在有条件的情况下应尽量升高吸收尾气的排放温度，以增加废气的热力抬升高度，有利于污染物在大气中的扩散。

（7）吸收液的后处理。吸收气态污染物产生富液，直接排放，浪费资源，造成环境污染，需要经过物理分离、化学反应等方法处理恢复原有的吸收能力，加工成副产品回收。

5.2 吸 附 法

利用某些多孔固体有选择地吸附流体中的一个或几个组分，从而使混合物分离的方法称为吸附操作，它是分离和纯净气体和液体混合物的重要单元操作之一。气体吸附是用多孔固体吸附剂将气体（或液体）混合物中一种或数种组分浓集于固体表面，而与其他组分分离的过程。被吸附到固体表面的物质称为吸附质，能够附着吸附质的物质称为吸附剂。

吸附过程能够有效脱除一般方法难以分离的低浓度有害物质，具有净化效率高、可回收有用组分、设备简单、易实现自动化控制等优点；但吸附容量较小、设备体积大。其主要特点有：

(1) 常用于低浓度、毒性大的有害气体的净化，但处理气量不宜过大。

(2) 对有机溶剂蒸气具有较高的净化效率。

(3) 当处理的气体量较小时，用吸附法灵活方便，如防毒面具。

可以用吸附法净化的气态污染物有低浓度的 SO_2 烟气、NO_x、H_2S、含氟废气、酸雾、含铅及含汞废气、恶臭、沥青烟及碳氢化合物等。

5.2.1 吸附过程

5.2.1.1 吸附类型

根据吸附剂表面与被吸附物质之间作用力的不同，吸附可分为物理吸附和化学吸附。

(1) 物理吸附。物理吸附是由于分子间范德华力引起的，它可以是单层吸附，也可是多层吸附。物理吸附的特征有：1) 吸附质与吸附剂间不发生化学反应；2) 吸附过程极快，参与吸附的各相间常常瞬间即达平衡；3) 吸附为放热反应。

吸附剂与吸附质间的吸附力不强，当气体中吸附质分压降低或温度升高时，被吸附的气体易于从固体表面逸出，而不改变气体原来的性质。工业上的吸附操作正是利用这种可逆性进行吸附剂的再生及吸附质的回收。

(2) 化学吸附。化学吸附是由吸附剂与吸附质间的化学键作用力而引起的，是单层吸附，吸附需要一定的活化能。化学吸附的吸附力较强，主要特征有：1) 吸附有很强的选择性；2) 吸附速率较慢，达到吸附平衡需相当长时间；3) 升高温度可提高吸附速率。

应当指出，同一污染物可能在较低温度下发生物理吸附，而在较高温度下发生化学吸附，即物理吸附发生在化学吸附之前，当吸附剂逐渐具备足够高的活化能后，就发生化学吸附。两种吸附可能同时发生。

5.2.1.2 吸附平衡

吸附过程是一种可逆过程，在吸附质被吸附的同时，部分已被吸附的物质由于分子的热运动而脱离固体表面回到气相中。当吸附速度与脱附速度相等时就达到了吸附平衡，此时被吸附物质的量不再增加，可以认为吸附剂失去了吸附能力。为使吸附剂恢复吸附能力，必须使吸附质从吸附剂上解脱下来，这种过程称为吸附剂的再生。吸附法净化气态污染物应包括吸附及吸附剂再生的全部过程。

5.2.1.3　吸附量

在一定条件下单位质量吸附剂上所吸附的吸附质的量称为吸附量，用"kg(吸附质)／kg(吸附剂)"来表示，也可以用质量分数表示。它是衡量吸附剂吸附能力的重要物理量，因此在工业上被称为吸附剂的活性。

吸附剂的活性有静活性和动活性两种表示。吸附剂的静活性是指在一定条件下，达到平衡时吸附剂的平衡吸附量。吸附剂的动活性是指在一定的操作条件下，吸附一段时间后，从吸附剂层流出的气体中开始出现吸附质的吸附量。

5.2.1.4　影响气体吸附的因素

影响气体吸附的因素很多，主要有操作条件、吸附剂和吸附质的性质、吸附质的浓度等。

（1）操作条件的影响。操作条件主要是指温度、压力、气体流速等。对物理吸附而言，低温对吸附有利，而对化学吸附过程，高温对吸附有利，从理论上讲，增加压力对吸附有利，但压力过高不仅增加能耗，而且在操作方面要求更高，在实际工作中一般不提倡。当气体流速过大时，气体分子与吸附剂接触时间短，对吸附不利，若气体流速过小，处理气体的量相应变小，又会使设备增大。因此气体流速要控制在一定的范围之内，固定床吸附器的气体流速一般控制在 $0.2 \sim 0.6 \mathrm{m}^3/\mathrm{s}$ 范围内。

（2）吸附剂性质的影响。衡量吸附剂吸附能力的一个重要概念是"有效表面积"，即吸附质分子能够进入的表面积，被吸附气体的总量随吸附剂表面积的增加而增加。吸附剂的孔隙率、孔径、颗粒度等均影响比表面积的大小。

（3）吸附质性质的影响。除吸附质分子的临界直径外，吸附质的相对分子质量、沸点和饱和性等也对吸附量有影响，如用同一种活性炭吸附结构类似的有机物时，其相对分子质量越大、沸点越高，吸附量就越大，而对于结构和相对分子质量都相近的有机物，其不饱和性越高，则越易被吸附。

（4）吸附质浓度的影响。吸附质在气相中的浓度越大，吸附量也就越大，但浓度大必然使吸附剂很快饱和，再生频繁，因此吸附法不宜净化污染物浓度高的气体。

5.2.2　吸附剂

5.2.2.1　工业用吸附剂应具备的条件

一般吸附剂都是极其疏松的固体颗粒，具有巨大的内表面，要求吸附剂具有较大的吸附量；吸附剂应对不同的气体分子具有很强的选择性吸附，以便达到分离净化污染气体的目的；具有足够的机械强度，具有良好的再生特性和耐磨能力，并具有良好的热稳定性和化学稳定性，再生效果的好坏，往往是吸附技术使用的关键；原料来源广泛，制取工艺简单，价格低廉，适合于排放量大的废气净化的需要，且便于回收吸附物质。

5.2.2.2　工业常用吸附剂

工业上常用的吸附剂有活性炭、硅胶、活性氧化铝、分子筛、沸石等。另外还有针对某种组分选择性吸附而研制的吸附材料。气体吸附分离成功与否，极大程度上依赖于吸附剂的性能，因此选择吸附剂是确定吸附操作的首要问题。

（1）活性炭。活性炭是一种具有非极性表面、疏水性、亲有机物的吸附剂，是由煤、石油焦、木材、果壳等多种含碳物质，在低于773K温度下炭化后再用水蒸气进行活化处理得到的，可以根据需要制成不同形状和粒度，如粉末活性炭、颗粒状活性炭及柱状活性炭等。具有比表面积大、吸附及脱附快，性能稳定耐腐蚀等优点，但具有可燃性，使用温度一般不超过200℃。活性炭常常被用来吸附回收空气中的有机溶剂和恶臭物质，还可以用来分离某些烃类气体，在环境保护方面，被用来处理工业废水和治理某些气态污染物。

炭分子筛是新近发展的一种孔径均一的分子筛型新品种，具有良好的选择吸附能力。活性炭纤维是一种较新型的高效吸附剂，用较细的活性炭微粒与各种纤维素、人造丝、纸浆等混合制成的各种形态的纤维状活性炭，微孔范围在 0.5~1.4nm，比表面积大，对各种无机和有机气体、水溶液中的有机物、重金属离子等具有较大的吸附量和较快的吸附速率。其吸附能力比一般的活性炭高 1~10 倍，特别是对一些恶臭物质的吸附量，比颗粒活性炭要高出 40 倍左右，活性炭纤维目前主要用于气相吸附。

（2）硅胶。硅胶是一种坚硬的无定形链状和网状结构的硅酸聚合物颗粒，其分子式为 $SiO_2 \cdot nH_2O$。它是由硅酸钠（即水玻璃）与硫酸或盐酸，或酸性溶液反应生成硅酸凝胶再经洗涤、干燥、烘焙而成的。硅胶是亲水性的极性吸附剂，它吸附的水分量可达自身质量的 50%，吸湿后吸附能力下降，因此常用于含湿量较高气体的干燥脱水、烃类气体回收，以及吸附干燥后的有害废气。在工业上，硅胶多用于高湿气体的干燥或从废气中回收极为有用的烃类气体，也可作为催化剂的载体。

（3）活性氧化铝。活性氧化铝是将铝矾土（水合氧化铝）在严格控制的升温条件下，加热脱水形成的多孔结构物质。它是一种极性吸附剂，无毒，对多数气体和蒸气是稳定的，浸入水中或液体中不会溶胀或破碎，具有良好的机械强度，其比表面积为 150~350m^2/g，宜在 473~523K 下再生。循环使用后，其物化性能变化小，因其极性较强，易于吸附极性分子，吸水能力很强，所以常用做高湿气体的脱湿和干燥，它对有些无机物也具有较好的吸附作用，故常用于石油气的浓缩、脱硫、脱氢以及含氟废气的净化。

（4）沸石分子筛。沸石分子筛常简称为分子筛，是一种人工合成的沸石，具有许多直径均匀的微孔和排列整齐的空穴，是具有多孔骨架结构的硅铝酸盐结晶体，属于离子型吸附剂。其主要优点如下：具有很高的吸附选择性，对极性分子，尤其是水具有较强的亲和力，对一些极性分子在较高的温度和较低的分压条件下，仍有很强的吸附能力；具有较强的吸附能力，即使在气体组分含量很低时，分子筛仍有较强的吸附能力；因其孔径大小整齐均匀，能有选择性地吸附直径小于某个尺寸的分子，而硅胶、活性炭等，其孔径大小极不一致，因而没有明显的选择性，通常污染物分子较小的选用分子筛，分子较大应选用活性炭或硅胶，对无机污染物宜用活性氧化铝或硅胶，对有机蒸气或非极性分子则用活性炭；热稳定性和化学稳定性高。沸石分子筛被广泛用于废气治理中的脱硫、脱氮、含汞蒸气净化及其他有害气体的吸附。

（5）吸附树脂。吸附树脂一般为交联共聚物，如聚苯乙烯、聚丙烯酯和聚丙烯酰胺类的高聚物，这些大孔吸附树脂，有带功能团的，也有不带功能团的，从非极性的到强极性的有很多种类，大孔吸附树脂除了目前价格较贵以外，比起活性炭来，它的物理化学性能较稳定，品种较多，能用于废气、废水处理、维生素的分离及过氧化氢的精制等。

5.2.2.3　吸附剂的再生

吸附饱和的吸附剂，必须进行脱附再生。再生，就是在吸附剂本身结构不发生或极少发生变化的情况下，用各种方法清除被吸附的物质，恢复吸附剂的吸附能力，以便重新转入吸附操作，脱附再生的方法一般有以下几种。

（1）加热解吸再生。吸附剂的吸附容量在等压下随温度升高而降低，通过升高吸附剂温度，使吸附物脱附，吸附剂得到再生。几乎各种吸附剂都可用加热解吸再生法恢复吸附能力。吸附作用越强，脱附需加热的温度越高。加热方式有过热水蒸气法、烟道气法、电加热和微波加热法等。

（2）降压或真空解吸再生。由于吸附容量在恒温下随压力降低而减少，可采用加压吸附，减压或真空下脱附，对一定的吸附剂而言，压力变化越大，吸附质脱附得越完全。

（3）置换再生。选择合适的气体（脱附剂），将吸附质置换与吹脱出来。该法较适合用于对温度敏感的物质。

（4）溶剂萃取。溶剂萃取法再生是选择合适的溶剂，使吸附质在该溶剂中的溶解性能远大于吸附剂对吸附质的吸附作用，从而将吸附质溶解下来。

（5）化学氧化再生。向床层中通入某种物质使其与被吸附物质发生化学反应，生成不易被吸附物质而解吸下来。化学氧化再生的具体方法很多，可分为湿式氧化法、电解氧化法及臭氧氧化法等。

（6）生物再生法。生物再生法是利用适合的微生物将被吸附的有机物氧化分解。

在生产实际中，上述几种再生方法可以单独使用，也可几种方法同时使用，如沸石分子筛吸附水分后，可用加热和吹氮气的办法再生；活性炭吸附有机蒸汽后，可用通入高温水蒸气再生，也可用加热和抽真空的方法再生。

5.2.3　吸附设备及工艺流程

5.2.3.1　吸附设备

常用的吸附设备主要有固定床吸附设备、移动床吸附设备、流化床吸附设备，其中固定床结构简单，操作方便，使用历史长，应用最广。

（1）固定床吸附设备。固定床吸附器由固定的吸附剂床层、气体进出管道和脱附介质分布管等部分组成。按照吸附器矗立的方式，可将固定床吸附器分为立式、卧式两种；按照吸附器的形状可将其分为方形、圆形两种。固定床吸附器的特点是结构简单，价格低廉，特别适合于小型、分散、间歇性污染源排放气体的净化。缺点是间歇操作，为保证操作正常运行，在设计流程时应根据其特点，设计多台吸附器互相切换使用。

图 5-4 所示是方形立式吸附器示意图，吸附剂床层高度在 $0.5 \sim 2.0\mathrm{m}$ 的范围内，吸附剂填充在栅板上，为了防止吸附剂漏到栅板的下面，在栅板上放置两层不锈钢网，使吸附剂再生的常用方法是从栅板的下进气通入床层，为了防止吸附剂颗粒被带出，在床层上方

用钢丝网覆盖，在处理腐蚀性流体混合物时可采用由耐火砖和陶瓷等防腐蚀材料制成的具有内衬的吸附器立式固定床。吸附器主要适合于小气量高浓度的情况。卧式吸附器如图5-5所示，其壳体为圆柱形，封头为椭圆形，一般用不锈钢或碳钢制成。吸附剂床层高度为0.5~1.0m。卧式吸附器适合处理气量大、浓度低的气体，但吸附剂床层横截面积大，易产生气流分配不均匀现象。

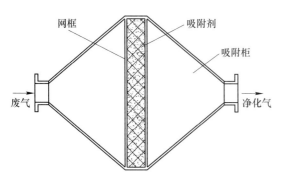

图5-4　方形立式吸附器

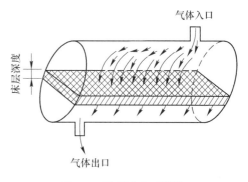

图5-5　圆形卧式吸附器

（2）移动床吸附器。在移动床吸附器内固体吸附剂在吸附床层中不断移动，固体吸附剂自上向下移动，而气体则由下向上流动，形成逆流操作。

移动床吸附器结构如图5-6所示，经脱附后的吸附剂从设备顶部进入冷却器，温度降低后，经分配板进入吸附段，借重力作用不断下降，通过整个吸附器。需净化的气体，从上面第二段分配板下面引出，自下而上通过吸附段，与吸附剂逆流式接触，易吸附的组分全被吸附，净化后的气体从顶部引出。吸附剂下降到汽提段时，由底部上来的脱附气（即易吸附组分），与其接触，进一步吸附，并将难吸附气体置换出来，使吸附剂上的组分更纯，最后进入脱附器，在这里用加热法使被吸附组分脱附出来，吸附剂得到再生，脱附后的吸附剂用气力输送到塔顶，进入下一个循环操作。由此可见，吸附剂在下降过程中，经历了冷却、降温、吸附、增浓、汽提、再生等阶段，在同一装置内交错完成了吸附、脱附过程。

移动床吸附器吸附过程实现连续化，通用于稳定、连续、量大的气体净化，吸附剂用量少，仅为固定床的4%，但动力和热量消耗较大，要

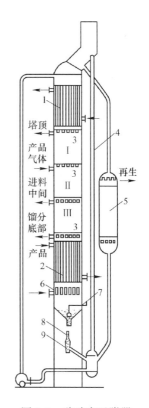

图5-6　移动床吸附器

1—冷却器；2—吸附器；3—分配板；
4—提升管；5—再生器；6—吸附剂控制机械；
7—料面控制器；8—封闭装置；9—出料阀门

选择合适的解吸剂，吸附剂磨损严重。

（3）流化床吸附器。按照流化体系的不同，流化床吸附器分为气固、流固和气液固三相流化床。在流化床吸附器中，吸附层内的固体吸附剂呈悬浮、沸腾状态。图 5-7 所示是典型的气固流化床吸附器，它由带有溢流装置的多层吸附器和移动式脱附器组成。在脱附器的底部直接用蒸汽对吸附器进行脱附和干燥，吸附和脱附过程在单独的设备中分别进行。

废气从进气管以一定的速度进入锥体，气体通过筛板向上流动，将吸附剂吹起，在吸附段完成吸附过程，吸附后的气体进入扩大段，由于气流速度降低，固体吸附剂又回到吸附段，而净化后的气体从出口管排出。

由于流化床操作过程中，气体和吸附剂混合非常均匀，床层中没有浓度梯度，因此，当使用一个床层不能达到净化要求时，可以使用多床层来实现。

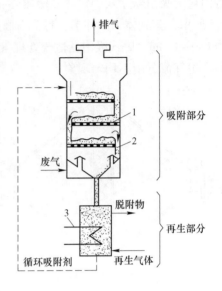

图 5-7　流化床吸附器
1—塔板；2—溢流堰；3—加热器

流化床吸附器的优点：由于流体与固体的强烈搅动，大大强化了传质系数；由于采用小颗粒吸附剂，并处于运动状态，从而提高了界面的传质速率，适用于净化大气量的污染废气；传质速率提高，使吸附床的体积减小；强烈的搅拌和混合，使床层温度分布均匀；固体和气体同处于流动状态，可使吸附与再生工艺过程连续化操作。缺点是动力和热量消耗大，物料返混及吸附剂磨损严重，吸附剂强度要求高。

（4）吸附器的选用。

1）气体污染物连续排出时应采用连续式或半连续式的吸附流程，可选用移动床吸附器或流化床吸附器；间断排出时采用间歇式吸附流程，可选用固定床吸附器。2）固定床吸附器可用于各种场合，特别适合于小型、分散、间歇性的污染源治理。3）排气连续且气量大时，可采用流化床或移动床吸附器，排气连续但气量较小时，则可考虑使用旋转床吸附器。4）处理的废气流中含有粉尘时，应先用除尘器除去粉尘。5）根据流动阻力、吸附剂利用率酌情选用不同形式的吸附器。6）处理的废气流中含有水滴或水雾时，应先用除雾器除去水滴或水雾。对气体中水蒸气含量的要求随吸附系统的不同而不同，当用活性炭吸附有机物分子时，气体中相对湿度可较大；当用分子筛吸附有害气体时，气体中水蒸气越少越好。

5.2.3.2　吸附工艺的流程

吸附工艺流程主要有间歇式、半连续式和连续式流程三种形式，可根据生产过程中的需要进行选择。

（1）间歇式流程。一般由单个吸附器组成，如图 5-8 所示。适用于废气排放量较小、污染物浓度较低、间歇式排放废气的净化。当排气间歇时间大于吸附剂再生所需要的时间时，可在原吸附器内进行吸附剂再生；当排气间歇时间小于再生所需要的时间时，可将吸附器内的吸附剂更换，对失效吸附剂集中再生。

（2）半连续式流程。该流程是应用最普遍的一种吸附流程，可用于净化间歇排放气也可以用于连续排放气的净化。流程可由两台或三台吸附器并联组成，如图 5-9 所示。在用两台吸附器并联时，其中一台进行吸附操作，另一台则进行再生操作，适用于再生周期小于吸附周期的情形。当再生周期大于吸附周期时，则需要三台吸附器并联使用，其中一台进行吸附，一台进行再生，而第三台则进行冷却或其他操作，以备使用。

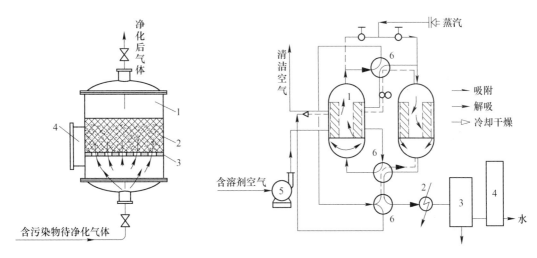

图 5-8　间歇式流程

1—固定床吸附器；2—吸附剂；
3—气流分布板；4—人孔

图 5-9　半连续式流程

1—吸附塔；2—冷却器；3—分离器；
4—废水处理装置；5—风机；6—换向阀

（3）连续式流程。当废气是连续性排放时，应使用连续式流程，如图 5-10 所示。该流程一般由连续性操作的流化床吸附器和移动床吸附器等组成，其特点是吸附与吸附剂的再生同时进行。

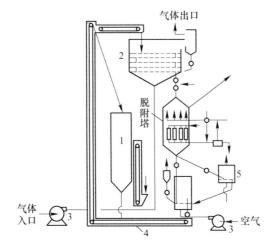

图 5-10　连续式流程

1—料斗；2—流化床吸附器；3—风机；4—皮带传送机；5—再生塔

5.3　催化转化法

催化转化法就是借助催化剂的催化作用，将废气中的有害物质转化为无害或易于处理与回收利用物质的方法。在催化剂作用下，废气中有害物质被氧化为无害物质或更易处理的物质的方法称为催化氧化法，利用甲烷、氨、氢气等还原性气体将废气中有害物质还原为无害物质的方法称为催化还原法。能够利用催化转化法净化的气态污染物有 SO_2、NO_x、CO 等，特别适用于汽车排放废气中 CO、碳氢化合物及 NO_x 的净化。

催化转化法对不同浓度的污染物都有较高的转化率，无需使污染物与主流气体分离，避免了其他方法可能产生的二次污染，并使操作过程简化，但催化剂较贵，且污染气体预热需消耗一定能量。

5.3.1　催化剂及其性能

催化剂是能够改变化学反应速度，而本身的化学性质在化学反应前后不发生变化的物质。

5.3.1.1　催化剂组成

工业用固体催化剂中，主要包含活性物质、助催化剂和载体。

（1）活性物质是催化剂组成中对改变化学反应速度起作用的组分，活性物质也可以作催化剂单独使用，如将 SO_2 氧化为 SO_3 时所用的 V_2O_5 催化剂。

（2）助催化剂本身无活性，但具有提高活性组分活性的作用，如将 SO_2 氧化为 SO_3 时，在所用的 V_2O_5 催化剂中加入 K_2SO_4，可以显著增强 V_2O_5 的催化活性。

（3）载体是承载活性组分和助催化剂的物质。助催化剂和活性组分都附于载体上，制成球状、柱状、网状、片状、蜂窝状等。载体的作用是提高活性组分的分散度，使催化剂具有合适形状与粒度，从而有大的比表面积，提高催化活性、节约活性组分用量，并有传热、稀释和增强机械强度作用，可延长催化剂使用寿命，常用的载体材料有硅藻土、硅胶、活性炭、分子筛以及某些金属氧化物（如氧化铝、氧化镁等）多孔性惰性材料，如图 5-11 所示。

5.3.1.2　催化剂的性能

催化剂的性能主要包括活性、选择性、稳定性等。

（1）催化剂的活性。活性是衡量催化剂催化性能大小的标准。工业催化剂的活性常用在一定条件下单位体积或单位质量的催化剂在单位时间内所得的产品的产量来表示。

实验室里，通常采用催化剂的比活性来表示。比活性是催化剂单位面积上所呈现的催化活性。

（2）催化剂的选择性。如果化学反应可以同时向几个平行方向发生，催化剂只对其中某一个反应起加速作用的性能为催化剂的选择性。一般可用原料通过催化剂的床层后，得到的目标产物量与参与反应的原料量的比值来表示。

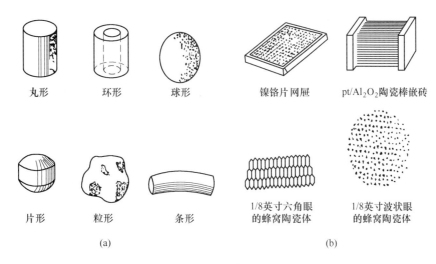

图 5-11　不同形状催化剂示意图

（a）颗粒催化剂；（b）催化剂模屉

（3）催化剂的稳定性。催化剂在化学反应过程中保持活性的能力称为催化剂的稳定性，包括热稳定性、机械稳定性和抗毒性。通常用使用寿命来表示。

影响催化剂性能的因素主要有催化剂的老化和中毒两个方面。老化是指催化剂在正常工作条件下逐渐失去活性的过程。一般来说，温度越高，老化速度就越快。中毒是指反应物料中少量的杂质使催化剂活性迅速下降的现象，致使催化剂中毒的物质称为催化剂的毒物。中毒分为暂时性中毒和永久性中毒。前者用通水蒸气等简单方法可以恢复其活性，后者则不能，催化剂中毒的原因是由于活性表面被破坏或其活性中心被其他物质所占据，导致催化剂的活性和选择性迅速下降。易使催化剂中毒的毒物有 HCN、CO、H_2S、S、As、Hg、Pb 等，如 0.16% 的砷可以使铂的活性降低 50%；0.01% 的氰氢酸可以使镍的活性完全丧失，因此在选择催化剂时要考虑其抗毒性。

5.3.1.3　催化剂的选择

通常对催化剂的要求是：具有极高的净化效率，使用过程中不产生二次污染；具有较高的机械强度；具有较高的耐热性和热稳定性；抗毒性强，具有尽可能长的寿命；化学稳定性好、选择性高。

一般来说，贵金属催化剂的活性较高，选择性高，不易中毒，但价格昂贵。非贵金属催化剂的活性较低，有一定的选择性，价格便宜，但易中毒，热稳定性也差。在大气污染控制中，目前使用较多的是铂、钯等贵金属，其次是含锰、铜、铬、钴、镍等的金属氧化物，以及稀土元素，目前在延长使用寿命及提高活性等方面的研究有了一定的进展，有的已投入使用。

5.3.2　催化反应器设备

催化反应器分固定床和流化床反应器两大类。目前，主要采用中小型固定床反应器，且多为间歇式操作，而大型设备多为连续式流化床反应器。

　　固定床反应器的优点是反应速率较快；催化剂用量少；操作方便（流体停留时间可以严格控制，温度分布可以适当调节）；催化剂不易磨损；其缺点是催化剂层的温度不均匀，当床层较厚或气体穿过速度较高时，动力消耗大，不能采用细粒催化剂，以免被气流带走，催化剂更换或再生也不方便。

　　固定床反应器的类型有绝热式、管式等，绝热式反应器是不与外界进行热交换的反应器，可分为单段式和多段式。

　　（1）单段绝热催化反应器。单段绝热催化反应器的外形一般呈圆筒形，如图 5-12 所示，催化剂均匀堆置形成床层，气体由上部进入，均匀通过催化剂床层并进行反应，整个反应器与外界无热量交换。该反应器结构简单，造价低，反应空间利用率高，但床层内温度分布不均匀，适用于气体中污染物浓度低，反应热效应小，反应温度波动范围宽的情况。在催化燃烧、净化汽车排放气以及喷漆、电缆等行业中，控制有机溶剂污染大多采用。

　　（2）多段绝热式反应器。多段绝热式反应器实际上可看作是串联起来的单段绝热反应器，如图 5-13 所示，在各段的催化剂床层中间可设置热交换器，废气由反应器底部进入，依次通过催化剂床层或热交换器，最后反应后的气体从顶部排出。多段绝热式反应器把催化剂分成数层，热量由两个相邻床层之间引出（或加入），避免了床层热量的积累，使得每段床层的温度保持在一定的范围内，并具有较高的反应速率，这种反应器适用于中等热效应的反应。

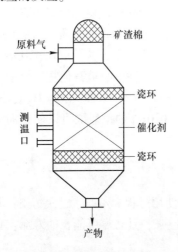

图 5-12　单段绝热反应器

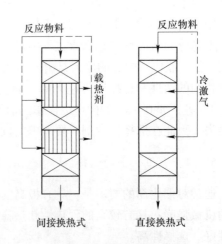

图 5-13　多段绝热反应器

　　（3）管式反应器。管式反应器的结构与管式换热器相似，根据催化剂填装的部位不同分为多管式和列管式。在多管式反应器中，催化剂装填在管内，载热体或冷却剂在管外流动；在列管反应器中，催化剂装在管间，载热体或冷却剂由管内通过。根据换热介质的不同，将管式固定床反应器分为外换热式和自换热式。外换热式是以热水或烟道气为换热介质；自换热式是以原料气为换热介质。

　　与多管式反应器相比，列管式反应器催化剂装载量大，生产能力强，传热面积大，传热效果好，但在管间装填催化剂不方便。催化剂使用寿命长，要求换热条件好时可以使用管式反应器。

（4）径向固定床反应器。径向反应器是一种新型的气固相固定床催化反应器。如图 5-14 所示，其中废气由反应器顶部进入，在反应器内沿径向穿过催化剂。径向反应器气流流程短，阻力小，动力消耗少，还可以使用细颗粒催化剂，有利于提高净化效率。

气固催化器选择原则为：根据反应热的大小、反应温度的敏感程度、催化剂的活性温度范围选择；反应器的气流压力损失要尽量小；反应器应易于操作、安全可靠，并力求结构简单，造价低廉，运行与维护费用低。

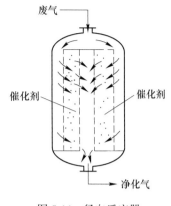

图 5-14 径向反应器

5.4 燃 烧 法

燃烧法是对含有可燃性有害组分的混合气体进行氧化燃烧或高温分解使有害成分转化为无害物或易于进一步处理和回收的物质的方法。燃烧法现已广泛用于石油工业、喷漆等主要含有碳氢化合物废气的净化，还可以用于净化 CO、恶臭、沥青烟等可燃有害组分及其他有害气体、溶剂、工业废气等产生的有机废气。

燃烧法的工艺简单，操作方便，净化效率高，可回收热能，但处理可燃组分含量较低的废气时，需预热耗能。

燃烧法分为直接燃烧、热力燃烧和催化燃烧。

5.4.1 直接燃烧

直接燃烧也称为直接火焰燃烧，是把废气中可燃的有害组分当作燃料直接燃烧，从而达到净化的目的。该方法只适用于净化可燃有害组分浓度较高或燃烧热值较高的气体。如果可燃性组分的浓度高于燃烧上限，可以混入适量空气进行燃烧，如果可燃组分的浓度低于燃烧下限，可以加入一定量的辅助燃料维持燃烧。

浓度较高的废气可采用窑炉等设备进行直接燃烧，甚至可以通过一定装置将废气导入锅炉进行燃烧，也常采用火炬。在石油和化学工业中，主要是"火炬"燃烧，它是将废气直接通入烟囱，在烟囱末端进行燃烧，其优点是安全简单、成本低；缺点是产生大量烟尘造成二次污染，不能回收热能造成热辐射。在实际操作中尽量减少火炬燃烧。

直接燃烧的特点：不需要预热，燃烧温度在 1100℃左右，可烧掉废气中的炭粒，燃烧完全的最终产物是 CO_2、H_2O 和 N_2 等，燃烧状态是在高温下滞留短时间的有火焰燃烧，能回收热能，适用于净化可燃有害组分浓度较高或燃烧热值较高的气体。

5.4.2 热力燃烧

热力燃烧是利用辅助燃料燃烧放出的热量将混合气体加热到要求的温度，使可燃有害组分在高温下分解成为无害物质，以达到净化的目的。热力燃烧经常用来处理可燃物含量低、不能维持燃烧的气体，热力燃烧所使用的燃料一般为天然气、煤气、油等，适用于处理连续、稳定生产工艺产生的有机废气。

热力燃烧过程可分为三个步骤：首先是辅助燃料燃烧，其作用是提供热量，以便对废气进行预热；然后是废气与高温燃气混合并使其达到反应温度；最后是废气中可燃组分被氧化分解，在反应温度下充分燃烧。

热力燃烧可以在专用的燃烧装置中进行，也可以在普通的燃烧炉中进行。进行热力燃烧的专用装置称为热力燃烧炉。热力燃烧炉的主体结构包括燃烧器和燃烧室两部分，燃烧器的作用是使辅助燃料燃烧生成高温燃气；燃烧室的作用是使高温燃气与废气湍流混合达到反应所需的温度，并使废气在其中的停留时间达到要求。热力燃烧炉又分为配焰燃烧炉和离焰燃烧炉两类。图 5-15 是配焰燃烧炉示意图，它是将燃烧分配成许多小火焰，布点成线，废气被分成许多小股，并与火焰充分接触，这样可以使废气与高温燃气迅速达到完全的湍流混合。配焰方式的最大缺点是容易造成火焰熄灭，因此，当废气中缺氧或废气中含有焦油及颗粒物等情况时不宜使用配焰燃烧炉。离焰燃烧炉是将燃烧与混合两个过程分开进行，辅助燃料在燃烧器中进行火焰燃烧，燃烧后产生的高温燃气在炉内与废气混合并达到反应温度，如图 5-16 所示。离焰燃烧器的特点是可用废气助燃，也可以用空气助燃，对于氧含量低于 16% 的废气依然适用；对燃料种类的适应性强，既可用气体燃料，也可用油作燃料；火焰不易熄灭，且可以根据需要调节火焰的大小。

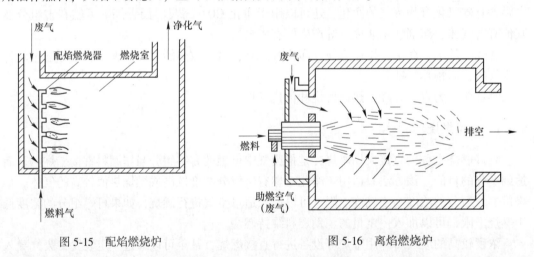

图 5-15　配焰燃烧炉　　　　　　　　图 5-16　离焰燃烧炉

热力燃烧的特点：（1）需要进行预热，温度范围控制在 540~820℃，可以烧掉废气中的炭粒，气态污染物最终被氧化分解为 CO_2、H_2O 和 N_2 等；（2）燃烧状态是在较高温度下停留一定时间的有焰燃烧，可使用于各种气体的燃烧，能除去有机物及超细颗粒物，热力燃烧设备结构简单，占用空间小，维修费用低，缺点是操作费用高，易发生回火，燃烧不完全时产生恶臭。

5.4.3　催化燃烧

催化燃烧是指在催化剂存在的条件下，废气中可燃组分能在较低的温度进行燃烧。目前，催化燃烧法已应用于金属印刷、绝缘材料、漆包线、炼焦、油漆、化工等多种行业中有机废气的净化，催化燃烧法的最终产物为 CO_2 和 H_2O，无法回收废气中原有的组分，因此操作过程中能耗大小及热量回收的程度将决定催化燃烧法的应用价值。

催化燃烧特点是：（1）需要预热，温度控制在 200~400℃，为无火焰燃烧，安全性好；（2）燃烧温度低，辅助燃料消耗少；（3）对可燃性组分的浓度和热值限制较小，但组分中不能含有尘粒、雾滴和易使催化剂中毒的气体。催化燃烧的主要缺点是催化剂的费用高。

催化燃烧的主体设备是一装有固体催化剂的反应器，它具有换热结构，废气通过已达起燃温度的催化床层，迅速发生氧化反应，催化燃烧是催化净化法应用的一个方面。催化燃烧可以适用于几乎所有的含烃类有机废气及恶臭气体的治理，也就是说它适用于浓度范围广、成分复杂的有机化工、家电等众多行业，基本上不会造成二次污染。

5.5 冷 凝 法

冷凝法是利用废气中各混合成分在不同温度下具有不同的饱和蒸气压的性质，采用降低系统的温度或者提高系统的压力，使处于蒸汽状态的污染物冷凝并从废气中分离出来的过程。通常用于有机废气的净化，还可以作为吸附、燃烧等净化高浓度废气时的预处理。可用冷凝法在不太低的温度下，将有价值的、沸点较高的物质先回收下来，然后再采用其他手段加以净化，达到排放标准。

根据所使用的设备不同，可将冷凝流程分为直接冷凝（见图 5-17）和间接冷凝（见图 5-18），直接冷凝采用接触冷凝器，间接冷凝采用表面冷凝器。

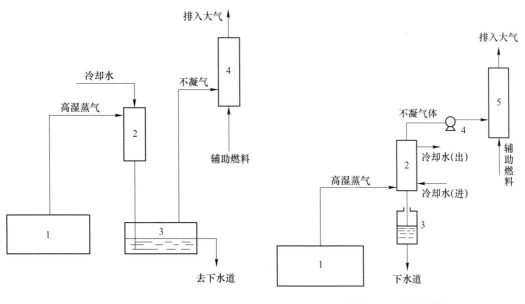

图 5-17　直接冷凝法
1—反应槽；2—接触器；
3—气液分离器；4—燃烧器

图 5-18　间接冷凝法
1—反应槽；2—间接换热器；3—储液槽；
4—风机；5—燃烧器

接触冷凝器是将冷却介质与废气直接接触进行热量交换的设备，如喷淋塔、填料塔、板式塔等。冷却介质不仅可以降低废气温度，还可以使废气中的有害组分溶解。使用这类冷却设备冷却效果好，但冷凝物质不易回收，易造成二次污染，必须对冷凝液进一步处理。

表面冷凝器将冷却介质与废气分隔开，通过间壁进行热量交换，使废气冷却，如列管式冷凝器、喷淋式蛇管冷凝器等，可回收被冷凝组分，但冷却效率差。

冷凝法的特点：适宜净化高浓度废气，特别是有害组分单纯的废气；可以作为燃烧与吸附的预处理；可用来净化含有大量水蒸气的高温废气；所需设备和操作条件比较简单，回收物质纯度高；但用来净化低浓度废气时，需要将废气冷却到很低的温度，成本较高。

5.6　膜 分 离 法

膜分离法是使含气态污染物的废气在一定的压力梯度下透过特定的薄膜，利用不同气体透过薄膜的速度不同，将气态污染物分离除去的方法。选择不同结构的膜就可以分离不同的气态污染物，这就是气态污染物的膜分离法。

膜法的主要特点是无相变，能耗低，装置规模根据处理量的要求可大可小，而且设备简单，操作方便安全，启动快，运行可靠性高，不污染环境，投资少，用途广等优点。

5.7　电子束照射法

电子束照射法是借助直流高压电源和电子束加速管进行，两者之间用高压电缆连接，在高真空下，由加速管端部的灯丝发射出热电子，高压静电场的作用使热电子加速到任意能级，为了扩大高速电子束的有效照射空间，调节 x、y 方向的磁场作用，并使电子束通过照射窗进入反应器内，使废气中的 SO_2 和 NO_x 等强烈氧化。

电子束照射法主要用于硫氧化物、氮氧化物的净化，利用电子束干法脱硫、氮氧化物的工艺由废气冷却、加氨、电子束照射及粉体捕集等工序组成。温度约为 150℃ 的排放气体冷却到 70℃ 左右，根据气体中 SO_2 及 NO_x 的浓度确定加入微量的氨，然后将含有害物质的混合气体送入反应器，经电子束照射，废气中的 SO_2 及 NO_x 受电子束强烈氧化作用，在极短时间内被氧化成硫酸和硝酸，这些酸与其周围的氨反应成硫酸铵和硝酸铵的微细粉粒，经捕集器回收成为农肥，净化气体经烟囱排入大气，利用该法可同时去除废气中的硫氧化物和氮氧化物，脱硫效率达 90% 以上，而氮氧化物净化效率达 80% 以上，但到目前为止，尚无工业化装置处于运行之中。

5.8　生物净化法

生物法作为一种新型的气态污染物的净化工艺在国外已得到越来越广泛的研究与应用。在德国、荷兰、美国及日本等国的脱臭及近几年有机废气的净化实践中有许多成功采用生物法的实例。与传统的物理化学净化方法相比，生物法具有投资运行费用低，较少二次污染等优点。与废水生物处理工艺相似，生物净化气态污染物过程也同样是利用微生物的生命活动将废气中的污染物转化为二氧化碳、水和细胞物质等，但与废水生物处理的重大区别在于：气态污染物首先要经历由气相转移到液相或固相表面液膜中的传质过程，然后才能在液相或固相表面被微生物吸收降解，与废水的生物处理一样，气态污染物的生物净化过程也是人类对自然过程的强化与工程控制。

目前已大量得到应用的是生物过滤器，生物滴滤器则是目前研究的热点之一。目前生物法的应用已从脱臭等领域向 VOCs 类物质净化方面拓展。

 练习题

5-1 选择题。

(1) 选择气态污染物的吸收设备须遵循以下原则（ 　 ）。
　　A. 气液比值可在较大幅度内调节　　　　B. 处理废气的能量大
　　C. 操作费用低　　　　　　　　　　　　D. 气液相之间有较大的接触面积，气液湍动程度高

(2) 用冷凝法净化有机废气时，通过（ 　 ）措施可以提高净化效果。
　　A. 降低温度　　　B. 降低气体速度　　　C. 提高温度　　　D. 降低压力

(3) 应用吸附法净化有机废气时，以下哪些说法是选用活性炭作为吸附剂的理由？（ 　 ）
　　A. 活性炭是一种极性较强的吸附剂，可以回收有用的溶剂
　　B. 孔穴丰富，吸附容量大
　　C. 具有良好的可再生性能
　　D. 原材料来源广泛，不用考虑再生

(4) 采用填料塔净化低浓度酸性气体，下述哪一措施不能够提高净化效率？（ 　 ）
　　A. 增大喷淋量　　　　　　　　　　　　B. 增加填料层高度
　　C. 降低吸收液 pH　　　　　　　　　　 D. 选择比表面积更大的填料

(5) 吸附是指（ 　 ）附着集中于固体表面的作用，一般的吸附剂都能发生这种作用。
　　A. 液体　　　　　B. 气体　　　　　　　C. 固体　　　　　D. 超临界物质

(6) 用吸收法净化气态污染物时，下列哪种论述是正确的？（ 　 ）
　　A. 苯酚选用稀硫酸作吸附剂
　　B. 有机酸和硫醇选用水作为吸收剂
　　C. 吸收剂的用量与吸收质浓度有关
　　D. 吸收剂应挥发性低、黏度高

(7) 用吸附法净化气体时，关于吸附器类型和操作，下列哪种说法是错误的？（ 　 ）
　　A. 固定床吸附器一般进行间歇操作
　　B. 吸附器仅有固定床式和流化床式两类
　　C. 固定床吸附操作可以是半连续式的
　　D. 固定床吸附器可通过增加吸附床数目来提高吸附效率

(8) 用活性炭吸附器净化排气中有机废气时，在哪些情况下应对排气进行预处理？（ 　 ）
　　A. 排气带水　　　B. 排气含尘　　　　　C. 排气温度 60℃　　D. 排气含氧

(9) 在以下关于气体吸附过程的论述中，错误的是（ 　 ）。
　　A. 对于化学吸附而言，因为其吸附热较大，所以降低温度往往有利于吸附
　　B. 增大气相主体的压力，从而增加了吸附质的分压，对气体吸附有利
　　C. 流经吸附床的气流速度过大，对气体吸附不利
　　D. 当用同一种吸附剂（如活性炭）时，对于结构类似的有机物，其分子量越大，沸点越高，被吸附的越多

(10) 催化转化法去除大气污染物时，影响床层阻力的关键因素是（ 　 ）。

　　A. 催化剂密度和孔隙率　　　　　　　　B. 催化剂的粒径和床层截面积

　　C. 催化剂的比表面和床层高度　　　　　D. 催化剂的平均直径和密度

(11) 适合用清水吸收的是 (　　　)。

　　A. NH_3　　　　　　B. HCl　　　　　　　C. NO_x　　　　　　D. CO

(12) 沸石分子筛具有很高的吸附选择性是因为 (　　　)。

　　A. 具有许多孔均一的微孔　　　　　　　B. 是强极性吸附剂

　　C. 化学稳定高　　　　　　　　　　　　D. 热稳定性高

(13) 特别适宜净化大气量污染废气的吸附器是 (　　　)。

　　A. 固定床吸附器　　　B. 移动床吸附器　　　C. 流化床吸附器

(14) 易使催化剂中毒的气体物质是 (　　　)。

　　A. H_2S　　　　　　B. SO_2　　　　　　C. NO_x　　　　　　D. Pb

(15) 工业上用来衡量催化剂生产能力大小的性能指标是 (　　　)。

　　A. 催化剂的活性　　　B. 催化剂的比活性　　C. 催化剂的选择性　　D. 催化剂的稳定性

(16) 不能使用催化转化净化法的气态污染物是 (　　　)。

　　A. SO_2、碳氢化合物　　　　　　　　　B. NO_x、碳氢化合物

　　C. CO、碳氢化合物　　　　　　　　　　D. HF、碳氢化合物

(17) 用催化转化净化锅炉尾气时由于其污染物浓度较低, 使用下列哪种设备就可以满足要求? (　　　)

　　A. 单段绝热反应器　　B. 多段绝热反应器　　C. 列管反应器

(18) 净化气态污染物最常用最基本的方法是 (　　　)。

　　A. 吸附法　　　　　　B. 燃烧法　　　　　　C. 吸收法　　　　　　D. 催化转化法

模块 6 典型气态污染物的净化技术

【知识目标】

（1）熟悉烟气脱硫、脱硝常用的净化方法、工艺。
（2）熟悉 VOCs 常用的净化方法。
（3）熟悉汽车尾气、含氟废气、汞蒸气等其他废气的净化方法。

【技能目标】

（1）能利用脱硫技术对含 SO_2 废气进行净化。
（2）能利用脱硝技术对含 NO_x 废气进行净化。
（3）能利用脱氟技术对含氟废气进行净化。
（4）能说明对于挥发性有机废气常用的净化技术和工艺。
（5）能说明汽车尾气、Hg 废气等其他废气的净化方法。

【案例引入】

什么是大气污染新粒子?
工厂汽车等排出的气态污染物转变成的固体颗粒物

很多人认为，工厂和汽车尾气排放是造成 PM2.5 颗粒物污染的主要原因之一，这其实是由人类活动或者自然活动所带来的大气颗粒物直接排放，在研究者的"术语"中被称为"一次排放"。除了"一次排放"，空气中还时常发生着颗粒物的"二次形成"。

"二次形成"是指排放的气态污染物转变成固体颗粒物的过程。人类活动排放的大量气态污染物如二氧化硫（SO_2）、氮氧化物（NO_x）、氨气（NH_3）、挥发性有机污染物（VOCs）等，在大气中被氧化产生硫酸盐、硝酸盐、铵盐和二次有机气溶胶（SOA）。这些新生成的细颗粒物是大气中 PM2.5 的重要来源。

"全球范围内，二次颗粒物贡献率在 20%～80% 之间，在我国中东部地区常常高达 60%，在成霾时往往二次颗粒物所占比例更高。"2014 年中科院发布的《2014 科学发展报告》指出。

——摘自新京报 2018 年 7 月 29 日《复旦学者发现大气污染新粒子成因》

【任务思考】

（1）结合案例谈谈气态污染物的危害。
（2）总结典型气态污染物的治理技术。

【主要内容】

6.1　烟 气 脱 硫

烟气脱硫（FGD）是工业行业大规模应用的、有效的脱硫方法。按照脱硫剂的形态，脱硫技术可分为湿法、半干法和干法三种，按照烟气脱硫后的生成物是否回收，脱硫技术分为抛弃法和回收法，根据净化原理分为吸收法、吸附法和催化转化法。

6.1.1　湿法烟气脱硫

湿法烟气脱硫是目前广泛采用的方法之一，它是利用碱性吸收液或含触媒粒子的溶液吸收烟气中的 SO_2。由于是气液反应，脱硫反应速率快、效率高、脱硫剂利用率高，但系统存在堵塞以及脱硫后的烟气温度低于酸露点，易产生腐蚀问题。湿法的流程和设备相对比较复杂，所需费用也较高。为了避免二次污染，必须对污水进行处理，运行成本也较高。

目前正在发展及应用的主要湿法脱硫技术有石灰石/石灰-石膏法、钠碱吸收法、双碱法、氨吸收法、氧化镁吸收法、海水脱硫技术等。

6.1.1.1　石灰石/石灰-石膏法

石灰石/石灰-石膏法是采用石灰石或石灰浆液脱除烟气中的 SO_2 的方法，该方法开发较早，工艺成熟，吸收剂廉价易得，脱硫效率高（有的装置 $w(Ca)/w(S)=1$ 时，脱硫效率大于 90%），应用最广泛。

A　反应原理

石灰石/石灰-石膏法湿法烟气脱硫（limestone-lime/gypsum wet FGD），是用经水消化的石灰或磨细的石灰石粉配制的浆液在吸收塔内洗涤烟气，吸收烟气中的硫氧化物生成亚硫酸钙，并氧化为硫酸钙（石膏）的脱硫工艺。

吸收过程（在吸收塔内进行）：

$$CaCO_3 + SO_2 + \frac{1}{2}H_2O \longrightarrow CaSO_3 \cdot \frac{1}{2}H_2O + CO_2$$

$$Ca(OH)_2 + SO_2 \longrightarrow CaSO_3 \cdot \frac{1}{2}H_2O + \frac{1}{2}H_2O$$

$$CaSO_3 \cdot \frac{1}{2}H_2O + SO_2 + \frac{1}{2}H_2O \longrightarrow Ca(HSO_3)_2$$

氧化过程：

$$2CaSO_3 \cdot \frac{1}{2}H_2O + O_2 + 3H_2O \longrightarrow 2CaSO_4 \cdot 2H_2O$$

$$Ca(HSO_3)_2 + O_2 + 2H_2O \longrightarrow CaSO_4 \cdot 2H_2O + H_2SO_4$$

B　工艺流程和设备

石灰石/石灰-石膏法脱硫装置主要由吸收剂制备系统、烟气吸收及氧化系统、脱硫副产物处理系统、脱硫废水处理系统、烟气系统、自控和在线监测系统等组成。工艺流程如图 6-1 所示。

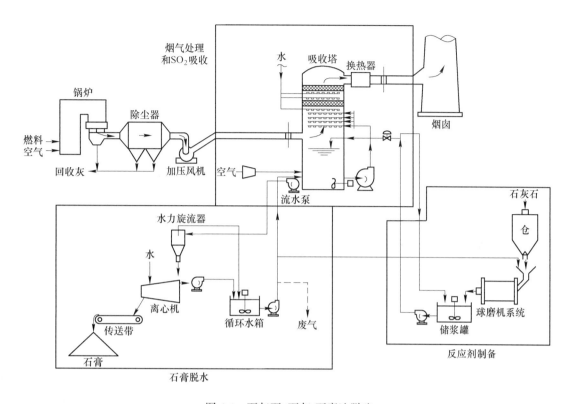

图 6-1 石灰石/石灰-石膏法脱硫

烟气经除尘、冷却后进入吸收塔，与喷入的石灰石/石灰浆液逆流接触，脱硫后的烟气经除雾、再加热后排放。吸收塔内排出的吸收液流入循环槽，加入新鲜的石灰石或者石灰浆液进行再生。脱硫副产物称为脱水石膏。

（1）吸收剂制备系统。吸收剂可以采用石灰石，也可以采用生石灰，要求生石灰粉纯度高于 85%。在资源落实的条件下，一般优选石灰石。

（2）烟气吸收及氧化系统。该系统主要由吸收塔、喷淋系统、除雾系统、氧化风系统、旁路系统等组成。

吸收塔是脱硫装置的核心设备，现普遍采用的集冷却、再除尘、吸收和氧化为一体的新型吸收塔。常见的有喷淋空塔、填料塔、双回路塔和喷射鼓泡塔。喷淋塔是石灰/石灰石-石膏法工艺的主流塔型，按其功能可分为喷淋区、除雾区和氧化区。喷淋吸收区高度为 5~15m，接触时间约为 2~5s，区内设有 3~6 个喷淋层，每个喷淋层装有多个雾化喷嘴，交叉布置。锅炉烟气经电除尘器和引风机后，从喷淋区下部进入吸收塔，与均匀喷出的吸收浆液逆流接触。氧化区的功能是接受和储存脱硫剂，溶解石灰石，鼓风将 $CaSO_3$ 氧化成 $CaSO_4$，并结晶生成石膏。吸收剂浆液制备系统将所需浓度的石灰浆液送入吸收塔底部的反应槽，与塔内未反应完全的吸收液及部分石膏混合，用再循环泵送至吸收塔上部喷嘴，喷入塔内进行脱硫反应。循环的吸收剂一般在槽内停留时间为 4~8min，烟气再加热装置是使洗涤冷却后的烟气加热到 80~100℃以上，再经过脱硫风机送入烟囱排入大气。加热的目的是防止烟气下沉。旁路系统的作用是在锅炉启动过程或脱硫系统出现故障时，引风机出口烟气经旁路烟道直接进入烟囱。

（3）石膏制备系统。来自吸收塔浓度约为 40%~60% 的石膏浆，经泵进入水力旋流器浓缩，然后通过脱水机脱水成为含水低于 10% 的石膏粉状晶粒子，再经过皮带运输机存入石膏仓库。

（4）污水处理系统。一般来说，脱硫污水的 pH 为 4~6，悬浮物含量为 9000~12700mg/L，并含有汞、铜、铅、镍、锌等重金属及砷、氟等非金属。处理的方法是先向污水中加入石灰乳，将 pH 调为 6~7，去除部分重金属和氟化物。继续加入石灰乳、有机硫和絮凝剂，将 pH 调至 8~9，使重金属生成氢氧化物和硫化物沉淀。

C　影响因素

（1）浆液的 pH。浆液的 pH 是影响脱硫效率的重要因素。一方面，浆液的 pH 影响吸收过程，pH 高，传质系数增高，SO_2 的吸收速度加快；pH 低，SO_2 的吸收速度就下降，pH 下降到 4 以下时，则几乎不能吸收 SO_2。另一方面，pH 影响石灰石/石灰的溶解度，用石灰石吸收 SO_2，pH 较高时，$CaSO_3$ 溶解度很小，而 $CaSO_4$ 溶解度则变化不大，随着 SO_2 的吸收，溶液 pH 降低，溶液中溶有较多的 $CaSO_3$，在石灰石粒子表面形成一层液膜，液膜内部的石灰石的溶解使 pH 上升，这样石灰石粒子表面被液膜内表面析出的 $CaSO_3$ 所覆盖，使粒子表面钝化，因此浆液的 pH 应控制适当。一般情况下，石灰石系统控制 pH 范围为 5~7，石灰系统的最佳 pH 为 8。

（2）吸收温度。吸收温度低，有利于吸收，但温度过低，会使 H_2SO_4 和 $CaCO_3$ 或 $Ca(OH)_2$ 之间的反应速度降低，一般控制烟气的温度为 50~60℃。

（3）石灰石的粒度。石灰石的粒度直接影响其溶解速度，减少石灰石粒度，可以加快其溶解速度，同时增大与 SO_2 的接触面积，有利于脱硫。一般石灰石粒度为 200~300 目。

（4）浆液浓度。浆液浓度的选择应控制合适，因为过高的浆液浓度易产生堵塞、磨损和结垢，但浆液浓度较低时，脱硫率较低且 pH 不易控制。石灰浆液浓度一般为 10%~15%。石灰石浆液浓度为 30%。

（5）氧化方式。在烟气脱硫过程中，根据不同的要求，可以采用自然氧化和强制氧化。自然氧化是利用烟气中的残余氧将液相中的亚硫酸根和亚硫酸氢根氧化生成硫酸根，氧化率一般小于 15%。强制氧化是向氧化槽中鼓入空气，几乎将所有的 SO_3 和 HSO_3^- 氧化生成 $CaSO_4 \cdot 2H_2O$，该产品经处理后可以作为商业石膏出售。

（6）防止结垢。脱硫系统的结垢和堵塞是湿法工艺中最常见的问题。造成结垢堵塞的固体沉积，主要以三种方式出现，即因溶液或浆液中的水分蒸发而使固体沉积；$Ca(OH)_2$ 或 $CaCO_3$ 沉积或结晶析出；$CaSO_3$ 被氧化成 CaO，从溶液中结晶析出。其中后者是导致脱硫塔发生结垢的主要原因，特别是硫酸钙结垢坚硬，一旦结垢难以去除，影响到所有与脱硫液接触的阀门、水泵、控制仪器和管道等。为防止固体沉积，特别是防止 $CaSO_4$ 的结垢，除使吸收器应满足持液量大，气液相间相对速度高，有较大的气液接触表面积，内部构件少，压力减小等条件外，还可采用控制吸收液过饱和、使用添加剂等方法。控制吸收液过饱和的最好方法是在吸收液中加入二水硫酸钙晶种或亚硫酸钙晶种，提供足够的沉积表面，使溶解盐优先沉积在上面，减少固体物向设备表面的沉积和增长。向吸收液中加入添加剂也是防止设备结垢的有效方法，常用的添加剂有己二酸、乙二胺四乙酸、硫酸镁和单质硫等。

　　在实际应用中，可以在浆液循环回路的任何位置加入乙二酸，一般情况下 1t 石灰石加入为 1~5kg 乙二酸。

6.1.1.2　双碱法

　　双碱法是为了克服石灰石石灰/石灰石-石膏法容易结垢的弱点和提高 SO_2 的去除率发展起来的。即采用钠基脱硫剂（NaOH、Na_2SO_3 等）吸收 SO_2，然后用石灰或石灰石再生吸收 SO_2 后的吸收液，将 SO_2 以亚硫酸钙或硫酸钙形式沉淀析出，得到较纯的石膏，再生后溶液返回吸收系统循环使用，工艺流程如图 6-2 所示。钠基脱硫剂碱性强，吸收二氧化硫后反应产物溶解度大，不会造成过饱和结晶及结垢堵塞问题。

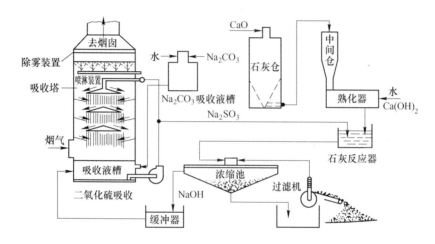

图 6-2　双碱法工艺流程

吸收反应：

$$Na_2CO_3 + SO_2 \longrightarrow Na_2SO_3 + CO_2 \uparrow$$

$$2NaOH + SO_2 \longrightarrow Na_2SO_3 + H_2O$$

$$Na_2SO_3 + SO_2 + H_2O \longrightarrow 2NaHSO_3$$

再生反应：

$$Ca(OH)_2 + Na_2SO_3 \longrightarrow 2NaOH + CaSO_3$$

$$Ca(OH)_2 + 2NaHSO_3 \longrightarrow Na_2SO_3 + CaSO_3 \cdot \frac{1}{2}H_2O + \frac{3}{2}H_2O$$

氧化过程：

$$CaSO_3 + \frac{1}{2}O_2 \longrightarrow CaSO_4$$

$$CaSO_3 + \frac{1}{2}H_2O + \frac{1}{2}O_2 \longrightarrow CaSO_4 + \frac{1}{2}H_2O$$

　　与石灰石或石灰湿法脱硫工艺相比，双碱法原则上有以下优点：用 NaOH 脱硫，循环水基本上是 NaOH 的水溶液，在循环过程中对水泵、管道、设备均无腐蚀与堵塞现象，便于设备运行与保养；吸收剂的再生和脱硫渣的沉淀发生在塔外，这样避免了塔内堵塞和磨损，提高了运行的可靠性，降低了操作费用；同时可以用高效的板式塔或填料塔代替空塔，使系统更紧凑，且可提高脱硫效率；钠基吸收液吸收 SO_2 速度快，故可用较小的液气比，达到较高的脱硫效率，一般在 90% 以上；对脱硫除尘一体化技术而言，可提高石灰的利用率。缺点是：$NaSO_3$ 氧化副反应产物 Na_2SO_4 较难再生，需不断的补充 $NaOH$ 或 Na_2CO_3 而增加碱的消耗量。另外，Na_2SO_4 的存在也将降低石膏的质量。

6.1.1.3　钠碱吸收法

钠碱法就是用 $NaOH$ 或 $NaCO_3$ 水溶液吸收废气中的 SO_2 后，不用石灰（石灰石）再生，直接将吸收液处理成副产品。该法具有吸收速度快，不存在堵塞、结垢问题等优点，根据钠碱液的循环使用与否分为循环钠碱法和亚硫酸钠法。

（1）循环钠碱法。循环钠碱法又称威尔曼洛德（Wellman Lord）法，采用 $NaOH$ 或 Na_2CO_3 作为初始吸收剂，在低温下吸收烟气中的 SO_2。反应方程式为：

$$2Na_2CO_3 + SO_2 + H_2O \longrightarrow 2NaHCO_3 + Na_2SO_3$$
$$2NaHCO_3 + SO_2 \longrightarrow Na_2SO_3 + H_2O + 2CO_2$$
$$2NaOH + SO_2 \longrightarrow Na_2SO_3 + H_2O$$
$$Na_2SO_3 + SO_2 + H_2 \longrightarrow 2NaHSO_3$$

随着 Na_2SO_3 逐渐转变成 $NaHSO_3$，溶液的 pH 将逐渐下降，当吸收液中的 pH 降低到一定程度时，溶液的吸收能力降低，这时将吸收 SO_2 后含有 $NaHSO_3$ 的吸收液送入解吸系统，加热使 $NaHSO_3$ 分解，获得固体 Na_2SO_3 和高浓度的 SO_2，反应方程式为：

$$2NaHSO_3 \longrightarrow Na_2SO_3 + SO_2 \uparrow + H_2O$$

在 Na_2SO_3 和 $NaHSO_3$ 混合溶液中，由于 Na_2SO_3 的溶解度较小，可以让其结晶出来，然后将固体 Na_2SO_3 用水溶解后返回吸收系统使用。高浓度的 SO_2 可以加工成液体 SO_2，或送去制酸或生产硫黄等产品。

由于氧化副反应而生成的 Na_2SO_4 的增加，会使吸收液面上 SO_2 的平衡分压升高。从而降低吸收率。因此，当 Na_2SO_4 浓度达到 5% 时，必须排除一部分母液，同时补充部分新鲜碱液，为降低碱耗，应尽力减少氧化。

该法最大的优点是可以回收高浓度的 SO_2，适用于大流量烟气的净化，脱硫效率大于 90%。

（2）亚硫酸钠法。亚硫酸钠法是将吸收后得到的 $NaHSO_3$ 溶液用 $NaOH$ 或 Na_2CO_3 中和，使 $NaHSO_3$ 转变为 Na_2SO_3，反应方程式为：

$$NaOH + NaHSO_3 \longrightarrow Na_2SO_3 + H_2O$$
$$Na_2CO_3 + 2NaHSO_3 \longrightarrow 2Na_2SO_3 + H_2O + CO_2 \uparrow$$

当溶液温度低于 33℃ 时，结晶出 $Na_2SO_3 \cdot 7H_2O$，经过分离、干燥可得到无水硫酸钠成品。

该法具有脱硫效率高（90%~95%），工艺流程简单，操作方便，费用低等优点，主要缺点是碱消耗大，因而只适用于小流量烟气的净化。

6.1.1.4　氧化镁法

一些金属氧化物，如 MgO、ZnO、MnO_2 等，对 SO_2 都具有较好的吸附能力，将金属氧化物制成浆液洗涤气体，由于其吸收效率高，吸收液再生容易，因而常被用来净化 SO_2 废气。氧化锌法适合锌冶炼企业的烟气脱硫；氧化锰法可用无实用价值的低品位软锰矿为原料净化炼铜尾气中的 SO_2，并得副产品——电解锰；氧化镁法多用于净化电厂锅炉烟气，氧化镁法可处理大气量的烟气，具有脱硫效率高（可达90%以上），无结垢问题，可长期连续运转，并可回收硫，避免产生固体废物等特点。氧化镁法由美国化学基础公司开发，又称开米柯-氧化镁法。

A 反应原理

利用循环的 MgO 浆液与 SO_2 反应生成含结晶水的亚硫酸镁和硫酸镁，将这些生成物分离、干燥，再进行煅烧，在煅烧炉内加入少量的焦炭，亚硫酸镁和硫酸镁就分解成氧化镁和高浓度的二氧化硫。氧化镁水合后成为氢氧化镁循环使用，高浓度 SO_2 气体作为副产品加以回收利用，生产硫酸或硫黄。该方法主要包括吸收、分离干燥、分解三部分。

（1）吸收过程。

$$Mg(OH)_2 + SO_2 + 5H_2O \longrightarrow MgSO_3 \cdot 6H_2O$$

$$MgSO_3 + SO_2 + H_2O \longrightarrow Mg(HSO_3)_2$$

$$Mg(HSO_3)_2 + Mg(OH)_2 + 10H_2O \longrightarrow 2MgSO_3 \cdot 6H_2O$$

研究表明，吸收塔中过量的空气会将部分 $MgSO_3$ 氧化成 $MgSO_4$，反应方程式如下：

$$2MgSO_3 + O_2 \longrightarrow 2MgSO_4$$

$$MgO + SO_3 \longrightarrow MgSO_4$$

吸收塔中形成的硫酸镁大部分由过剩空气氧化亚硫酸镁所致，由于 $MgSO_4$ 热分解需要的温度比 $MgSO_3$ 高，因此应当限制亚硫酸盐的氧化。

（2）分离干燥。从吸收塔排出的吸收液中固体含量为10%，固液分离后进行干燥，除去结晶水，得到 $MgSO_4$、$MgSO_3$、MgO 和惰性组分（如飞灰）的混合物，由干燥过程排出的尾气需通过旋风除尘器捕集夹带的固体颗粒。

（3）分解。将干燥后的 $MgSO_3$ 和 $MgSO_4$ 煅烧，重新得到 MgO，同时放出 SO_2。

$$C + \frac{1}{2}O_2 \longrightarrow CO$$

$$MgSO_3 \longrightarrow MgO + SO_2 \uparrow$$

$$MgSO_4 + CO \longrightarrow MgO + SO_2 \uparrow + CO_2 \uparrow$$

将干燥后的 $MgSO_3$ 和 $MgSO_4$ 煅烧，重新得到 MgO，同时放出 SO_2。

煅烧炉排气中含有10%的 SO_2，经过初步净化可用来生产硫酸。在煅烧时应严格控制煅烧温度。适宜的煅烧温度为 933~1143K，当煅烧温度超过 1473K 时，会发生 MgO 烧硬或烧结现象而失去脱硫作用。

B 工艺流程及设备

图 6-3 所示为氧化镁浆液吸收法净化锅炉烟气工艺流程。锅炉燃烧排出的烟气在文氏管洗涤器内用 MgO 浆液洗涤，脱去 SO_2 后排空。吸收液用离心机将 $MgSO_3$、$MgSO_4$ 结晶分离后送干燥器中进行干燥，母液返回吸收系统。干燥后的 $MgSO_3$、$MgSO_4$ 在煅烧炉中煅烧，得到的 MgO 重新制成浆液循环使用，煅烧得到的 SO_2 送去制酸。

6.1.1.5 氨吸收法

氨吸收法烟气脱硫（flue gas desulfurization by ammonia absorption process），用氨水吸

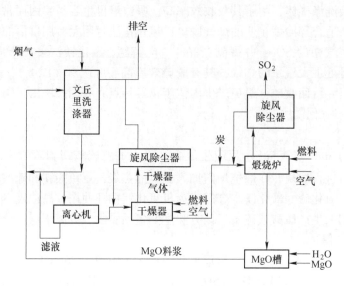

图 6-3　氧化镁法工艺流程

收 SO_2 的烟气脱硫技术主要优点是脱硫费用低，氨可留在产品内作为化肥使用。但氨易挥发，使吸收剂耗量增大。因对吸收 SO_2 后的吸收液采用不同的处理方法而形成了不同的脱硫工艺，其中以氨-硫酸铵法、氨-亚硫酸铵法和氨-酸法应用较为广。这里主要介绍氨酸法。

氨酸法具有工艺成熟、设备简单、操作方便、可副产化肥等优点。目前中国化工系统广泛应用此法处理硫酸尾气。其工艺流程如图 6-4 所示。

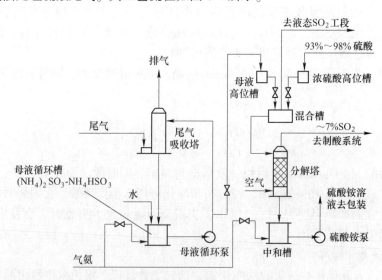

图 6-4　氨-酸法净化 SO_2 工艺流程

（1）吸收。

$$2NH_3 + SO_2 + H_2O \longrightarrow (NH_4)_2SO_3$$
$$(NH_4)_2SO_3 + SO_2 + H_2O \longrightarrow 2NH_4HSO_3$$

由于尾气中含有 O_2 和 CO_2，在吸收过程中还会发生下列副反应。

$$2(NH_4)_2SO_3 + O_2 \longrightarrow 2(NH_4)_2SO_4$$

$$2NH_4HSO_3 + O_2 \longrightarrow 2NH_4HSO_4$$
$$2NH_3 + H_2O + CO_2 \longrightarrow (NH_4)_2CO_3$$

在吸收过程中所生成的酸式盐 NH_4HSO_3 对 SO_2 不具有吸收能力，随着吸收过程的进行，吸收液中的 NH_4HSO_3 数量增多，吸收液吸收能力下降，此时需向吸收液中补充氨，使部分 NH_4HSO_3 转变为 $(NH_4)_2SO_3$，以保持吸收液的吸收能力。

$$NH_4HSO_3 + NH_3 \longrightarrow (NH_4)_2SO_3$$

（2）分解。含有亚硫酸氢铵和硫酸铵的循环吸收液，当其达到一定浓度时，可自循环系统中导出一部分，送到分解塔中用要浓硫酸进行分解，得到二氧化硫气体和硫酸铵溶液，反应如下：

$$2NH_4HSO_3 + H_2SO_4 \longrightarrow (NH_4)_2SO_4 + 2SO_2\uparrow + 2H_2O$$
$$(NH_4)_2SO_3 + H_2SO_4 \longrightarrow (NH_4)_2SO_4 + SO_2\uparrow + H_2O$$

提高硫酸浓度可加速反应的进行，因此一般采用93%~98%的硫酸进行分解，为了提高分解效率，硫酸用量应达到理论量的1.15倍，

（3）中和。分解后的过量的酸，需用氨进行中和，中和后得到的硫酸铵送去生产硫铵肥料。

$$H_2SO_4 + 2NH_3 \longrightarrow (NH_4)_2SO_4$$

氨-酸法的吸收设备可采用空塔、填料塔和泡沫塔，填料塔操作稳定，操作弹性大，即对气量波动适应性强，使用较多。泡沫塔结构简单，投资省，气液传质良好，也较多采用。

6.1.1.6 海水烟气脱硫技术

天然海水含有大量的可溶性盐，其中主要成分是氯化钠和硫酸盐及一定量的可溶性碳酸盐。海水通常呈碱性。pH 一般在 7.5~8.3 之间，海水中的可溶性盐一般都可以与其酸式盐之间相互转化，因此海洋是一个巨大的具有天然碱度的缓冲体系，依靠海水天然碱度就能使脱硫海水的 pH 得到恢复，既达到了烟气脱硫的目的，又能满足海水排放的要求。中国第一座海水脱硫工程应用在深圳西部电厂，1998 年投产运行。

A 反应原理

（1）吸收。在吸收塔内利用海水作脱硫剂对烟气进行逆向喷淋洗涤，烟气中的 SO_2 被海水吸收变为液相中的亚硫酸盐，其反应如下：

$$SO_2 + H_2O \longrightarrow H_2SO_3$$
$$H_2SO_3 \longrightarrow H^+ + HSO_3^-$$

（2）氧化。含亚硫酸盐的海水进入曝气池，在曝气池内发生氧化反应，生成硫酸盐和 H^+，但由于海水中存在大量的 HCO_3^-，它与 H^+反应生成 CO_2 和 H_2O，从而使 pH 维持正常。其反应如下：

$$2HSO_3^- + O_2 \longrightarrow 2SO_4^{2-} + 2H^+$$
$$HCO_3^- + H^+ \longrightarrow H_2CO_3 \longrightarrow CO_2\uparrow + H_2O$$

上述过程消耗的氧，通过对海水作空气曝气处理，以保证排放海水的氧含量并驱除过量的 CO_2。

B　工艺流程

按照是否向海水中加入其他化学物质，可将海水脱硫工艺流程分为两类。一类是不加任何化学物质，以 Flake-Hydro 工艺为代表，这种工艺已得到较多的应用；另一类是添加石灰和石灰石、石灰混合物，以 Bechtel 工艺为代表，这种工艺在美国已建示范工程，但未推广。

Flake-Hydro 海水脱硫主要由海水输送系统、烟气系统、SO_2 吸收系统和海水水质恢复系统组成。

（1）海水输送系统。海水通过空虹吸井的吸水池，经过加压泵将海水送入吸收塔顶部。

（2）烟气系统。锅炉排出的烟气经除尘和冷却后，从塔底送入吸收塔，吸收塔出口的清洁烟气经过加热升温至 70℃ 以上经烟囱排入大气。

（3）SO_2 吸收系统。从塔底送入吸收塔的烟气与由塔顶均匀喷洒的纯海水逆向充分接触混合，海水将烟气中 SO_2 吸收生成亚硫酸根离子。

（4）海水水质恢复系统。海水恢复系统的主体结构是曝气池，曝气池中注入大量海水（循环冷却水）和鼓入适量的压缩空气，使海水中的亚硫酸盐转化为稳定无害的硫酸盐，同时释放出 CO_2，使海水的 pH 升到 6.5 以上，达标后排入大海。Flake-Hydro 工艺适用于沿海燃用中、低硫煤的电厂，尤其是淡水资源比较匮乏的地区。

6.1.2　半干法烟气脱硫

半干法烟气脱硫（Semi-FGD）是利用高温烟气蒸发吸收液的水分，最后脱硫产物呈干态。常见方法有喷雾干燥法、炉内喷钙-炉后增湿活化法、循环流化床烟气脱硫技术、增湿灰循环脱硫技术等。

6.1.2.1　旋转喷雾干燥法

旋转喷雾干燥法是 20 世纪 80 年代迅速发展起来的一种湿-干法脱硫工艺。其脱硫过程是将碱性吸收剂的悬浮液或溶液（如石灰浆液）通过高速旋转的喷雾装置雾化成很细的液滴，在吸收塔内与烟气进行混合与反应，同时雾化后的石灰浆液受热蒸发，形成干粉状脱硫产物与气体一起排出用除尘器除去。旋转喷雾干燥法是目前市场份额仅次于湿钙法的烟气脱硫技术，其设备和操作简单，可使用碳钢作为结构材料，不存在由微量金属元素污染的废水。主要用于含硫 2.5%（质量分数）以下的煤。

旋转喷雾干燥法脱硫系统的工艺示意如图 6-5 所示，包括吸收剂制备、吸收和干燥、固体捕集以及固体废物处置四个主要过程。

（1）吸收剂制备。吸收剂溶液或浆液在现场制备。虽然石灰是常见的吸收剂，但也有多种其他吸收剂可供选用。吸收剂选择将取决于当地是否能够容易得到及价格因素。

（2）吸收和干燥。含二氧化硫烟气进入喷雾干燥器后，立即与物化的浆液混合，气相中二氧化硫迅速溶解，并与吸收剂发生化学反应。同时，烟气预热使液相水分蒸发，并将水分蒸发后的残留固体颗粒干燥。为了有效去除二氧化硫，喷雾干燥室、烟气气流分布装置和雾化器是最主要的。气流分布装置和雾化器要能够使烟气和物化的液滴充分混合，以有助于烟气与液滴间质量和热量传递。要求液滴要充分小，以便有足够的表面积，以利

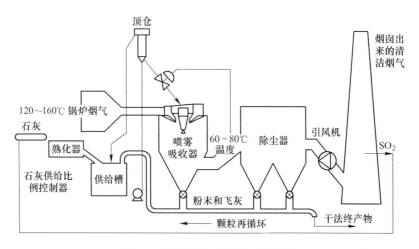

图 6-5 旋转干燥喷雾法工艺流程

于二氧化硫吸收。同时，也不宜过小，防止未充分吸收之前，液滴完全干化。经常采用的雾化器有旋转离心雾化器和两相流喷嘴两种。前者利用高速旋转盘或雾化轮产生细小雾滴，液滴大小随旋转盘直径和转速而变。旋转雾化器的结构是相当复杂的，物化器轮的耐磨性好，另外喷雾孔堵塞也是问题之一。两相流喷嘴利用高压空气把吸收液破碎成雾滴，其主要优点是没有运动部件，为避免堵塞可以采用大流量。缺点是液滴大小随进料速率而变，因而导致二氧化硫去除率改变。影响二氧化硫去除效率的工艺变量包括烟气出口温度接近绝热饱和温度的程度、吸收剂当量比以及二氧化硫入口浓度。烟气出口温度由浆液中的水含量和浆液供应速率决定。

（3）固体捕集。从喷雾干燥系统出来的最后产物是一种干燥粉末，除了由煤燃烧产生的飞灰以外，还含有硫酸钙、亚硫酸钙以及过剩的氧化钙。研究表明，袋式除尘器中取出的二氧化硫可占到二氧化硫去除率的 10%。

（4）固体废物处置。处置方法因吸收剂类型而异。对于石灰系统，当固体废物中未反应的吸收剂量小于 5% 时，固体废物是无害的，可采用与飞灰相同的处置办法；但对于钠系统，应采取谨慎措施减小废物的浸出率。

6.1.2.2 炉内喷钙-炉后增湿活化（LIFAC）脱硫技术

炉内喷钙加尾部烟气增湿活化脱硫工艺是在炉内喷钙脱硫工艺的基础发展起来的，由于在锅炉的预热器和除尘器之间加装一个活化反应器，并进行喷水增湿，脱硫效率达到 70% 以上。

将磨细到 325 目左右的石灰石粉，用气流输送方法喷射到炉膛上部温度为 900 ~ 1250℃ 的区域，$CaCO_3$ 立即分解并与烟气中的 SO_2 和少量的 SO_3 反应生成 $CaSO_4$。

$$CaCO_3 \Longrightarrow CaO + CO_2$$

$$CaO + SO_2 + \frac{1}{2}O_2 \Longrightarrow CaSO_4$$

$$CaO + SO_3 \Longrightarrow CaSO_4$$

在活化器内炉膛中未反应的 CaO 与喷入的水反应生成 $Ca(OH)_2$，SO_2 与生成 $Ca(OH)_2$

快速反应生成 $CaSO_3$，有部分被氧化成 $CaSO_4$。

$$CaO + H_2O \rightleftharpoons Ca(OH)_2$$
$$Ca(OH)_2 + SO_2 \rightleftharpoons CaCO_3 + H_2O$$
$$CaCO_3 + \frac{1}{2}O_2 \rightleftharpoons CaSO_4$$

当钙硫比控制在 $2.0 \sim 2.5$ 时，系统脱硫率可达到 $65\% \sim 80\%$。增湿水的加入使烟气温度下降，一般控制出口烟气温度高于露点温度 $10 \sim 15℃$，增湿水由于烟温加热被迅速蒸发，未反应的吸收剂、反应产物呈干燥态随烟气排出，被除尘器收集下来。

炉内喷钙-炉后增湿活化（LIFAC）脱硫技术是芬兰 IVO 公司和 Tampella 公司联合开发，在芬兰、美国、加拿大、法国等国家得到应用，采用这一脱硫技术的最大单机容量已达 30 万千瓦。我国南京下关电厂和绍兴钱清电厂从芬兰引进的 LIFAC 脱硫技术和设备目前已投入运行。LIFAC 技术具有占地小、系统简单、投资和运行费用相对较低、无废水排放等优点，脱硫率为 $60\% \sim 80\%$；适用于处理低、中硫煤；但该技术需要改动锅炉，会对锅炉的运行产生一定影响。

6.1.2.3　循环流化床烟气脱硫技术

循环流化床脱硫烟气工艺（CFB-FGD）是 20 世纪 80 年代德国鲁奇（Lurgi）公司开发的一种脱硫工艺，以循环流化床原理为基础，通过脱硫剂的多次再循环，延长脱硫剂与烟气的接触时间，大大提高了脱硫剂的利用率和脱硫效率（90%）。

烟气循环流化床脱硫工艺如图 6-6 所示，由吸收剂制备、吸收塔、脱硫灰再循环、除尘器及控制系统等部分组成。该工艺一般采用干态的消石灰粉作为吸收剂，也可采用其他对二氧化硫有吸收反应能力的干粉或浆液作为吸收剂。由锅炉排出的未经处理的烟气从吸收塔（即流化床）底部进入。吸收塔底部为一个文丘里装置，烟气流经文丘里管后速度加快，并在此与很细的吸收剂粉末互相混合，颗粒之间、气体与颗粒之间剧烈摩擦，形成流化床，在喷入均匀水雾降低烟温的条件下，吸收剂与烟气中的二氧化硫反应生成 $CaSO_3$ 和 $CaSO_4$。脱硫后携带大量固体颗粒的烟气从吸收塔顶部排出，进入再循环除尘器，被分离出来的颗粒经中间灰仓返回吸收塔，由于固体颗粒反复循环达百次之多，故吸收剂利用率较高。

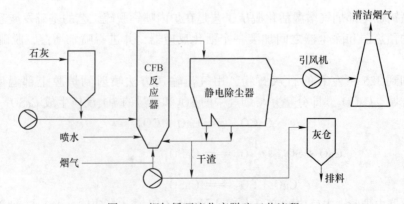

图 6-6　烟气循环流化床脱硫工艺流程

典型的烟气循环流化床脱硫工艺,当燃煤含硫量为2%左右,钙硫比不大于1.3时,脱硫率可达90%以上,排烟温度约70℃。此工艺在国外目前应用在10万~20万千瓦等级机组。由于其占地面积少,投资较省,尤其适合于老机组烟气脱硫。

6.1.3 干法烟气脱硫

干法烟气脱硫(dry-FGD)是用粉状或粒状吸附剂或催化剂来脱除废气中的SO_2。常用的干法烟气脱硫技术有活性炭吸附法、电子束辐射法、荷电干式吸收剂喷射法、金属氧化物脱硫法等。

干法烟气脱硫技术在钢铁行业中已经有应用于大型转炉和高炉的例子,对于中小型高炉该方法则不太适用。干法脱硫技术的优点是工艺过程简单,无污水、污酸处理问题,能耗低,特别是净化后烟气温度较高,有利于烟囱排气扩散,不会产生"白烟"现象,净化后的烟气不需要二次加热,腐蚀性小;其缺点是脱硫效率较低,设备庞大、投资大、占地面积大,操作技术要求高。

6.1.3.1 荷电干吸收剂喷射脱硫法

荷电干吸收剂喷射系统(CDSI)是美国阿兰柯环境资源公司(Alanco Environmental Resources Corporation)20世纪90年代的最新专利技术,它是目前中国用于电厂烟气脱硫较广的纯干法装置。

CDSI系统是通过在锅炉出口烟道内(除尘器前)的适当位置喷入携带有静电荷的干吸收剂(通常用熟石灰,即$Ca(OH)_2$),使吸收剂与烟气中的SO_2发生反应,生成$CaSO_3$及少量$CaSO_4$颗粒物质,然后被后部的除尘设备除去。

荷电干式吸收剂喷射脱硫系统包括吸收剂喷射单元、吸收剂给料单元和计算机控制单元。

吸收剂以高速流过喷射单元产生的高压静电电晕充电区,使其携带大量的静电荷(通常为负电荷)。当吸收剂从喷射单元的喷管被喷射到烟气流中时,由于吸收剂颗粒均带有同种电荷,因而相互排斥,在烟气中迅速扩散,形成均匀分布的悬浮状态。所有吸收剂颗粒的表面都充分暴露于烟气中,使其与SO_2的反应机会大大增加,从而使脱硫效率大幅度提高。

吸收剂颗粒表面的电晕还大大提高了吸收剂的活性,减少了同SO_2反应所需的气/固接触时间,一般在2s以内即可完成亚硫酸盐化反应,从而有效地提高了SO_2的去除率。

此外,荷电干式吸收剂喷射脱硫系统还有助于清除细颗粒粉尘(亚微米级PM10)。带静电荷的吸收剂粒子将细颗粒粉尘吸附在其表面,形成较大的颗粒,使烟气中粉尘的平均粒径增大,提高了相应的除尘设备对亚微米级粉尘颗粒的去除效率。

CDSI系统脱硫后的生成物为干燥的$CaSO_3$及少量$CaSO_4$,其化学性质较为稳定,难溶于水,因此,无二次污染问题。而且,脱硫生成物与粉尘混合后仍可作为建筑材料。该法投资少,占地面积小,工艺简单,但对脱硫剂中$Ca(OH)_2$的含量、粒度及含水率的要求较高;当Ca与S的物质的量之比为1.5左右时,系统脱硫效率可达60%~70%,适用于中、小型锅炉的烟气脱硫。

6.1.3.2　活性炭吸附法

采用固体吸附剂吸附净化 SO_2 是干法净化含硫废气的重要方法。目前应用最多的吸附剂是活性炭，在工业上应用已较成熟。

活性炭对烟气中 SO_2 的吸附过程中既有物理吸附又有化学吸附，当烟气中存在着氧气和水蒸气时，化学反应非常明显。因为活性炭表面对 SO_2 与 O_2 的反应有催化作用，反应结果生成 SO_3，SO_3 易溶于水而生成硫酸，从而使吸附量比纯物理吸附时增大许多。

（1）吸附。

物理吸附：

$$SO_2 \longrightarrow SO_2^*$$

$$O_2 \longrightarrow O_2^*$$

$$H_2O \longrightarrow H_2O^*$$

化学吸附：

$$2SO_2^* + O_2^* \longrightarrow 2SO_3^*$$

$$SO_3^* + H_2O \longrightarrow H_2SO_4^*$$

$$H_2SO_4^* + nH_2O \longrightarrow H_2SO_4 \cdot nH_2O$$

总反应：

$$2SO_2 + 2H_2O + O_2 \longrightarrow 2H_2SO_4$$

（2）活性炭再生。吸附 SO_2 的活性炭，由于其内、外表面覆盖了稀硫酸，活性炭吸附能力下降，因此必须对其再生。再生的方法通常有洗涤再生和加热再生两种，前者是用水洗出活性炭微孔中的硫酸，再将活性炭进行干燥；后者是对吸附有 SO_2 的活性炭加热，使炭与硫酸发生反应，使 H_2SO_4 还原为 SO_2，富集后的 SO_2 可用来生产硫酸。

该方法的优点是吸附剂价廉，再生简单，占地面积小，在脱除二氧化硫的同时又可同时脱硝、脱汞、脱除二噁英及降低粉尘污染等五位一体的功能，将会受到很多大型钢铁厂、电厂的青睐。缺点是吸附剂磨损大，产生大量的细炭粒被筛出，再加上反应中消耗掉一部分炭，因此吸附剂成分较高，所用设备庞大。

6.2　烟　气　脱　硝

煤燃烧过程中产生的氮氧化物主要是一氧化氮（NO）和二氧化氮（NO_2），这两者统称为 NO_x，此外还有少量的氧化二氮（N_2O）产生。和 SO_2 的生成机理不同，在煤燃烧过程中氮氧化物的生成量和排放量与煤燃烧方式，特别是燃烧温度和过量空气系数等燃烧条件关系密切。

国内外控制氮氧化物通常采用的方法主要包括：改革燃烧方式和生产工艺，减少氮氧化物的生成量、烟气脱硝和高烟囱扩散稀释等方法。近期内烟气脱硝仍是控制氮氧化物污染的主要方法。目前烟气脱硝技术主要有选择性催化还原技术（SCR）、选择性非催化还原技术（SNCR）、固体吸附/再生技术和高能辐射化学技术等。

6.2.1 选择性催化还原法

催化还原法是在催化剂作用下，利用还原剂将氮氧化物还原为氮气。依据还原剂是否与 O_2 发生反应，将催化还原法分为选择性催化还原法和非选择性催化还原法。非选择性催化还原法是在一定的温度下，在 Pt、Pd 等贵金属催化剂的作用下，废气中的 NO_2 和 NO 被还原剂（H_2、CO、CH_4 等）还原为 N_2，同时还原剂还与废气中的 O_2 发生反应生成 H_2O 和 CO_2 并放出大量的热，该法还原剂使用量大，需要贵金属作催化剂，还需要热回收装置，投资大，运行费用高，脱硝效率一般小于40%。

选择性催化还原法（selective catalytic reduction，SCR）通常用 NH_3 作为还原剂，在铂或非重金属催化剂的作用下，较低温度时，NH_3 有选择地将废气中的 NO_x 还原为 N_2，而基本上不与氧发生反应，从而避免了非选择性催化还原法的一些技术问题，不仅使用的催化剂易得，选择余地大，而且还原剂的起燃温度低，床温低，从而有利于延长催化剂寿命和降低反应器对材料的要求。选择性催化还原法主要用于硝酸生产、硝化过程、金属表面的硝酸处理、催化剂制造等非燃烧过程产生的 NO_x 废气，目前也有用于净化燃烧烟气中的 NO_x 的实例，脱硝效率大于40%。

A 反应原理

在温度较低时，在反应器中 NH_3 与废气中的 NO_2 和 NO 在催化剂的作用下发生反应，反应式如下：

$$4NH_3 + 6NO \longrightarrow 5N_2 + 6H_2O$$
$$8NH_3 + 6NO_2 \longrightarrow 7N_2 + 12H_2O$$

选择合适的催化剂，可以降低副反应 $4NH_3 + 3O_2 \longrightarrow 2H_2 + 6H_2O$ 的速率。在一般的选择性催化还原工艺中，反应温度常控制在300℃以下，因为温度超过350℃，会发生下列副反应。

$$2NH_3 \longrightarrow N_2 + 3H_2$$
$$4NH_3 + 5O_2 \longrightarrow 4NO + 6H_2O$$

B 工艺流程

选择性催化还原法在硝酸尾气治理中得到了较多的应用。硝酸的生产工艺不同，其净化工艺也不完全相同。综合法硝酸尾气的净化系统一般设在透平膨胀机后，工艺流程如图6-7所示。硝酸尾气首先进入热交换器与反应后的热净化气进行热交换，升温后再与燃烧

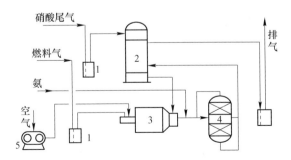

图6-7 综合法硝酸尾气净化工艺流程

1—水封；2—热交换器；3—燃烧炉；4—反应器；5—罗茨鼓风机

炉产生的高温烟气混合升温到反应温度，进入反应器。在反应器中，当含有 NO_x 的废气通过催化剂层时，与喷入的 NH_3 发生反应，反应后的热净化气预热尾气后经过水封排空。

a 催化剂

以 NH_3 为还原剂还原 NO_x 的过程较易进行，可以使用 Cu、Cr、Fe、V、Mn 等金属的氧化物或盐类作催化剂代替贵金属催化剂，国内几种 NO_x 催化剂性能见表 6-1。

表 6-1 几种常用的 NO_x 催化剂及性能

催化剂型号	75014	8209	81084	8013
催化剂成分	$25\%Cu_2Cr_2O_5$	$10\% \ Cu_2Cr_2O_5$	钒锰催化剂	铜盐催化剂
反应温度/℃	250~350	230~330	190~250	190~230
进气温度/℃	220~240	210~220	160~190	160~180
空速/h^{-1}	5000	10000~14000	5000	10000
转化率/%	≥90	≈95	≥95	≥95

b 影响因素

（1）催化剂。不同的催化剂由于活性不同，反应温度及净化效率也不同。

（2）反应温度。采用铜-铬催化剂在 350℃ 以下时，随着反应温度的升高，氮氧化物的转化率增大，超过 350℃ 后温度再升高时，副反应会增加，这时一部分氨转变成一氧化氮。

用铂作催化剂时，温度控制在 225~255℃ 之间。温度过高，会发生 NO 的副反应；而温度低于 220℃ 后，尾气中将出现较多的氨，说明还原反应进行不完全，在此情况下可能生成大量的硝酸铵和有爆炸危险的亚硝酸铵，严重时会使管道堵塞。

（3）空速。只有适宜的空速才能既经济又可获得较高的净化效率，空速过大，反应不充分；空速过小，设备不能充分利用。

（4）还原剂用量。还原剂用量的大小一般用 NH_3 与 NO_x 物质的量的比值来衡量，该值小于 1 时，反应不完全；该值大于 1.4 时，对转化率无明显影响，此时由于不参加反应的氨量增加，同样会造成大气污染，同时增加了氨耗，在生产上一般控制在 1.4~1.5。

6.2.2 液体吸收法

液体吸收法是用水或酸、碱、盐的水溶液来吸收废气中的氮氧化物，使废气得以净化的方法。按吸收剂的种类可分为水吸收法、酸吸收法、碱吸收法、氧化-吸收法、吸收-还原法及液相配合法等。由于吸收剂种类较多，来源广，适应性强，可因地制宜，综合利用，因此吸收法为中小型企业广泛使用。

6.2.2.1 碱溶液吸收法

碱溶液吸收法的优点是能回收硝酸盐和亚硝酸盐产品，具有一定的经济效益，工艺流程和设备也比较简单。缺点是在一般情况下吸收效率不高。

A 净化原理

用碱溶液（NaOH、Na_2CO_3、$NH_3 \cdot H_2O$ 等）与 NO_x 反应，生成硝酸盐和亚硝酸盐，

反应如下：

$$2NaOH + 2NO_2 \Longrightarrow NaNO_3 + NaNO_2 + H_2O$$

$$2NaOH + NO + NO_2 \Longrightarrow 2NaNO_2 + H_2O$$

$$Na_2CO_3 + 2NO_2 \Longrightarrow NaNO_3 + NaNO_2 + CO_2$$

$$Na_2CO_3 + NO + NO_2 \Longrightarrow 2NaNO_2 + CO_2$$

当用氨水吸收 NO_x 时，挥发性的 NH_3 在气相与 NO_x 和水蒸气反应生成 NH_4NO_3 和 NH_4NO_3。

$$2NH_3 + NO + NO_2 + H_2O \Longrightarrow 2NH_4NO_2$$

$$2NH_3 + 2NO_2 + H_2O \Longrightarrow NH_4NO_2 + NH_4NO_2$$

由于 NH_4NO_2 不稳定，当浓度较高、温度较高或溶液 pH 不合适时会发生剧烈反应甚至爆炸，再加上铵盐不易被水或碱液捕集，因而限制了氨水吸收法的应用。考虑到价格、来源、操作难易及吸收效率等因素，工业上应用较多的吸收液是 NaOH 和 Na_2CO_3，尽管 Na_2CO_3 的吸收效果比 NaOH 差一些，但由于其廉价易得，应用更加普遍。

在实际应用中，一般用低于 30% 的 NaOH 或 10%~15% 的 Na_2CO_3 溶液作吸收剂，在 2~3 个填料塔或筛板塔串联吸收，吸收效率随尾气的氧化度、设备及操作条件的不同而有差别，一般在 60%~90% 的范围内。在吸收过程中，如果控制好 NO 和 NO_x 为等分子吸收，吸收液中 $NaNO_2$ 浓度可达 35% 以上，$NaNO_3$ 浓度小于 3%。这种吸收液可直接用于染料等生产过程，也可以将其进行蒸发、结晶、分离制取亚硝酸钠产品。若在吸收液中加入 HNO_3，可使 $NaNO_2$ 氧化成 $NaNO_3$，制得硝酸钠产品。

B 影响吸收的因素

（1）废气中的氧化度。NO_2 与 NO_x 的体积之比称为氧化度，当氧化度为 54~60 时，吸收速率最大，吸收效率最高。这是由于 NO 与 NO_2 反应生成 N_2O_3 的缘故。由于 NO 不能单独被碱液吸收，所有碱液吸收法不宜直接用于处理燃烧烟气中 NO 比例很大的废气。

控制 NO_x 废气中氧化度的方法有三种，一是对废气中的 NO 进行氧化；二是采用高浓度的 NO_2 气体进行调节；三是先用稀硝酸吸收尾气中的部分 NO。

（2）吸收设备和操作条件。除了尾气中的氧化度对吸收效率有较大影响外，吸收设备、气速、液气比和喷淋密度等操作条件对碱液吸收效果也有一定的影响。一般来说，增大喷淋密度有利于吸收反应，选择适当的空塔速度可以适当提高吸收效率，最好是通过改进吸收设备来提高吸收效率。如采用特殊分散板吸收塔，操作条件可以控制为：尾气在塔内流速 0.05~0.5m/s，液气比 0.2~15L/m³，可以将 NO_x 浓度从 10^{-3} g/m³ 吸收至 10^{-4} g/m³，吸收效率达 90%。

6.2.2.2 液相还原法——碱-亚硫酸铵吸收法

液相还原吸收法就是用液相还原剂将 NO_x 还原为 N_2，也称为湿式分解法，常用的还原剂有亚硫酸盐、硫化物、硫代硫酸盐、尿素水溶液等，若采用处理硫酸尾气得到的 $(NH_4)_2SO_3$、NH_4HSO_3 还原经第一级碱吸收后的硝酸尾气中的 NO_x，被称为碱—亚硫酸铵吸收法。

碱-亚硫酸铵吸收法工艺成熟，操作简单，净化效率较高，吸收液可以综合利用，缺点是吸收液来源有局限性, 用于净化氧化度低的 NO_x 废气时效率低。

A 净化原理

第一级碱液吸收是使用 NaOH 或 Na_2CO_3 作吸收剂吸收尾气中的 NO_x。利用处理硫酸尾气得到的 $(NH_4)_2SO_3$-NH_4HSO_3, 还原第一级碱液吸收后的硝酸尾气中的 NO_x 便是第二级碱液吸收, 主要化学反应如下。

第一级碱液吸收:

$$2NaOH + NO + NO_2 \longrightarrow 2NaNO_2 + H_2O$$

$$Na_2CO_3 + NO + NO_2 \longrightarrow 2NaNO_2 + CO_2$$

第二级碱液吸收:

$$4(NH_4)_2SO_3 + 2NO_2 \longrightarrow 4(NH_4)_2SO_4 + N_2 \uparrow$$

$$4NH_4HSO_3 + 2NO_2 \longrightarrow 4NH_4HSO_4 + N_2 \uparrow$$

B 工艺流程

碱-亚硫酸铵吸收法工艺流程如图 6-8 所示, 含 NO_x 废气处理首先经碱液吸收塔进行吸收反应, 同时回收 $NaNO_2$。然后, 再进入亚硫酸铵吸收塔, 气液逆流接触, 发生还原反应, 将 NO_x 还原成 N_2 后直接排空, 吸收液均循环使用。

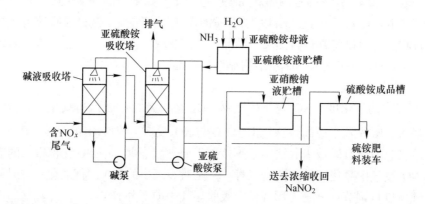

图 6-8 碱-亚硫酸铵吸收法工艺流程

C 影响因素

(1) 氧化度。随着氧化度的增高, 吸收效率也增大。当氧化度超过 50% 后, 氧化度再增大, 吸收效率增加也不多。

(2) 吸收液浓度及成分。吸收液 $(NH_4)_2SO_3$ 的浓度及其中 NH_4HSO_3 的含量, 对吸收效率均有一定的影响。$(NH_4)_2SO_3$ 浓度太低, 吸收效果就差; 浓度太高, 又易出现结晶及管道设备的腐蚀。因此, $(NH_4)_2SO_3$ 的浓度应控制在 $180 \sim 200g/L$。NH_4HSO_3 虽然会降低吸收效率, 但它却可以抑制 NH_4NO_2 的生成。NH_4HSO_3 的含量选择要适宜, 一般控制 $NH_4HSO_3/(NH_4)_2SO_3$ 的浓度比小于 0.1 或游离的 NH_3 小于 $4g/L$。

(3) 液气比及塔板上液层高度。塔板上液层高度一般保持在 $40 \sim 60mm$ 为宜。

6.2.2.3 硝酸氧化-碱液吸收法

当 NO_x 的氧化度低时, 用碱液吸收 NO_x 的吸收效率不高。为提高吸收效率, 可用氧化

剂先将 NO_x 中的部分 NO 氧化，以提高 NO_x 的氧化度后，再用碱液吸收。氧化剂有 O_2、O_3、Cl_2 等气相氧化剂和 HNO_3、$KMnO_4$、$NaClO_2$、$NaClO$、H_2O_2、$KBrO_3$、$K_2Cr_2O_7$ 等液相氧化剂。因硝酸氧化时成本较低，硝酸氧化-碱液吸收工艺国内已用于工业生产，其他氧化剂因成本高，目前很少采用。

A 净化原理

先用浓硝酸将 NO 氧化成 NO_2，使尾气中 NO_x 的氧化度大于 50%，再利用浆液吸收，主要反应如下。

氧化反应：
$$NO + 2HNO_3 \longrightarrow 3NO_2 \uparrow + H_2O$$

吸收反应：
$$2NO_2 + Na_2CO_3 \longrightarrow NaNO_3 + NaNO_2 + CO_2 \uparrow$$
$$NO_2 + NO + Na_2CO_3 \longrightarrow 2NaNO_2 + CO_2 \uparrow$$

B 工艺流程

硝酸氧化-碱吸收法的流程如图 6-9 所示。从硝酸生产系统来的含 NO_x 的尾气用风机送入氧化塔内，与漂白后的硝酸逆向接触经硝酸氧化后的 NO_x 气体进入硝酸分离器，分离硝酸后依次进入三台碱吸收塔，经三塔串联后放空。作为氧化剂的硝酸用硝酸泵从硝酸循环槽打至硝酸计量槽，然后定量地打入漂白塔，在漂白塔内用压缩空气漂白的硝酸进入氧化塔，氧化 NO_x 后又进入硝酸循环槽，空气自漂白塔上部排空。

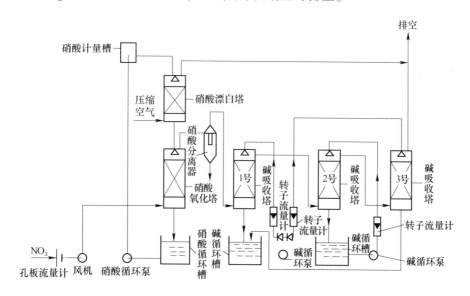

图 6-9 硝酸氧化-碱吸收法的工艺流程

C 影响因素

（1）硝酸浓度。硝酸浓度是影响 NO 氧化效率的主要因素。硝酸浓度越高，氧化效率也越高，一般控制硝酸浓度大于 40%。

（2）硝酸中 N_2O_4 的含量。N_2O_4 的含量升高时，NO 的氧化效率就下降，通常将 N_2O_4 的含量控制在小于 0.2g/L。

（3）NO_x 的初始氧化度。随着初始 NO_x 氧化度的增大，NO 的氧化率下降。

（4）NO_x 的初始浓度。NO 的氧化效率随着 NO_x 初始浓度的升高而降低。

（5）氧化温度。因硝酸氧化 NO 的反应为吸热反应，提高温度有利于氧化反应的进行。但温度超过 40℃之后，NO 的氧化率又有所下降，主要由于温度升高后，溶解在硝酸中的 NO 又从溶液中进入气相造成的。

（6）空塔速度。氧化塔内空塔速度增大，缩短了气液接触时间，使氧化反应不完，NO 氧化率下降。

6.2.3 烟气同时脱硫脱氮技术

烟气同时脱硫脱氮技术目前大多处于研究和工业示范阶段，开发的主要有液膜法、高能电子活化氧化法、CuO 法、NOXSO 法、SNOX 法、SNRB 法和微生物法等。

6.2.3.1 液膜法

液膜法的原理是利用液体对气体的选择性吸收，从而使低浓度的气体在液相中富集。液膜为含水液体，置于两组多微孔憎水的中空纤维管之间构成渗透器，这种结构可以消除操作中时干时湿的不稳定现象，延长设备寿命。

液膜中的含水液体选择性地吸收烟气中的 SO_2 和 NO_x，SO_2 和 NO_x 可以从液膜中解析出来，成为高浓度的气体。高浓度的 SO_2 气体可以加工成液体 SO_2、元素硫或硫酸等产品。液膜法处理烟气液膜不仅要具有选择性，同时对气体还必须具有良好的渗透性，25℃时纯水的渗透性最好，其次是 $NaHSO_4$、$NaHSO_3$ 的水溶液，其对含有 $0.05\%SO_2$ 烟气的脱除率可达 95%。

6.2.3.2 电子束照射法（EBA）

高能电子活化氧化法是利用高能电子撞击烟气中的 H_2O、O_2 等分子，产生氧化性很强的自由基，将烟气中的 SO_2 氧化成 SO_3，并生成硫酸，将烟气中的 NO 氧化生成 NO_2，并生成硝酸。硝酸再与加入的 NH_3 反应生成硝酸铵。根据高能电子产生的方法不同，又分为电子束照射法（EBA）和脉冲电晕等离子体法（PPCP）。

电子束照射法是 20 世纪 70 年代初由日本提出的，经过多年的研究开发，已从小试、中试和工业示范逐步走向工业化。其主要特点是：属于干法处理过程，不产生废水废渣；能同时脱硫脱氮，并可达到 90% 以上的脱硫率和 80% 以上的脱氮率；系统简单，操作方便，过程易于控制；对不同的烟气量和烟气组成的变化有较好的适应性和负荷跟踪性；副产品为硫酸铵和硝酸铵混合物，可用作化肥；脱硫成本低于常规方法。

A 反应原理

（1）自由基的生成。燃煤烟气一般由 N_2、O_2、CO_2、H_2O（气）等主要成分及 SO_2、NO_x 等次要成分组成，当采用电子束照射法产生的高能电子处理烟气时，高能电子的能量被 O_2、H_2O 等分子吸收，并产生大量具有强反应活性的自由基。

（2）SO_2 及 NO_x 的氧化。烟气中的 SO_2 被氧化成 SO_3，并生成硫酸，烟气中的 NO 被氧化生成 NO_2，并生成硝酸。

（3）硫酸铵和硝酸铵的生成。反应生成的 H_2SO_4 和 HNO_3 与 NH_3 进行中和反应，生成 $(NH)_2SO_4$ 和 NH_4NO_3。少量未氧化的 SO_2 则在微粒表面与 O_2、NH_3、H_2O 继续反应，最终也生成 $(NH_4)_2SO_4$。

B　工艺流程

图 6-10 所示为电子束照射烟气脱硫脱硝工艺流程，该工艺的流程是由排烟预除尘、烟气冷却、氨的冲入、电子束照射和副产品捕集工序组成。锅炉所排出的烟气，经过集尘器的粗滤处理之后进入冷却塔，在冷却塔内喷射冷却水，将烟气冷却到适合于脱硫、脱硝处理的温度（约 70℃）。烟气的露点通常约为 50℃。通过冷却塔后的烟气流进反应器，将接近化学计量比的氨气、压缩空气和软水混合喷入，加入氨的量取决于 SO_x 和 NO_x 浓度，经过电子束照射后，SO_x 和 NO_x 在自由基的作用下生成中间物硫酸和硝酸。然后硫酸和硝酸与共存的氨进行中和反应，生成粉状颗粒硫酸铵和硝酸铵的混合体。此外，还可采用钠基、镁基和氨作吸收剂，一般反应所生成的硫酸铵和硝酸铵混合微粒被副产品集尘器分离和捕集，经过净化的烟气升压后向大气排放。

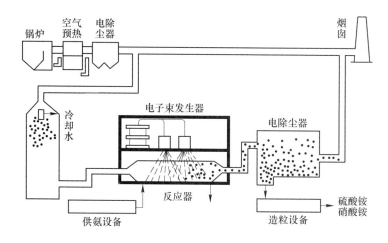

图 6-10　电子束照射烟气脱硫脱硝工艺流程

C　主要设备

（1）冷却塔。将烟气冷却至适合于电子束反应的温度，冷却方式有完全蒸发型和水循环型，前者是对烟气直接喷水进行冷却，喷雾水完全蒸发；后者也是对烟气直接喷水进行冷却，但喷雾水循环使用。

（2）反应装置。反应装置由反应器、二次烟气冷却装置等组成。反应器有立式和卧式，选择反应器的形状应有利于减少电子束接触反应器表面引起的能量损耗，以提高电子束的利用率。二次烟气冷却装置用于控制因电子束照射发热和氧化 SO_2 和 NO_x 放热引起的烟气升温，控制的办法是向反应器内喷入冷却水和氨。

（3）电子束发生装置。由直流高压电源、电子加速及窗箔冷却装置组成，电子在高真空的加速管里通过高电压加速，加速后的电子通过窗箔照射烟气。

（4）电除尘器。用于收集 $(NH_4)_2SO_4$ 和 NH_4NO_3 副产品。

（5）供氨设备。由液氨贮罐、氨气化器等组成，贮罐内的液氨通过气化器气化向反应器供氨。

（6）造粒设备。对副产品 $(NH_4)_2SO_4$ 和 NH_4NO_3 造粒，包装后入库。

D　影响因素

影响 SO_2 和 NO_x 脱除效率的主要因素有电子束辐射剂量、NH_3 添加量、烟气温度及被辐射时间等。

（1）温度。温度对 SO_2 的脱除率有明显影响，温度升高 SO_2 的脱除率下降，而对 NO_x 的脱除影响较小，一般控制在 100~200℃，使烟气温度在露点温度以上。

（2）电子束辐射剂量。在温度一定的条件下，SO_2 的脱除率随电子束辐射剂量增大而增大，NO_x 的脱除率先随着辐射剂量的增大而增大，当辐射剂量达到一定值时会出现峰值，再增加辐射剂量，则 NO_x 的脱除率呈下降趋势。

（3）辐射时间。在一定的辐射剂量速度下，SO_2 和 NO_x 的脱除率随时间增长而提高。

（4）NH_3 添加量。NH_3 添加量增加，SO_2 脱除率提高，而 NO_x 的脱除率变化不大，随着 NH_3 添加量的增加，尾气中的 NH_3 浓度会相应增加，因此，NH_3 过剩量不宜太大。

6.2.3.3　CuO 脱硫脱氮一体化技术

CuO 作为活性组分同时脱除烟气中 SO_2 和 NO_x 已得到较深入的研究，其中以 CuO/Al_2O_3 和 CuO/SiO_2 为主，在 300~450℃ 的温度范围内，与烟气中的 SO_2 发生反应，形成的 $CuSO_4$、CuO 对选择性催化还原 NO_x 有很高的活性，吸附饱和的 $CuSO_4$，被送去再生，再生过程一般用 H_2 或 CH_4 气体对 $CuSO_4$ 进行还原，释放的 SO_2 可制酸，还原得到的金属铜或 Cu_2S 再用烟气或空气氧化，生成的 CuO 又重新用于吸附-还原过程，该工艺 SO_2 脱除率能达到 90% 以上，NO_x 脱除率能达到 75%~80%。CuO 脱硫脱氮一体化工艺流程如图 6-11 所示。

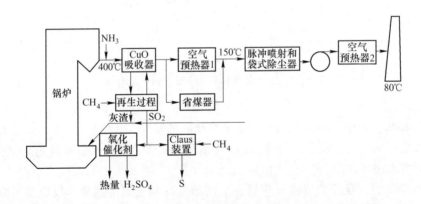

图 6-11　CuO 脱硫脱氮一体化工艺流程

在吸收塔中，温度大约为 400℃ 以下。SO_2 与 CuO 反应生成硫酸铜。同时，氧化铜和硫酸铜作为催化剂，通过向烟气中加入氨，在大约 400℃ 时，就可脱除 NO_x，反应式如下：

$$SO_2 + CuO + \frac{1}{2}O_2 \longrightarrow CuSO_4$$

$$4NO + 4NH_3 + O_2 \longrightarrow 4N_2\uparrow + 6H_2O$$

$$2NO_2 + 4NH_3 + O_2 \longrightarrow 3N_2\uparrow + 6H_2O$$

吸收了硫的吸收剂被送入再生器，再加热到 480℃，用甲烷作还原剂生成浓缩的 SO_2 气体。

还原得到的金属铜用空气或烟气氧化,再生后 CuO 又循环到反应器中。用克劳德法使浓缩后的 SO_2 气体转化成单质硫。

6.3 挥发性有机物的净化

工业上常见的含挥发性有机物(VOCs)的废气大多数来源于石油、化工、有机溶剂行业的生产过程中,该类有机物大多具有毒性、易燃易爆,部分是致癌物,有的对臭氧层有破坏作用,有的会在大气和氮氧化物形成光化学烟雾,造成二次污染。有机废气净化和回收方法有两类:一类是将其转化成 CO_2 和 H_2O,如燃烧法;另一类是将有机废气净化并回收,如吸附法、冷凝法、吸收法、生物法等。也可采用上述方法的组合,如冷凝-吸附、吸收-冷凝等。

6.3.1 燃烧法

燃烧法只适用于净化可燃有害组分浓度较高的废气,或者是用于净化有害组分燃烧热值较高的废气,由于有机气态污染物燃烧氧化的最终产物是 CO_2 和 H_2O,因而使用这种方法不能回收有用的物质,但由于燃烧时放出大量的热,使排气的温度很高,所以可以回收热量。目前,在实际中使用的燃烧净化方法有直接燃烧、热力燃烧和催化燃烧。直接燃烧法虽然运行费用较低,但由于燃烧温度高,容易在燃烧过程中发生爆炸,并且浪费热能产生二次污染,因此目前较少采用。热力燃烧法通过热交换器回收了热能,降低了燃烧温度,但当 VOCs 浓度较低时,需加入辅助燃料,以维持正常的燃烧温度,从而增大了运行费用;催化燃烧法由于燃烧温度显著降低,从而降低了燃烧费用,但由于催化剂容易中毒,因此对进气成分要求极为严格,不得含有重金属、尘粒等易引起催化剂中毒的物质,同时催化剂成本高,使得该方法处理费用较高。

6.3.1.1 含烃类废气的直接燃烧

烃类物质大都不易溶于水,但在高温下易氧化燃烧,完全氧化时生成 CO_2 和 H_2O。含烃类废气主要来源于炼油厂和石油化工厂,以前是将排放的可燃气体汇集到火炬烟囱燃烧处理,因而又称火炬燃烧。火炬燃烧虽然是炼油和石油化工生产中的一个安全措施,但是也造成了能源的巨大浪费。近年来,国内外大力开展火炬气的综合利用工作,较大型的石油化工企业先后建设了多套火炬综合利用工程。

在喷漆或烘漆作业中,常有大量的溶剂,如苯、甲苯、二甲苯等挥发出来,污染环境,损害工人身体健康,这些蒸气浓度较高时,可以采用直接燃烧法处理,图6-12 是直接燃烧法净化烘漆废气

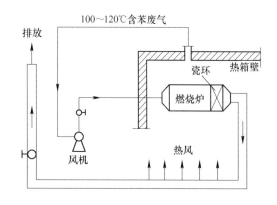

图 6-12 直接燃烧法净化烘漆废气流程

的流程，燃烧炉设在大型烘箱内，含有机溶剂的蒸气被风机从烘箱顶部抽出后，送入燃烧炉在 800℃ 下燃烧，燃烧气体与烘箱内气体通过热交换器换热后排空，该法净化效率可达 99.8%。

6.3.1.2　有机废气的催化燃烧

催化燃烧实际上为完全的催化氧化，即在催化剂作用下，使废气中的有害可燃组分完全氧化为 CO_2 和 H_2O。由于绝大部分有机物均具有可燃烧性，因此催化燃烧法已成为净化含碳氢化合物废气的有效手段之一。

催化燃烧法已成功地应用于印刷、绝缘材料、漆包线、炼焦、化工等多种行业中净化有机废气。特别是在漆包线、绝缘材料、印刷等生产过程中排出的烘干废气，因废气温度和有机物浓度较高，对燃烧反应及热量回收有利，具有较好的经济效益，因此应用广泛。

针对排放废气的不同情况，可以采用不同形式的催化燃烧工艺，但无论采用何种工艺流程，都具有如下特点：

（1）进入催化燃烧炉的气体首先要经过预处理，除去粉尘、液滴及有害成分，避免催化床层的堵塞和催化剂的中毒。

（2）进入催化床层的气体温度必须达到起燃温度反应才能进行，因此对低于起燃温度的气体必须进行预热。预热的方式可以采用电加热也可以采用烟道气加热，目前应用较多的是电加热方式。

（3）催化燃烧放出大量的热，必须进行回收利用。

（4）若处理的气量较大，一般采用分建式流程，即将预热器、换热器、反应器等分别设立；若处理的气量较小，一般采用组合式流程，即将预热、换热、反应等部分组合安装在同一设备中，即催化燃烧炉。

6.3.2　吸附法

吸附法广泛应用于治理含挥发性有机物废气，不仅可以较彻底地净化废气，而且在不使用深冷、高压等手段下，可以有效地回收有价值的有机物组分，由于吸附剂吸附容量的限制，吸附法适于处理中低浓度废气，而不适于浓度高的废气。

6.3.2.1　吸附剂

可作为净化含挥发性有机物废气的吸附剂有活性炭、硅胶、分子筛等，其中活性炭应用最广泛，效果也最好，其原因在于其他吸附剂（如硅胶、金属氧化物等），具有极性，在水蒸气共存条件下，水分子和吸附剂极性分子进行结合，从而降低了吸附剂吸附性能，而活性炭分子不易与极性分子相结合，从而提高了吸附挥发性有机物能力。

6.3.2.2　工艺流程

在用活性炭吸附法净化含有机化合物废气时，其流程通常包括：

（1）预处理部分预先除去进气中的固体颗粒物及液滴，并降低进气温度。

（2）吸附部分通常采用 2~3 个固定床吸附并联或串联。

（3）吸附剂再生部分最常用的是水蒸气脱附法使活性炭再生。

（4）溶剂回收部分不溶于水的溶剂可与水分层，易于回收。水溶性溶剂需采用精馏法回收；对处理量小的水溶性溶剂也可与水一起掺入煤炭中送锅炉烧掉。

固定床活性炭吸附-回收流程如图 6-13 所示，有机废气经冷却过滤降温及去除固体颗粒后，经风机进入吸附器，吸附后气体排空，两个并联操作的吸附器，当其中一个吸附饱和时将废气通入另一个吸附器进行吸附，饱和的吸附器中通入水蒸气进行再生，脱附气体进入冷凝器冷凝，冷凝液流入静止分离器，分离出溶剂层和水层后再分别进行回收或处理。

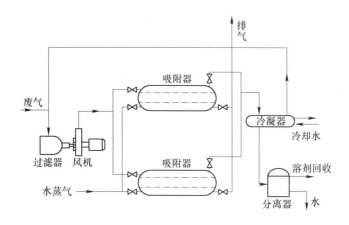

图 6-13 固定床活性炭吸附-回收流程

通常情况下的吸附条件是：常温吸附，吸附层床层空速为 0.2~0.5m/s；脱附蒸汽采用低压蒸汽，温度约 110℃；脱附周期（含脱附及干燥、冷却）应小于吸附周期，若脱附周期等于或大于吸附周期，则应采用三个吸附器并联操作。

6.3.3 吸收法

在对含挥发性有机物废气进行治理的方法中，吸收法的应用不如燃烧（催化燃烧）法、吸附法等广泛，影响应用的主要原因是有机废气的吸收剂的吸收容量有限。

吸收法净化有机废气，最常见的是用于净化水溶性有机物。目前在石油炼制及石油化工的生产及储运中采用吸收法进行烃类气体的回收利用。

6.3.3.1 吸收剂

吸收剂必须对被去除的挥发性有机物有较大的溶解性，同时，如果需回收有用的挥发性有机物组分，则回收组分不得和其他组分互溶；吸收剂的蒸气压必须相当低，如果净化过的气体被排放到大气，吸收剂的排放量必须降到最低；洗涤塔在较高的温度或较低的压力下，被吸收的挥发性有机物必须容易从吸收剂中分离出来，并且吸收剂的蒸气压必须足够低，不会污染被回收的挥发性有机物；吸收剂在吸收塔和汽提塔的运行条件下必须具有较好的化学稳定性及无毒无害性；吸收剂相对分子质量要尽可能低，以使吸收能力最大化。净化有机废气常用的吸收剂及其吸收的有机物见表 6-2。

表 6-2　净化有机废气常用的吸收剂及其吸收的有机物

吸收剂	水	柴油、机油	氢氧化钾	盐酸、硫酸	次氯酸钠
吸收质	苯酚	多苯环化合物	有机酸	胺类	甲醛、乙醛、甲醇

6.3.3.2　工艺流程

吸收法控制 VOCs 污染的典型工艺流程如图 6-14 所示，含挥发性有机物的气体由底部进入吸收塔，在上升的过程中与来自塔顶的吸收剂逆流接触而被吸收，被净化后的气体由塔顶排出。吸收了挥发性有机物的吸收剂通过热交换器后，进入汽提塔顶部，在温度高于吸收温度或（和）压力低于吸收压力时得以解吸，吸收剂再经过溶剂冷凝器冷凝后进入吸收塔循环使用，解吸出的挥发性有机物气体经过冷凝器、气液分离器后以纯挥发性有机物气体的形式离开汽提塔，被进一步回收利用，该工艺适用于挥发性有机物浓度较高、温度较低和压力较高的场合。

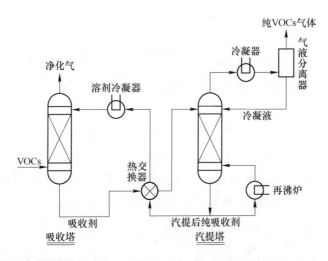

图 6-14　吸收法控制 VOCs 污染的典型工艺流程

6.3.4　冷凝法

冷凝法是脱除和回收 VOCs 较好的方法，但是要获得高的回收率，往往需要较低的温度或较高的压力，因此冷凝法常与压缩、吸附、吸收等过程联合使用，以达到既经济又能获得较高的回收率的目的。

6.3.4.1　直接冷凝法回收含癸二腈废气

尼龙生产中含癸二腈的废气自反应釜进入贮槽，温度为 300℃，比癸二腈的沸点高约 100℃。具有一定压力的水进入引射式净化器后，由于喉管处的高速流动，形成负压，将含癸二腈的高温废气吸入净化器，并与喷入的水充分混合，形成雾状，直接进行冷凝与吸收。冷凝后的癸二腈在循环液贮槽的上方聚集，回收后用于尼龙生产，下层水可循环使用。

6.3.4.2 吸收-冷凝法回收氯乙烷

氯乙烷是无色透明易挥发的液体，沸点12.2℃，主要用作溶剂，制造农药和医药，制造乙基纤维素等。

由于氯油生产尾气中含有5%左右的C_{12}、50%左右的HCl，30%的氯乙烷，还含有少量的乙醇、三氯乙醛等。因此，在冷凝前必须先吸收净化，以除去HCl等其他物质。

图6-15所示是常压冷凝法从氯油生产尾气中回收氯乙烷的工艺流程图。尾气首先进入降膜吸收塔，在塔中用水将尾气中的HCl吸收并制成20%的盐酸。被吸收掉HCl和少量Cl_2的尾气进入中和装置，用15%的NaOH溶液中和尾气中的酸性物质。然后尾气进入粗制品冷凝器，先用-5℃左右的冷冻盐水冷凝氯乙烷气体中的水分，然后再将氯乙烷冷凝下来得到粗制品。粗氯乙烷经过精馏塔精馏，再经成品冷凝器在-30℃冷凝，得到精制氯乙烷液体，氯乙烷含量达98%以上。

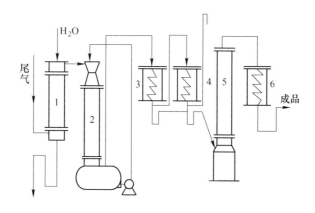

图6-15 常压冷凝法回收氯乙烷工艺流程
1—降膜吸收塔；2—中和装置；3，4—粗制品冷凝器；5—精馏塔；6—成品冷凝器

该法工艺简单，设备少，管理方便，但回收率只有70%左右。若采用带压冷凝流程，即将净化以后的乙烷气体加压到0.4903×10^5Pa进行冷凝，只需要在-15℃的盐水中冷凝，回收率可达80%以上。但该法需要水循环泵和纳氏泵，一次性投资较高，工艺也比常压深冷法复杂。

6.3.5 生物法

生物法控制挥发性有机物（VOCs）污染是近年发展起来的空气污染控制技术，主要针对既无回收价值又严重污染环境的工业废气的净化处理而研究开发的。该技术已在德国、荷兰得到规模化应用。有机物去除率大都在90%以上。与常规处理法相比，生物法具有设备简单，运行费用低，较少形成二次污染等优点，尤其在处理低浓度、生物降解性好的气态污染物时更显其经济性。

6.3.5.1 净化的原理

挥发性有机物生物净化过程的实质是附着在滤料介质中的微生物在适宜的环境条件

下，利用废气中的有机成分作为碳源和能源，维持其生命活动，并将有机物分解为 CO_2、H_2O 的过程。气相主体中挥发性有机物首先经历由气相到固/液相的传质过程，然后才在固/液相中被微生物降解。

生物法可处理的有机物种类见表 6-3。

表 6-3　生物法适宜处理的有机物种类

有机物种类	有机物实例
烃类	乙烷，石脑油，环己烷，二氯甲烷，三氯甲烷，三氯乙烷，三氯乙烯，四氯乙烯，三氯苯，四氯化碳，苯，甲苯，二甲苯
酮类	丙酮，环己酮
酯类	乙酸乙酯，乙酸丁酯
醇类	甲醇，乙醇，异丙醇，丁醇
聚合物单体	氯乙烯，丙烯酸，丙烯酸酯，苯乙烯，乙酸乙烯

6.3.5.2　净化工艺

在废气生物处理过程中，根据系统中微生物的存在形式，可将生物处理工艺分成悬浮生长系统和附着生长系统。悬浮生长系统即微生物及其营养物存在于液体中，气相中的有机物通过与悬浮液接触后转移到液相，从而被微生物降解。而附着生长系统中微生物附着生长于固体介质表面，废气通过由滤料介质构成的固定塔层时，被吸附、吸收，最终被微生物降解。生物净化工艺分为生物洗涤塔、生物过滤塔和生物滴滤塔。

（1）生物洗涤塔（悬浮生长系统）。生物洗涤塔工艺流程如图 6-16 所示，净化系统由洗涤塔和活性污泥池两部分组成。洗涤塔的主要作用是为气液两相提供充分接触的机会，使两相间的作用能够有效地进行，目前较为广泛采用的洗涤塔是多孔板式塔。活性污泥池的作用是分解有机物。经有机物驯化的循环液由洗涤塔顶部布液装置喷淋而下，与沿塔而上的废气逆流接触，使气相中的有机物和氧气转入液相，进入活性污泥池，在活性污泥池有机物被好氧微生物氧化分解，该法适用于气相传质速率大于生化反应速率的有机物的降解。

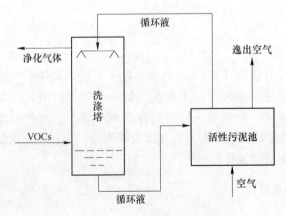

图 6-16　生物洗涤塔示意图

（2）生物滴滤塔。生物滴滤塔工艺流程如图 6-17 所示。挥发性有机物气体由塔底进入在流动过程中与已接种挂膜的生物滤料接触而被净化，净化后的气体由塔顶排出，滴滤塔集废气的吸收与液相再生于一体。塔内增设了附着微生物的填料，为微生物的生长、有机物的降解提供了条件，启动初期，在循环液中用有机物驯化的微生物菌种接种，循环液从塔顶喷淋而下，与进入滤塔的挥发性有机物异向流动，微生物利用溶解于液相中的有机物质，进行代谢繁殖，并附着于填料表面，形成微生物膜，完成生物挂膜过程，气相主体的有机物和氧气经过传输进入微生物膜，被微生物利用，代谢产物再经过扩散作用进入气相主体后外排。

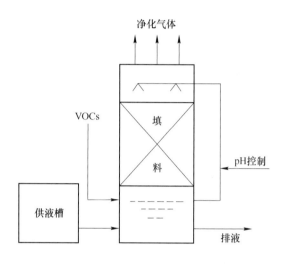

图 6-17　生物滴滤塔示意图

（3）生物过滤塔（附着生长系统）。生物过滤塔降解挥发性有机物工艺流程如图 6-18 所示，挥发性有机物气体由塔顶进入过滤塔，在流动过程中与已接种挂膜的生物滤料接触而被净化，净化后的气体由塔底排出。定期在塔顶喷淋营养液，为滤料微生物提供养分、水分并调节 pH，营养液呈非连续相，其流向与气体流向相同。

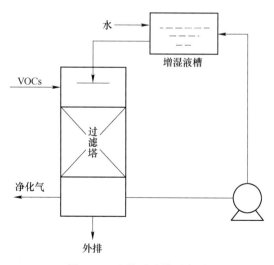

图 6-18　生物过滤塔示意图

三种生物法工艺性能对比见表 6-4。从表中可知，不同成分、浓度及气量的 VOCs 各有其适宜的有效生物净化系统。净化气量较小、浓度较大且生物代谢速率较低的气体污染物时，可采用以多孔板式塔、鼓泡塔为吸收设备的生物洗涤系统，以增加气液接触时间和接触面积，但系统压力降较大；对易溶气体则可采用生物喷淋塔；对于大气量、低浓度的VOCs 可采用过滤系统，该系统工艺简单、操作方便。而对于负荷较高，降解过程易产酸的 VOCs 则采用生物滴滤系统。目前，VOCs 往往具有气量大、浓度低、大多数较难溶于水的特点，因此较多采用生物过滤法加以治理。而对成分复杂的 VOCs，由于其理化性能、生物降解性能、毒性等有较大差异，适宜菌种也不尽相同，因此建议采用多级生物系统进行处理。

表 6-4　三种生物法工艺性能对比

工艺	系统类别	适用条件	运行特性	备　注
生物洗涤塔	悬浮生长系统	气量小、浓度高、易溶、生物代谢速率较低的 VOCs	系统压力降较大、菌种易随连续相流失	对较难溶气体可采用鼓泡塔、多孔板式塔等气液接触时间长的吸收设备
生物滴滤塔	附着生长系统	气量大、浓度低、有机负荷较高以及降解过程中产酸的挥发性有机物	处理能力大，工况易调节，不易堵塞，但操作要求较高，不适合处理入口浓度高和气量波动大的挥发性有机物	菌种易随流动相流失
生物过滤塔	附着生长系统	气量大、浓度低的挥发性有机物	处理能力大，操作方便，工艺简单，能耗少，运行费用低，对混合型 VOCs 的去除率较高，具有较强的缓冲能力，无二次污染	菌种繁殖代谢快，不会随流动相流失从而大大提高去除率

6.4　氟化物的净化

含氟废气指含有氟化氢和四氟化硅的气体，主要来源于工业生产过程、冶金工业的电解铝和炼钢过程、化学工业的磷肥和氟塑料生产、铸造业的化铁炉等。除此而外，搪瓷厂上釉、陶瓷厂以及砖瓦厂和玻璃厂在高温下烧制时，也有含氟废气排出。

净化含氟废气的主要方法有湿法吸收和干法吸附。目前，工业含氟废气多采用湿法吸收工艺，根据吸收剂不同又将吸收净化法分为水吸收法和碱吸收法。

湿法净化处理，采用液体吸收方法。用液体洗涤含氟废气，可达到净化回收的目的，同时还可副产氟硅酸、冰晶石、氟硅酸钠及氟硅脲等。氟硅脲是氟硅酸与尿素的化合物，是防治小麦防锈病的较好农药。吸收氟化物的吸收剂可以采用水，也可以采用碱液、氨水和石灰乳等碱性物质。

6.4.1　水吸收法

水吸收法就是用水作吸收剂来洗涤含氟废气，副产氟硅酸，继而生产氟硅酸钠，回收氟资源。水易得，比较经济，但对设备有腐蚀作用。就目前来看，水吸收法净化含氟废气主要应用于磷肥生产中。

由于 SiF_4 和 HF 都极易溶于水，HF 溶解于水生成氢氟酸，SiF_4 溶于水生成氟硅酸（H_2SiF_6）和硅胶（SiO_2）。

由于磷肥品种、生产方法、含氟废气的温度、气量、含氟量的不同，净化的工艺流程和设备会有所不同。国内通常采用的脱氟流程多为二级吸收，根据使用的设备不同，分为一室一器、一室一塔、一室一旋、二室一塔等。这里"室"是指拨水轮吸收室，一般用作一级吸收，优点是不易造成硅胶堵塞，清理方便，但脱氟效率不高；"器"是指文丘里吸收器；"塔"是指湍球塔或湍流板塔；"旋"是指旋流板塔。两者组合脱氟率达98%以上。图6-19为普钙厂一室一旋脱氟流程，该流程将吸收液分3个吸收段，各自循环，因而获得较高浓度的氟硅酸产品。

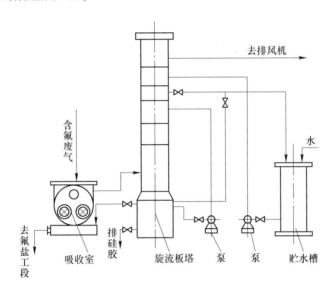

图6-19 普钙厂一室一旋脱氟流程

高炉法钙镁磷肥厂排放的含氟废气，含氟量低（$1 \sim 3g/m^3$），成分较复杂（还含有少量的 CO_2、CO、H_2S、P_2O_5 等），温度高（$120 \sim 250℃$），粉尘较多，净化难度大。一般先经旋风除尘、降温后，再进行吸收。图6-20为典型的高炉法钙镁磷肥厂除尘脱氟流程。自高炉出来温度高达 $300 \sim 400℃$ 的含氟废气，经除尘后降至250℃，喷射吸收塔后，含氟量降为 $0.2g/m^3$ 左右，脱氟率达90%。

6.4.2 碱液吸收法

碱液吸收法是采用碱性物质 NaOH、Na_2CO_3、氨水等作为吸收剂来脱除含氟尾气中的氟等有害物质，并得到副产物冰晶石。最常用的碱性物质是 Na_2CO_3，也可以采用石灰乳作吸收剂，二者的使用有所区别。

用石灰乳做吸收剂净化含氟废气生成 CaF_2 等废渣，可采用抛弃法，也可以经过滤、干燥后送去作橡胶或塑料的填料。该方法适用于排气量较小、废气中含氟低、回收氟有困难的企业，如搪瓷厂、玻璃马赛克厂、水泥厂等。

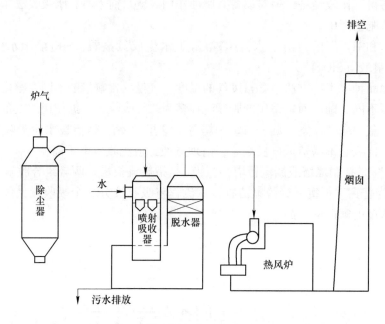

图 6-20　高炉法钙镁磷肥厂除尘脱氟流程

电解铝厂废气经除尘后，送入吸收塔底部，与浓度为 20~30g/L 的 Na_2CO_3 溶液在塔内逆流接触，洗涤废气时，烟气中的 HF 与碱反应生成 NaF，吸收脱氟后的气体经除雾后排入空气。在循环吸收过程中，当溶液中的 NaF 浓度达 25g/L 后，再加入定量的偏铝酸钠溶液即生成 Na_3AlF_6。偏氯酸钠溶液可由 NaOH 与 Al(OH)$_3$ 反应制得。合成后的冰晶石母液经沉降后，上层次晶石沉降物经过滤后送往回转窑干燥、脱水即得成品。

6.4.3　干法吸附

干法净化技术俗称吸附法，是以粉状的吸附剂吸附废气中的氟化物。该法净化效率高、可回收氟、工艺简单、不存在水的二次污染及设备腐蚀问题等，但净化设备的体积较大。

干法净化处理，是用氧化铝直接吸附氟化氢，并得到含氟氧化铝。作为吸附剂的氧化铝是电解铝生产中的原料，吸附氟化氢后的含氟氧化铝又可直接用于铝电解生产，从而回收了废气中的氟。

吸附净化法是将含氟废气通过装填有固体吸附剂的吸附装置，使氟化氢与吸附剂发生反应，达到除氟的目的。可采用工业氧化铝、氧化钙、氢氧化钙等作吸附剂。在净化铝电解厂烟气常采用的吸附剂是工业氧化铝。铝厂含氟烟气吸附法净化具有如下特点：吸附剂是铝电解的原料氧化铝，吸附氟化氢的氧化铝可直接进入电解铝生产中，不存在吸附剂再生问题；净化效率高，一般在 98% 以上；干法净化不存在含氟废水，避免了二次污染；和其他方法相比，干法净化基建费用和运行费用都比较低，可适用于各种气候条件，特别是北方冬季，不存在保温防冻问题。

6.5　其他气态污染物的净化

6.5.1　汽车尾气的净化

汽油机排气中的有害物质是燃烧过程产生的，主要有 CO、NO_x 和 HC（包含酚、醛、酸、过氧化物等），以及少量的铅、硫、磷的污染。其中硫氧化物和含铅化合物可以通过降低燃料中的含硫量以及采用无铅汽油来有效控制。目前排放法规限制的是 CO、NO_x、HC 和柴油车颗粒物 4 种污染物。对于汽车来讲大部分 CO、NO_x、HC 排放集中于尾气排放。

减少汽车污染物排放的途径主要有三个：一是燃料的改进与代替；二是发动机内部控制；三是发动机外部净化。净化汽车排气最有效的方法是尾气催化净化技术，因而安装尾气净化器的方法成为当前解决汽车尾气污染最重要的手段之一。

6.5.1.1　机外净化原理

机外净化是在催化剂存在的条件下，利用排气自身的温度和组成将有害物质（CO、NO_x、HC）转化为无害的 H_2O、CO_2 和 N_2。根据化学反应类型不同，又将其分为催化氧化法和催化还原法。

催化氧化法是在催化剂的作用下，将有害物质 HC 和 CO 转化为无害物，反应式为：

$$2HC + \frac{5}{2}O_2 \longrightarrow 2CO_2 \uparrow + H_2O$$

$$2CO + O_2 \longrightarrow 2CO_2 \uparrow$$

由于反应中除去两种有害物质，因此称为二元净化，该反应中的催化剂称为二元催化剂。催化氧化还原反应是以 CO 和 HC 作还原剂，将 NO_x 还原成 N_2。

由于净化了三种有害物质，因此称为三元净化，反应中的催化剂称为三元催化剂。

使用三元催化剂特别是贵金属催化剂时，要严格控制空燃比，只有空燃比在 14.7±0.1 范围内时，HC、CO 和 NO_x 净化能力最佳，三者的转化率均大于 85%。当空燃比小于此值时，反应器处于还原气氛，NO_x 的转化率升高，面 HC 和 CO 的转化率则会下降；当空燃比大于此值时，反应器处于氧化气氛，HC 和 CO 的转化率升高，而 NO_x 的转化率则会下降。除此之外，还必须使用无铅汽油，防止铅、硫、磷等使催化剂中毒，催化净化装置的结构较为简单，主要由催化剂载体、净化器壳体、减振材料和消声装置等部分构成，其核心是催化剂。

6.5.1.2　汽车尾气净化催化剂

对汽车尾气净化器所用催化剂的基本要求是：能同时净化 CO、HC 和 NO_x 三种有害物质；必须同时具有高温（80℃以上）和低温（0℃以下）活性，以保证其在高温下不被烧结，在低温时又能发挥催化作用。

（1）活性物质。经过 20 多年的研究开发，已开发出四代汽车尾气净化催化剂。

第一代催化剂的活性组分为普通金属（Cu、Cr、Ni）氧化物，其原料来源丰富、成本低，但催化活性差、起燃温度高、易中毒，属于二元催化剂，现已基本不用。

第二代催化剂主要以贵金属铂（Pt）、钯（Pd）、铑（Rh）和铱（Ir）为主要催化活性组分，贵金属中的 Pt 或 Pd 催化氧化 HC、CO，Rh 或 Ir 催化还原 NO_x，属于三元催化剂。具有活性高、寿命长、净化效果好等优点。缺点是成本高、高温性能不理想、易中毒、对空燃比要求苛刻等。

第三代和第四代催化剂主要是稀土金属铈（Ce）和镧（La）的氧化物，其特点是价格低、热稳定性好、活性较高、使用寿命长，特别是具有抗铅中毒的特性，因而，受到人们的重视。在贵金属催化剂中添加少量稀土元素制成的催化剂称为贵金属-稀土催化剂。加入稀土元素的目的是提高催化剂的催化活性和热稳定性，如在 Pt-Pd-Rh 三元催化剂的活化涂层中加入 CeO_2 不仅可以使 γ-Al_2O_3 在高温下表面积保持稳定，而且能使贵金属微粒的弥散度保持稳定，避免活性受损，再如钯催化剂具有价格相对便宜、供需矛盾不突出等优点，但钯催化剂在催化还原 NO_x 方面效果欠佳，为弥补其不足，可以加入镧（La），这种 Pd-La 催化剂在性能上完全可以和 Pt-Rh 催化剂媲美。

稀土催化剂主要是采用 CeO_2 和 La_2O_3 的混合物为主，加入少量的碱土金属和一些易得金属制备的催化剂。因其价格低、热稳定性好、活性较高、使用寿命长而备受青睐。

（2）催化剂载体。典型的汽车尾气催化剂载体为多孔蜂窝陶瓷载体。蜂窝陶瓷具有低膨胀、高强度、耐热性能好、吸附性强、耐磨损等优点。目前蜂窝陶瓷载体多用堇青石作原料，堇青石（铝硅酸镁）不但有低的膨胀系数、良好的耐化学腐蚀性及良好的耐热性（安全使用温度 1400℃），而且本身的气孔率较高。

（3）三元催化转化器。三元催化转化器内装多孔蜂窝陶瓷载体，表面涂覆活性 Al_2O_3（增大比表面积），负载铂（Pt）、钯（Pb）、铑（Rh）等贵金属或其他催化剂，能够同时净化 HC、CO 和 NO_x 三种污染物，结构如图 6-21 所示。

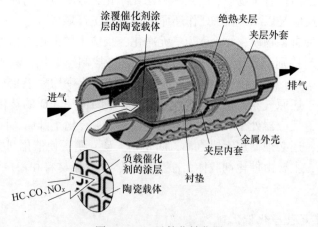

图 6-21　三元催化转化器

汽车发动机排出的废气经三元催化反应器，排气中的 HC 和 CO 通过催化氧化反应可转变为无害的 CO_2 和 H_2O，NO_x 通过催化还原反应可转变为无害的 N_2。净化后的气体可直接排入环境，在排出口装有氧感受器，可随时将排气中的氧浓度信号传给控制器，通过控制器来调节空燃比。氧传感器是净化系统的关键部件，目前我国生产的氧传感器受氧化锆材料的影响，其使用寿命不理想，因此该净化系统的推广应用受到一定限制。

6.5.2 汞蒸气净化方法

汞是一种液态金属，在常温即可蒸发而进入大气。空气中的汞包括汞蒸气和汞化合物粉尘。汞排放主要来源于人类活动，汞矿开采与冶炼，金、银、铅共生矿的开采、冶炼，一些汞制品及汞化合物生产厂，用汞的氯碱厂、有机化工厂等均会有汞的污物排放。其中，燃煤电厂是汞向大气排入的最主要来源。

燃烧后脱汞（烟气脱汞）是汞污染控制的主要方式。治理含汞废气的方法很多，有吸收法、吸附法、冷凝法、气相升华反应法及联合法等，其中以吸收法应用广。如果来自污染源的含汞气体浓度很高，应先采用冷凝法进行预处理，以便先回收易于冷凝的大部分汞。例如，在水银法电解氯碱生产中，从解汞器出来的氢气温度达 90~120℃，带有大量汞蒸气和水蒸气，这种氢气首先被冷却到 40℃ 以下。此时大部分汞和水的蒸气被凝结并回流入解汞器。冷凝后的氢气含汞仍较高，采用溶液吸收法处理，一般可使氢气含汞降到 10~20μg/m³，基本解决汞蒸气污染问题。

（1）次氯酸钠法。锦州金城造纸厂采用氯碱厂精制盐水与次氯酸钠配成吸收碱（含氯化钠 150~250g/L，有效氯 5~25g/L，pH 为 9~10），在填料塔内接触吸收汞蒸气，生成氯汞络离子。含汞吸收液循环使用，其中汞含量超过 500mg/L 可掺入水银电解槽入 1:3 的精盐水中，汞离子在电解槽中被阴极还原为金属汞留于电解槽中得以回收。吸收后的氢再经纤维除雾器进一步净化。经处理后的氢气含汞量为 0.002~0.02mg/m³。

（2）碘络合法。从含汞的硫烟中回收汞。利用烟气中的二氧化硫作氧化剂，使烟气中的汞形成稳定的络合物溶解于吸收液中，达到净化目的。除汞后的烟气适于制取硫酸。通过电解提取获得金属汞，并使吸收液再生。本法处理后尾气含汞量达到排放标准。

（3）多硫化钠吸收法。贵州汞矿高炉及沸腾炉冷凝后尾气及蒸馏炉均排出含汞气体。该矿采用焦炭填料喷洒硫化钠溶液回收汞，半工业性试验除汞效率可达 96.7%，汞以硫化汞的形式吸收。

（4）高锰酸钾溶液吸收法。采用高锰酸钾溶液吸收净化含汞废气。吸收液浓度 0.084%~0.5%，喷淋量 1.0~2.2m³/h，尾气含汞量在 8100~290μg/m³，可使净化后尾气含汞量稳定在 10μg/m³ 以下，净化率达 99.9% 以上。

（5）过硫酸铵溶液吸收法。用过硫酸铵溶液，通过文丘里-复挡旋风分离器等装置，将汞氧化成硫酸汞，每 1t 溶液可使用二三个月，净化后车间内外空气中含汞浓度 0.0003mg/m³，低于国家标准。该法使汞基本全部回收，且动力消耗少，占地小，造价低，无堵塞等问题，为较新较好的汞蒸气处理法。

（6）热浓酸洗涤法。采用过热浓硫酸洗涤法回收汞的半工业性试验。采用冲击洗涤器—旋风除沫器—酸洗塔流程，进气量 250~400m³/h，汞的脱除率达 90%。从冲击洗涤器排出的含汞污酸，在浓密槽冷却后，其中大部分硫酸汞沉淀析出，沉淀进一步处理回收汞，上层清液返回冲击器。

（7）二氧化锰-硫酸吸收法。用二氧化锰-硫酸法吸收含汞量为 0.2~0.4mg/m³ 的废气，吸收率达 90%。处理后废气含汞低于 0.001mg/m³。

6.5.3　恶臭的治理

产生恶臭的物质很多，来源有多方面，如石油、化工、冶金、饲料加工、公共卫生设施及其他过程。

对恶臭气体的控制有物理法和化学法两大类。物理法不改变恶臭物质的化学性质，只用另一种物质将其臭味掩蔽和稀释，即降低臭味浓度达到人的嗅觉能接受的地步。化学法是使用另一种物质与恶臭物质起化学变化，使恶臭物质转变成无臭物质或减轻臭味。在这里主要介绍控制恶臭的化学方法。

6.5.3.1　空气氧化法

恶臭物质一般情况下是还原性物质，如有机硫和有机胺类，因此可采用氧化法来处理。空气氧化法包括热力燃烧法和催化燃烧法。

热力燃烧法是将燃料气与臭气充分混合，在高温下实现充分燃烧，使最终产物均为 CO_2 和水蒸气。使用本法时要保证完全燃烧，氧化不完全可能增加臭味，如乙醇不完全氧化可能转变为羧酸。进行热力燃烧必须具备三个条件：

（1）臭气物质与高温燃料气在瞬时内进行充分混合；

（2）保持臭气所必需的焚烧温度（760℃）；

（3）保证臭气全部分解所需的停留时间（0.3~0.5s）。

催化燃烧法是将臭气与燃料气一起通过装有催化剂的床层，在 300~500℃ 时发生氧化反应。由于使用催化剂，燃烧温度大大降低，停留时间缩短（0.1s），因此设备的投资和运行费用都可能减少。理论上说，催化氧化要优于热力氧化法，但由于催化剂中毒、堵塞等原因，且热力燃烧可回收热量，目前国内外热力氧化已越来越多地取代催化氧化法。

空气氧化法的优点是净化效率高，催化氧化法可达 99.5% 以上，热力氧化法可达 99.9% 以上，但投资运行费用也相对较高。若不回收热量，其运行的经济性显然是行不通的。因此，此法比较适用于具有一定规模的生产厂家，通过氧化装置可以回收燃烧的热量。

6.5.3.2　吸附法

吸附法是一种动力消耗较小的脱臭方法，脱臭效率高。采用的吸附剂有活性炭、两性离子交换树脂、硅胶、活性白土等，其中以活性炭吸附效果最好。

吸附法适用于低浓度恶臭气体的处理，一般多用于复合恶臭的末级净化。对含颗粒浓度较高的废气由于容易堵塞吸附剂，故不适宜。

6.5.3.3　吸收法

吸收法是利用恶臭气体的物理或化学性质，使用吸收剂将恶臭进行吸收除去的方法。常采用的吸收剂有水、碱溶液、酸溶液及一些氧化剂等。

使用水吸收时，耗水量大，废水难以处理。当外界条件改变（如温度、溶液 pH 变动，或者搅拌、曝气）时臭气有可能从水中逸出。使用化学吸收液时，由于吸收过程中伴随着化学反应，因此脱硫效果好，且不易造成二次污染。

选用吸收剂时应注意选择溶解度大、无腐蚀、无毒无害、价格低廉的物质。表 6-5 列出了一些常用的脱臭吸收剂。

表 6-5 常用的脱臭吸收剂

性质	吸收剂	恶臭物质
中性	水	氯化氢、二氧化硫、氨气、酚
碱性	氢氧化钠	硫化氢、硫醇、己酸、二氧化硫
酸性	盐酸、硫酸	氨气、胺类
氧化性	次氯酸钠、高锰酸钾、过氧化氢溶液、重铬酸钾、次溴酸钠	硫醇、乙醛、硫化氢

6.5.3.4 联合法

当除臭要求高且被处理的恶臭气体难于用单一的方法满足要求时，或虽能满足要求，但运行费用很高时，可采用联合脱臭法。如洗涤-吸附法、吸附-氧化法等。

6.5.4 含铅废气的治理

控制铅污染的途径：一是禁止含铅汽油的使用；二是控制工业铅的排放量。控制排放量可以从两方面着手：一是改革工艺，减少铅烟和烟尘的排放；二是对排放尾气进行净化，使其达到或低于国家允许的排放标准。

含铅烟气的治理方法可分为干法与湿法两大类。干法包括布袋除尘、电除尘等，湿法有水洗法、酸性溶液吸收法、碱性溶液吸收法等。

静电法是利用烟尘在高压静电场的作用下带上电荷成为带电粒子，粒子向着异性电极方向迁移，沉积在电极上的原理来分离铅尘的。过滤法是利用高效滤料阻挡的方法，滤除铅烟粒子净化空气，采用此法净化效率较高。净化后的空气可再循环利用，减少通风热损失，达到节能的目的。

布袋除尘及电除尘都是高效的除尘方法，对于铅尘，因其粒径比较大，一般采用袋式除尘就可以达到净化要求。但对于粒径在 $0.1\mu m$ 以下的气溶胶状铅烟，虽也可采用电除尘和布袋除尘，其脱除效率有限，而用化学吸收的方法具有较好的效果，为此常先用干法除去较大颗粒铅尘，然后以酸或碱性溶液吸收，具有较高的净化效率。

化学吸收法常用的吸收剂有稀醋酸、草酸和 NaOH 溶液等。

6.5.4.1 稀醋酸吸收法

铅加热到 400~500℃时即产生大量的铅蒸气（即铅烟）而逸入空气中，在不同温度下，铅蒸气可以与氧反应生成 PbO 和 PbO_2。熔铅烟尘中铅主要以 PbO 的形式存在，尤其是当熔铅温度较高时更是如此。该物质不溶于水，难溶于稀的碱性溶液，但易溶于酸生成铅盐。以斜孔板塔作为吸收装置，采用 0.25%~0.3% 的稀醋酸水溶液作吸收剂，其反应式如下：

$$PbO + 2HAC \longrightarrow PbAC_2 + H_2O$$
$$Pb + 2HAC \longrightarrow PbAC_2 + H_2$$

废气在入塔之前先要除去较大的颗粒，空塔气速为 2m/s，液气比根据气量的大小，控制在 2.8~4L/m³，净化效率可达 90% 以上。该法的优点是装置简单，操作方便，净化效率高。缺点是吸收剂（醋酸）腐蚀性较强，设备需采取防腐措施，可采用硬质 PVC 或防腐内衬。

生成的醋酸盐毒性大且易溶于水，故吸收液必须经过处理方能排放，可选用氢氧化钠溶液对醋酸铅进行处理，其反应式如下：

$$PbAC_2 + 2NaOH \longrightarrow Pb(OH)_2 \downarrow + 2NaAC$$

反应生成的 NaAC 易溶于水，属于无毒物质，对水体不造成污染，可直接排放。对 $Pb(OH)_2$ 沉淀若采用硝酸处理可生成硝酸铅，副产物硝酸铅可作为颜料铅铬黄的原料，也可作鞣革剂，媒染剂等使用。

6.5.4.2 碱液吸收法

采用 1% 的 NaOH 液作吸收剂，铅烟进入冲击式净化器进行除尘及吸收，吸收产物为亚铅酸钠。其反应方程式为：

$$2Pb + O_2 \longrightarrow 2PbO$$
$$PbO + 2NaOH \longrightarrow Na_2PbO_2 + H_2O$$

该工艺的优点是在同一设备内完成除尘和吸收，同时由于使用了碱液，还可兼顾除油，特别适用于铅烟中含油的行业。此工艺设备简单，操作方便，净化效率较高，可达 85%~99%。其缺点是气液接触时间短，当烟气中铅的含量小于 0.5mg/m³ 时，净化效率低于 80%。同时，由于吸收后的亚铅酸钠没有回收价值，仍会污染环境。

6.5.4.3 水吸收法

水吸收法是目前最简单、普遍的方法。以水为吸收液是根据铅烟比重大、不溶于水的特点，利用物理吸收的原理净化。水吸收法的净化率与净化设备的形式与操作有关，可采用填料塔、喷雾洗涤法、泡沫塔和旋流板塔等。相同设备情况下，用水作吸收液其净化效率略低于用醋酸和碱作吸收液。

6.5.5 沥青烟净化方法

沥青烟以沥青为主，也包括煤炭、石油等燃料在高温下散发到环境中的混合烟气。凡是在加工、制造和一切使用沥青、煤炭、石油的企业，在生产过程中均有不同浓度的沥青烟产生。含有沥青的物质，在加热与燃烧的过程中也会不同程度地产生沥青烟。

沥青烟的组成与沥青相近，主要是多环芳烃及少量的氧、氮、硫的杂环化合物。主要有萘、菲、酚、吡啶等 100 多种，其中有几十种是致癌物质。沥青烟粒径多在 0.1~1.0μm 之间，最小的仅 0.01μm，最大的约为 10.0μm，尤其是以 3, 4-苯并芘为代表的多种致癌物质。其危害人体健康的主要途径是附着在 8μm 以下的飘尘上，通过呼吸道被吸入体内。因此，对沥青烟气进行净化治理，使排放满足大气环境标准，是非常必要的。

沥青烟的净化方法主要有燃烧法、电捕集法、冷凝法、吸附法和吸收法。各种不同方法的原理见表 6-6。

表 6-6　沥青烟的净化方法

净化方法	方法原理	优缺点
静电捕集法	借助于电晕放电，使颗粒物及大分子有机物荷电，被捕集后聚集为油状，从捕集器底部定期排出	优点：可以回收油状沥青，能耗少，运行费用低； 缺点：不能捕集气相组分，易发生放电着火现象，不适用炭粉尘与沥青烟的混合气体
燃烧法	在一定的温度和有充足氧气的条件下，可以通过燃烧净化，温度一般控制在800~1000℃，燃烧时间控制在0.5s左右	优点：工艺简单，净化效率高 缺点：如果温度和燃烧时间达不到要求，则燃烧不完全；若温度过高或时间过长，则部分沥青烟会被炭化成颗粒，而以粉末的形式随烟气排出，二次污染
冷凝-吸附法	经冷凝并分离过的沥青烟进入装有焦炭粉、氧化铝等材料作吸收剂的吸附管，吸附过沥青烟的吸附剂被袋式除尘器捕集，并返回生产系统	优点：对气态成分有较高的净化效率，不存在二次污染，运行费用低，操作维修方便； 缺点：系统阻力大，袋式除尘器占地面积大
吸收法	首先经过捕雾器进行初次分离，然后进入吸收塔进行吸收，吸收液可以选用水、柴油、洗油等	优点：设备简单，维修方便，系统阻力小，能耗低； 缺点：净化效率不高，存在二次污染

练习题

6-1　选择题。

(1) 目前，在我国应用最为广泛且最具有代表性的烟气脱硫方法是（　　　）。
  A. 电子束法   B. 石灰石/石灰-石膏法
  C. 钠碱吸收法   D. 海水吸收法

(2) 钙硫比：一般用钙与硫的物质的量比值表示，所需的钙硫比越高，钙的利用率则越低。理论上只要有一个钙基吸收剂分子就可以吸收一个 SO_2 分子，或者说，脱除 1mol 的硫需要 1mol 的钙。目前国外先进的脱硫公司钙硫比一般不超过（　　　）。
  A.1.01   B.1.03   C.1.05   D.1.07

(3) 脱硫后净烟气通过烟囱排入大气时，有时会产生冒白烟的现象。这是由于烟气中含有大量（　　　）导致的。
  A. 粉尘   B. 二氧化硫   C. 水蒸气   D. 二氧化碳

(4) 烟气脱硫工艺（FGD）按脱硫剂的种类可分为以下五种：以 $CaCO_3$ 为基础的钙法，以 MgO 为基础的镁法，以 Na_2SO_3 为基础的钠法，以 NH_3 为基础的氨法，以有机碱为基础的有机碱法。目前普遍使用的是钙法，国内使用率在（　　　）以上。
  A.80%   B.85%   C.90%   D.95%

(5) 钙法脱硫的主要问题是：固体沉积——湿干结垢（溶液、料浆中水分蒸发）。可以加添加剂（己二酸、硫酸镁等）解决。在脱硫浆液中加入（　　　），既加快反应速度，增强了脱硫效果；又能防止结垢、堵塞；还能提高脱硫剂利用率，减少废物量。
  A. 己二酸   B. 硫酸   C. 硝酸   D. 盐酸

(6) 氨吸收法脱硫不会结垢和堵塞，但氨水较贵，应该用副产品（　　　）的销售来抵消大部分吸收剂费用。

  A. 氨气   B. 硝酸铵   C. 硫酸铵   D. 碳酸铵

(7) 喷雾干燥法是湿干法脱硫。用雾化的 (　　) 浆液或 Na_2CO_3 溶液吸收 SO_2，控制液体量，生成产物呈干态，用除尘器回收，没有水污染，产物处理方便。

  A. $Na(OH)_2$ B. $CaCO_3$ C. $Ca(OH)_2$ D. $NaHCO_3$

(8) 脱硫包括燃烧前脱硫、燃烧中脱硫、燃烧后脱硫。其中，(　　) 是燃烧前脱硫。

  A. 型煤固硫   B. 洗选煤   C. 循环流化床   D. 烟气脱硫

(9) 某化工企业生产过程中产生含二氧化硫的污染气体，二氧化硫气体产生量为 18g/s，测得脱硫装置出口气体流量为 80000m³/h，出口二氧化硫浓度为 200mg/m³，问脱硫装置的脱硫效率是多少？(　　)

  A. 86. 20%   B. 73. 40%   C. 75. 30%   D. 92. 90%

(10) 石灰石/石灰-石膏法脱硫原理：用石灰石或石灰浆液吸收烟气中的 SO_2，先吸收生成亚硫酸钙，然后再氧化生成硫酸钙，回收副产品石膏。一般控制料浆 pH 在 (　　) 左右。

  A. 3   B. 4   C. 5   D. 6

(11) 采用湿式 (　　) 的脱硫工艺，也可以同时去除烟气中的大部分氮氧化物。

  A. 石灰/石灰石法 B. 双碱法   C. 氯酸钾法   D. 氧化镁法

(12) 氨法脱硫吸收塔溶液池内的 pH 最好控制在 (　　)。

  A. 2. 0~3. 5   B. 3. 5~5. 0   C. 5. 0~6. 0   D. 6. 8~7. 0

(13) 净烟气的腐蚀性要大于原烟气，主要是因为 (　　)。

  A. 含有大量氯离子   B. 含有三氧化硫

  C. 含有大量二氧化硫   D. 温度降低且含水量增大

(14) 石灰石-石膏湿法中，通常要求吸收剂的纯度应在 (　　) 以上。

  A. 70%   B. 80%   C. 90%   D. 95%

(15) 脱硫系统中选用的金属材料，不仅要考虑强度、耐磨蚀性，还应考虑 (　　)。

  A. 抗老化能力 B. 抗疲劳能力 C. 抗腐蚀能力 D. 耐高温性能

(16) 不明显降低燃料中的氮化物转化成燃料 NO_x 的燃烧器是 (　　)。

  A. 强化混合型低 NO_x 的燃烧器 B. 分割火焰型低 NO_x 的燃烧器

  C. 部分烟气循环低 NO_x 的燃烧器 D. 二段燃烧低 NO_x 的燃烧器

(17) 不论采用何种燃烧方式，要有效降低 NO_x 生成的途径是 (　　)。

  A. 降低燃烧温度，增加燃料的燃烧时间

  B. 降低燃烧温度，减少燃料的燃烧时间

  C. 提高燃烧温度，减少燃料的燃烧时间

  D. 提高燃烧温度，增加燃料的燃烧时间

(18) 在 NO_x 的催化转化、有机溶剂和汽车排放气的净化工艺中，大多采用的催化转化反应器的类型是 (　　)。

  A. 单短绝热式反应器   B. 多段式热式反应器

  C. 管式固定床反应器   D. 径向固定床反应器

(19) 用碱液吸收法净化含 NO_x 废气工艺，最常使用的吸附剂是 (　　)。

  A. NaOH   B. Na_2CO_3 C. $NH_3 \cdot H_2O$ D. $Ca(OH)_2$

(20) 以氨作还原剂，在含有催化剂的反应器内将 NO_x 还原为无害的 N_2 和 H_2O，被称为 (　　)。

  A. 非选择性催化还原法   B. 选择性催化还原法

  C. 催化还原法   D. 气相反应法

(21) 下列关于控制 NO_x 废气中氧化度的方法叙述 (　　) 是不正确的。

A. 对废气的 NO 进行氧化   B. 采用高浓度的 NO_2 气体进行调节

C. 先用稀硝酸吸收尾气中的部分 NO   D. 以上三种方法中只有 A 能有效控制 NO_x 废气中氧化度

(22) 下列关于氮氧化物控制措施及选用原则，（   ）是不正确的。

  A. 控制燃烧产生的氮氧化物应优先采用低氮氧化物生成技术，当不能满足环保要求时，宜增设选择性催化还原（SCR）、选择性非催化还原（SNCR）等烟气脱硝系统

  B. 燃煤电厂用烟煤、褐煤时，宜采用低氮氧化物燃烧生成技术

  C. 燃煤电厂用贫煤、无烟煤以及环境敏感地区达不到环保要求时，宜增设烟气脱硝系统

  D. 净化燃烧烟气中的氮氧化物时，设计脱硫效率大于 40%，宜采用 NSCR 脱硝装置

(23) 吸收法净化有机废气时若采用柴油作吸收剂可以吸收净化的物质是（   ）。

  A. 有机酸   B. 多苯环化合物   C. 胺类   D. 苯酚

(24) 在净化 VOCs 的方法中，能回收有机溶剂的方法是（   ）。

  A. 吸附法和生物法   B. 冷凝法和燃烧法

  C. 吸附法和冷凝法   D. 燃烧法和生物法

(25) 能够处理气量小、浓度高、易溶、生物代谢速率较低的挥发性有机物的生物净化工艺是（   ）。

  A. 生物洗涤塔   B. 生物滴滤塔   C. 生物过滤塔

(26) 有机废气吸附净化系统中，常见的预处理措施有哪些？（   ）

  A. 去除颗粒物   B. 除湿   C. 降温   D. 加压

(27) 下面关于碱吸收法脱除含氟尾气中的氟的叙述（   ）是正确的。

  A. 对于排气量小，废气中含氟量低的企业可采用碳酸钠作吸收剂

  B. 对于排气量小，废气中含氟量低的企业可采用石灰乳作吸收剂

  C. 无论采用碳酸钠还是石灰乳作吸收剂，均可产生冰晶石

  D. 无论采用碳酸钠还是石灰乳作吸收剂，均不可产生冰晶石

(28) 净化铝电解烟气通常采用的吸附剂是（   ）。

  A. 工业氧化铝粉末   B. 氧化钙   C. 氢氧化钙   D. 活性炭

(29) 静电捕集法不适用于净化活性炭粉尘与沥青烟的混合气体，是因为（   ）。

  A. 容易造成二次污染   B. 净化效率不高

  C. 不能捕集气相组分   D. 易发生放电着火

(30) 在汽车尾气净化中三元催化剂是指（   ）。

  A. Pt-Pd-Rh 等三种金属元素组成的催化剂

  B. 由活性组分、助催化剂和载体构成的催化剂

  C. 能同时促进 CO、NO_x 和 HC 转化的催化剂

  D. 由贵金属、助催化剂（CeO_2）和载体 γ-Al_2O_3 组成的催化剂

(31) 不能用来脱除 H_2S 臭味的物质是（   ）。

  A. 活性炭   B. 氢氧化铝   C. 盐酸   D. 次氯酸钠

(32) 处理含铅废气最常用的方法是（   ）。

  A. 吸收法   B. 吸附法   C. 生物法   D. 燃烧法

(33) 只适宜处理小气量、高浓度的可燃性臭气的净化方法是（   ）。

  A. 燃烧法   B. 吸收法   C. 吸附法   D. 生物法

模块 7　通风系统的配置及运行

【知识目标】

（1）熟悉通风方式和局部通风系统的组成。

（2）掌握集气罩类型及应用。

（3）熟悉通风管道的布置原则、风机的选择及净化系统的运行、维护知识。

【技能目标】

（1）能说明净化系统的结构构成及特点。

（2）能说明集气罩的主要类型和设计参数。

（3）能进行管路净化系统的设计和布置。

（4）能说明烟气通风管道的运行、维护措施和注意事项。

【案例引入】

图 7-1 所示为大发尘量车间的气流组织方案。

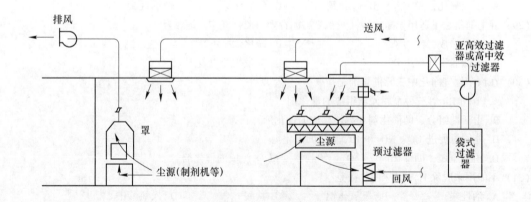

图 7-1　大发尘量车间的气流组织方案

【任务思考】

（1）此组织方案能否避免车间的粉尘污染，依据是什么？

（2）说明此方案中的通风系统的结构构成和各部分作用。

【主要内容】

7.1 通风系统

通风就是采用自然或机械方法，对某一空间进行换气，以保证卫生、安全等适宜空气环境的技术。把局部地点或整个房间内污染了的空气排至室外称为排风，把新鲜空气或符合卫生标准的空气送入室内，称为送风。按照通风系统的作用范围可分为局部通风和全面通风。

7.1.1 局部通风

局部通风（local ventilation）是为改善室内局部空间的空气环境，向该空间送入或从该空间排出空气的通风方式，分为局部送风和局部排风两类。

7.1.1.1 局部送风

局部送风是以一定速度将空气直接送到指定地点的通风方式。将符合卫生要求的空气送到人的有限活动区域，在局部地区造成一定的保护性的空气环境，包括空气淋浴和空气幕等。局部送风系统常在工业厂房集中产生强烈辐射热或有毒气体的地方设置。

7.1.1.2 局部排风

局部排风是指在散发有害物质的局部地点设置集气罩把污染空气收集起来并经净化后排至室外。局部排风系统是污染气体净化工程中最常用的气体收集、处理和排放系统，是生产车间控制污染最有效、最常用的方法。本章将重点介绍局部排风系统。局部排风系统的基本组成如图 7-2 所示，主要由集气罩、风管、净化装置、通风机、排气管等部分组成。

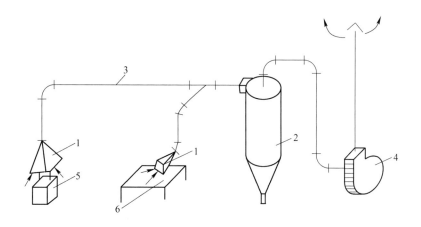

图 7-2 局部排风系统

1—集气罩；2—净化装置；3—风管；4—通风机；5—污染源；6—工作台

（1）集气罩。集气罩又称局部排风罩，它主要用以捕集污染物，其性能的好坏对净化系统的技术经济指标和净化效果有直接的影响。

（2）通风管道。在净化系统中，用以输送气体的管道称为通风管道，简称风管，通过风管使整个净化系统连成一体。

（3）净化装置。将有害气体进行净化处理的装置，是净化系统的核心部分。

（4）通风机。通风系统中气体流动的动力装置，由于气体在流动过程中存在压力损失，通风机为系统中流体提供动力，以保证流速。为防止风机的腐蚀，一般将风机放在净化设备的后面。

（5）烟囱。净化系统的排气装置，也称为排气筒。由于净化后烟气中仍含有一定量污染物，这些污染物在大气中扩散、稀释后，最终还会降到地面上。为了保证污染物的地面浓度低于大气环境质量标准，烟囱必须具有一定的高度。

7.1.2　全面通风

全面通风（full ventilation）是用自然或机械方法对整个房间进行换气的通风方式。当室内污染源多而又分散、污染面积较大、污染物不易收集的情况下，就要对室内进行全面通风。这种通风方式的缺点是不能有效地除去污染物，只是利用稀释的办法使室内污染物的浓度降低，对大气环境仍造成污染，因此，一般不宜提倡，但在污染物浓度比较低的情况下，可以适当采用。

7.1.2.1　全面通风的类别

全面通风分为自然通风、机械通风和联合通风三种方式。

（1）自然通风。自然通风（natural ventilation）是在室内外空气温差、密度差和风压作用下实现室内换气的通风方式，这是一种有组织的通风换气。在自然通风计算中，要求进入的空气量能保证厂房车间内的卫生条件，并能补偿工艺和通风两方面所排出的风量。自然通风是一种比较经济的通风方式，它不消耗动力。

在工业建筑中，应尽量利用有组织的自然通风来改善车间的环境条件。当自然通风不能满足要求时再考虑设置其他装置；当散放的尘量和有害气体量不大时，可考虑采用穿堂风为主的自然通风。

（2）机械通风。机械通风（mechanical ventilation）是利用通风机械实现换气的通风方式。在自然通风达不到要求的情况下要采用机械通风，借助通风机所产生的动力使空气流动。

（3）联合通风。联合通风（natural and mechanical combined ventilation）是自然与机械相结合的通风方式。

全面通风系统主要由室内送排风口、室外进排风装置、风道和风机组成。室内送风口是送风系统中的风道末端装置，由送风道输送来的空气，通过送风口以适当的速度分配到各个指定的送风地点。室内排风口是全面排风系统的一个组成部分，室内被污染的空气经由排风口进入排风管道。

室外进排风装置也是全面通风系统的一个重要组成部分，机械送风系统和管道式自然送风系统的室外进风装置，应设在室外空气比较洁净的地点，在水平和竖直方向上都要尽量远离和避开污染源。

7.1.2.2 气流组织方式

全面通风的气流组织方式分为有组织通风和无组织通风。有组织通风是通过合理安排进、排风口的位置和面积，使室外空气通过可调节的门窗、孔洞，有规律地流经生活或作业地带的通风方式。无组织通风是通过门窗、孔洞及不严密处无规则地流入或渗入室内的通风方式。

全面通风目的在于用新鲜空气去替换或稀释室内有害物浓度、消除余热和余湿，然后排出室外。因此要特别注意室内气流的合理组织：正确地选择送、排风口形式和数量，合理地布置进风口和排风口的位置，使送入室内的新鲜空气以最短的路程流到工作区，使污浊空气以最短的路程排出室外，避免有害物向工作区弥漫和二次扩散。

一般来说，送风采用后送风，即从工作人员的后下方送风，排风则设在人员的上前方，而且排风必须采用排风罩进行局部排风，这样气流组织能够有效地排走有害气体，如图 7-3 所示。

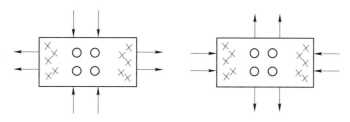

图 7-3 气流组织示意图

合理布置气流组织，需要车间的生产工艺流程配合，尽量把能够挥发有害气体的物质集中安置在离群体较远的地方，设置单独的排风系统。工作岗位的布置，应该尽量让新鲜的空气能够流经人体呼吸区域，有害的气体尽量短距离排走。

不论是采用局部通风还是采用全面通风，都要了解和熟悉有害物质的特性、产生的原因及其扩散的机理，掌握工艺设备的结构作用和操作的特点，保证通风效果和运行的经济性，另外，在有可能突然发生大量有毒气体、易燃易爆气体的场所，还应考虑必要的事故通风。

7.2 集 气 罩

由于污染源设备结构和生产操作工艺的不同，集气罩的形式是多种多样的，根据其用途和作用原理，主要有密闭罩、通风柜、外部吸气罩等。

7.2.1 集气罩的类别

7.2.1.1 密闭罩

密闭罩（enclosed hood）是将有害物质源全部密闭在罩内的局部排风罩，它把有害物质的发生源或整个工艺设备完全密闭起来，将有害物质的扩散限制在一个很小的密闭空间内，用较小的排气量就可以防止有害物质散发到车间内。

　　按密闭罩的用途和结构的大小可以将其分为局部密闭罩、整体密闭罩和大容积密闭罩三种。

　　（1）局部密闭罩。局部密闭罩是仅将产生有害物质的地点局部地密闭起来进行吸气的密闭罩，适用于产尘点固定、产尘气流速度不大的污染源，对于气流速度较大或者运转设备本身产生较大诱导气流的情况不宜采用。

　　图 7-4 所示为皮带运输机的局部密闭罩，它的特点是容积小，工艺设备露在罩外，观察、操作和设备检修都较方便。

　　（2）整体密闭罩。整体密闭罩是将产生有害物质的设备或地点全部或大部分密闭起来，仅把设备传动部分留在罩外，如图 7-5 所示，它的优点是密闭罩本身基本上成为独立整体，容易做到严密。它适用于具有振动的设备或输送有害物气流速度较大的发生源。

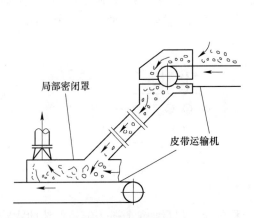

图 7-4　局部密闭罩

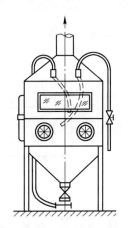

图 7-5　整体密闭罩

　　（3）大容积密闭罩。大容积密闭罩也称密闭小室，它不仅将产生有害物质的工艺设备或地点密闭起来，而且是在较大的范围内密闭起来的罩子，如图 7-6 所示，其罩内容积较大，适用于大面积散尘和检修频繁的设备，以及多点阵发性、气流速度较大的设备。

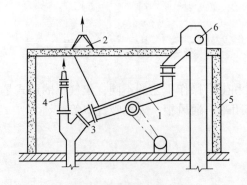

图 7-6　大容积密闭罩

1—振动筛；2—小室排气口；3—卸料口；4—排气口；5—密闭小室；6—提升机

7.2.1.2 通风柜

通风柜也称箱式排气罩，如图7-7所示，它是一种三面围挡一面敞开或装有操作拉门的柜式排风罩。操作人员将手伸入罩内，在台上进行有害物的作业，通过孔口气流防止污染物的外逸。

由于生产工艺操作的需要，在罩上开有较大的操作孔。操作时，通过孔口吸入的气流来控制污染物外逸，化学实验室的通风柜和小零件喷漆箱就是典型代表。其特点是控制效果好，排风量比密闭罩大，而小于其他形式集气罩。通风柜排气效果与工作口截面上风速的均匀性有关，一般要求工作口任意一点的风速不小于平均风速的80%。用于冷污染源或产生有害气体密度较大的

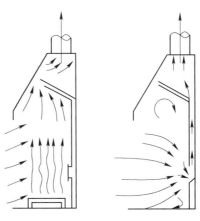

图7-7 通风柜

场合，排气点宜设在排气柜的下部，任意一点风速不宜大于平均风速的10%，下部排气口应紧靠工作台面。用于热污染源或产生有害气体密度较小的场合，排气点宜设在排气柜的上部，对于排气柜内产热不稳定的场合，为适应各种不同工艺和操作情况，应在柜内空间的上、下部均设置排气点，并装设调节装置，以便调节上、下部排风量的比例。通风柜应安装活动拉门，根据工作需要调节工作口截面大小，但不得使拉门将孔口完全关闭。

7.2.1.3 外部吸气罩

外部吸气罩是设在污染源附近，依靠罩口外吸入气流的运动将污染物吸入罩内，按罩口与污染源之间位置关系分为上部集气罩、侧吸罩、槽边集气罩和下部集气罩，如图7-8所示。它适用于受工艺条件限制，无法将污染源封闭起来的场合，当污染气流运动方向与集气罩吸气方向不一致或污染源与罩口距离较近时，一般需要较大的排风量才能控制污染气流的扩散，而且易受横向气流的干扰，致使捕集效率下降。

在不影响生产操作、工艺设备检修及各种管道安装的原则下，应首先考虑采用密闭式排风罩，其次考虑采用侧面排风罩或伞形罩等；在工艺操作设备结构允许的条件下，通风罩尽可能靠近并对准有害物散发的方向；排风罩结构形式应保证在一定风速下，能有效地以最小的风量最大限度地排走有害物质。

7.2.2 集气罩的性能

集气罩有两个重要的性能指标：排气量和压力损失。

7.2.2.1 集气罩的排气量

（1）密闭罩的排气量。将产生有害物质的发生源密闭后，还必须从密闭罩内抽吸一定量的空气，使罩内维持一定的负压，以防有害物质逸出罩外污染车间环境。为了保证罩内造成一定的负压，必须满足密闭罩内进气和排气量的总平衡，其排气量 Q 等于被吸入罩内的空气量 Q_1 和污染源有害气体量 Q_2 之和，即 $Q = Q_1 + Q_2$，但是理论上计算 Q_1 和 Q_2 是

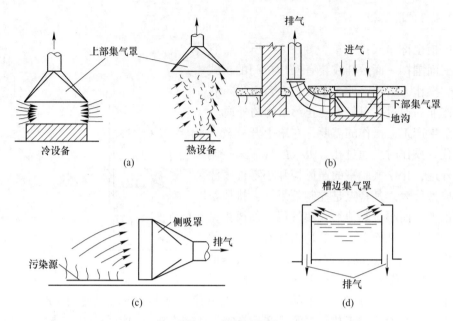

图 7-8　外部吸气罩

(a) 上部集气罩；(b) 下部集气罩；(c) 侧吸罩；(d) 槽边集气罩

困难的，一般是按经验公式或计算表格来计算密闭罩的排气量。

按生产污染物的有害气体与缝隙面积计算排气量，其计算如下：

$$Q = 3600\beta u \sum A + Q_2 \tag{7-1}$$

式中，Q 为总排气量，m^3/h；β 为安全系数，一般取 $1.05\sim1.1$；u 为通过缝隙或孔口的气流速度，一般取 $1\sim4m/s$；$\sum A$ 为密闭罩开孔及缝隙的总面积，m^2；Q_2 为污染源有害物气量，m^3/h。

对于大容积密闭罩，常按截面风速计算排气量。一般吸气口设在密闭室的上口部，其计算如下：

$$Q = 3600Au \tag{7-2}$$

式中，Q 为所需排气量，m^3/h；A 为密闭罩截面积，m^2；u 为垂直于密闭罩面的平均风速，一般取 $0.25\sim0.5m/s$。

另外，密闭罩的排气量计算方法还有换气次数法、图标计算法等，详细内容可查阅有关资料。

（2）通风柜排气量。通风柜排气量由下式计算：

$$Q = 3600\beta u \sum A + V_B \tag{7-3}$$

式中，Q 为总排气量，m^3/h；β 为安全系数，一般取 $1.05\sim1.1$；u 为通风柜工作口的气流速度；$\sum A$ 为通风柜开孔及缝隙的总面积，m^2；V_B 为产生的有害物容积，m^3/h。

（3）外部吸气罩风量。外部吸气罩风量可按下式计算：

$$Q = 3600u_0 A \tag{7-4}$$

式中，Q 为所需排风量，m^3/h；A 为密闭罩截面积，m^2；u_0 为罩口上的平均风速也称罩面风速，m/s。

罩面风速的确定是根据吸气口的速度衰减规律，由控制点的距离 x 及控制点的 u_x 计算而得，而罩口面积是由有害物发生源的情况和工艺操作运行条件而定，因此抽风量也就可以确定。

罩面风速和控制点速度沿轴线衰减按下式计算：

$$u_0 = \frac{n(10x^2 + A)}{A} u_x \qquad (7\text{-}5)$$

式中，u_x 为控制点速度，m/s；A 为罩口的面积，m²；x 为控制点距罩口距离，m；n 为系数，与外部吸气罩结构、形式和布置情况有关，对于自由悬挂式无边平口吸气罩 $n=1.0$，对于自由悬挂式有边平口吸气罩（带法兰边）$n=0.75$。

控制点速度就是工作面上最不利点的风速，视工艺条件而定，一般取 0.2~0.5m/s；个别取 1m/s。简化计算时罩面风速可按表 7-1 推荐速度进行计算。

表 7-1 罩面推荐风速

伞形罩结构	罩面风速/m·s⁻¹	伞形罩结构	罩面风速/m·s⁻¹
四面敞开	1.05~1.25	二面敞开	0.75~0.9
三面敞开	0.9~1.05	一面敞开	0.5~0.75

对于操作台上平口的侧吸罩、操作台上条形吸气罩等，其排气量计算公式从表 7-2 中查得。

表 7-2 各种排气罩排气量的计算方法

名称	形式	罩口尺寸	排气量（m³/s）计算公式	备 注
矩形及圆形侧吸罩	无边平口	$\frac{h}{B} > 0.2$，或圆形	$Q = (10x^2 + A)u_x$	$A = Bh(\text{m}^2)$ 或 $A = \frac{\pi}{4}d^2(\text{m}^2)$
	有边平口	$\frac{h}{B} > 0.2$，或圆形	$Q = 0.75(10x^2 + A)u_x$	$A = Bh(\text{m}^2)$ 或 $A = \frac{\pi}{4}d^2(\text{m}^2)$
	台上或落地式平口	$\frac{h}{B} > 0.2$，或圆形	$Q = 0.75(10x^2 + A)u_x$	$A = Bh(\text{m}^2)$ 或 $A = \frac{\pi}{4}d^2(\text{m}^2)$
	台上无边平口		$Q = (5x^2 + A)u_x$	$A = Bh(\text{m}^2)$ 或 $A = \frac{\pi}{4}d^2(\text{m}^2)$
条缝式平口罩	无边缝口	$\frac{h}{B} < 0.2$，或圆形	$Q = 3.7(Bx)u_x$	$u_x = 10\text{m/s}, \xi = 1.78$
	有边缝口	$\frac{h}{B} < 0.2$，或圆形	$Q = 2.8(Bx)u_x$	$u_x = 10\text{m/s}, \xi = 1.78$
	台上或槽上无边缝口	$\frac{h}{B} < 0.2$，或圆形	$Q = 2.8(Bx)u_x$	$u_x = 10\text{m/s}, \xi = 1.78$
	台上或槽上有边缝口	$\frac{h}{B} < 0.2$	$Q = 2(Bx)u_x$	$u_x = 10\text{m/s}, \xi = 1.78$

7.2.2.2　集气罩的压力损失

集气罩的压力损失 $\Delta p(\mathrm{Pa})$ 一般表示为压损系数与直管中的动压的乘积，即

$$\Delta p = \xi p_{\mathrm{d}} = \frac{1}{2} \xi \rho u^2 \tag{7-6}$$

式中，ξ 为压损系数，$\xi = \dfrac{1}{\varphi^2} - 1$；$\varphi$ 为流量系数，$\varphi = \sqrt{p_{\mathrm{d}}/p_{\mathrm{s}}}$；$p_{\mathrm{d}}$ 为气流的动压，Pa；p_{s} 为气流的静压，Pa；ρ 为气流的密度，$\mathrm{kg/m^3}$；u 为连接排气罩的直管中气流的速度，$\mathrm{m/s}$。

7.2.3　集气罩的设计原则

集气罩设计时，应注意以下几点：

（1）集气罩应尽可能将污染源包围起来，使污染物的扩散限制在最小的范围内，以防止横向气流的干扰，减少排气量。

（2）集气罩的吸气方向尽可能与污染气流运动方向一致，充分利用污染气流的初始动能。

（3）在保证控制污染的条件下，尽量减少集气罩的开口面积，以减少排风量。

（4）集气罩的吸气气流不允许经过人的呼吸区再进入罩内。

（5）集气罩的结构不应妨碍人工操作和设备检修。

集气罩的设计方法：先确定集气罩的结构尺寸和安装位置；再确定排气量；最后计算压力损失。若集气罩的结构尺寸和安装位置设计不当，靠加大排气量不一定能达到满意的控制效果，且是不经济的；若设计得当，但排气量不足，也达不到预期效果。在满足控制污染要求的前提下，应使罩子的结构尺寸和排气量尽可能小些。

集气罩的结构形式、尺寸、排气量和压力损失的确定，多数是根据经验数据，一般可在有关设计手册中查到。

7.3　通 风 管 道

通风管道（ventilation ducts）是将排气罩、气体净化设备和通风机等装置连接在一起的设备，通风管道的布置、管径的确定、管件的选用和系统压力损失的计算是管道系统设计的主要内容。

7.3.1　通风管道的布置

管道布置是和各种装置的定位紧密联系在一起的，各种装置的定位受生产工艺及净化工艺的限制，特别是集气罩直接受散发污染物的生产设备的位置限制，一般皆安装在生产设备上或其附近，其他装置（冷却装置、净化装置）在满足净化工艺流程的前提下定位比较灵活，各种装置安装位置确定了，管道布置的方案也就基本确定了。在细节方面主要是考虑不同介质的特殊要求，就其共性来说通风管道布置一般应遵循以下几个原则。

（1）布置管道时，应对全车间所有管线通盘考虑，统一估量。对于净化管道的布置，在满足净化要求的前提下，应力求简单、紧凑，安装、操作和检修方便，并使管路短，占

地和空间少，投资省。在可能条件下做到整齐、美观。

（2）当集气罩较多时，既可以全部集中在一个净化系统中（称为集中式净化系统），也可以合并为几个净化系统（称为分散式净化系统）。同一污染源的一个或几个排气点设计成一个净化系统，称为单一净化系统。在净化系统划分时，凡发生下列几种情况的不能合为一个净化系统。

1）污染物混合后有引起燃烧或爆炸危险的；

2）不同温度和湿度的含尘气体，混合后可能引起管道内结露的；

3）因粉尘或气体性质不同，共用一个净化系统会影响回收或净化效率的。

（3）管道铺设分明装和暗设，一般应尽量明装，当不宜明装时方采用暗设。

（4）管道应尽量集中成列，平行铺设，并应尽量沿墙或柱子铺设。管径大的或保温管道应设在内侧（靠墙侧）。

（5）管道与梁、柱、墙、设备及管道之间应有一定距离，以满足施工、运行、检修和热胀冷缩的要求，具体要求如下：

1）保温管道外表面距墙的距离不小于 100~200mm（大管道取大值）；

2）不保温管道距墙的距离应根据焊接要求考虑，管道外壁距墙的距离一般不小于150~200mm；

3）管道距梁、柱、设备的距离可比距墙的距离减少 50mm，但该处不应有焊接接头；

4）两根管道平行布置时，保温管道外表面的间距不小于 100~200mm，不保温管道不小于 150~200mm；

5）当管道受热伸长或冷缩后，上述间距均不宜小于 25mm。

（6）管道应尽量避免遮挡室内采光和妨碍门窗的启闭；应避免通过电动机、配电盘、仪表盘的上空；应不妨碍设备、管件、阀门和人孔的操作及检修；应不妨碍吊车的工作。

（7）管道通过人行横道时，与地面净距不应小于 2m；横过公路时，不得小于 4.5m；横过铁路时，与铁轨面净距不得小于 6m。

（8）水平管道应有一定的坡度，以便于放气、放水、疏水和防止积尘。一般坡度为0.002~0.005，对含有团体结晶或黏度大的流体，坡度可酌情选择，最大为 0.01。

（9）管道与阀件的重量不宜支撑在设备上，应设支、吊架。

（10）输送必须保持温度的热流体及冷流体的管道，必须采取保温措施。并要考虑热胀冷缩问题。要尽量利用管道的 L 形及 Z 形管段对热伸长的自然补偿，不足时则安装各种伸缩器加以补偿。

7.3.2　管道系统设计

管道的设计要根据不同的对象，采用的材料和风管的截面大小因情况而异，送风管一般采用镀锌铁皮，而排风管如考虑到排烟一般采用薄钢板，如不考虑排烟也可以采用镀锌铁皮。风道截面一般采用矩形，因为考虑安装高度的限制，矩形风管较容易变径，圆形风管虽然有省料及阻力小等优势，但是变截面的灵活性较差。如果是排除颗粒较大的气体，那么就尽量用圆管，其余的一般用矩形管。

管道系统设计计算主要是确定管道截面尺寸和压力损失，以便按系统的总流量和总压力损失选择适当的通风机和电动机。

7.3.2.1　管道设计的步骤

在各种设备选型、定位和管道布置的基础上，管道系统设计通常按以下步骤进行。

（1）绘制管道系统的轴侧投影图，对各管段进行编号，标注长度和流量。管段长度一般按两管件中心线之间的长度计算，不扣除管件（如三通、弯头）本身的长度。

（2）选择管道内的流体流速。

（3）根据各管段的流量和选定的流速确定管段的断面尺寸。

（4）确定不利管路（压力损失最大的管路），计算其总压损并入系统的总压损。

（5）对并联管路进行压损平衡计算。两支管的压损差相对值，对除尘系统应小于10%，其他系统可小于15%。

（6）根据系统的总流量和总压损选择通风机械。

7.3.2.2　管道内流体流速的选择

管道内流体流速的选择涉及技术和经济方面的问题，在流体的流量一定时，若流速选高了，则管道断面尺寸减小，材料消耗少，投资省，但可使流体压损增大，动力消耗大，运行费增高，对气力输送和除尘管道来说，还会增加设备和管道的磨损，噪声增大；反之，若流速选低了，则管道断面尺寸和投资增大，但可以减少压损和运行费，对气力输送和除尘管道，还可能发生粉尘沉积而堵塞管道。因此，要使管道系统设计得经济合理，必须选择适当的流速，使投资和运行费的总和为最小，管道内各种流体常用流速范围列于表7-3中。

表 7-3　通风系统各种气体常用流速范围

流体	管道种类及条件	流速/m·s⁻¹	管材	流体	管道种类及条件	流速/m·s⁻¹	管材
含尘气体	粉尘黏土和砂	11~13	钢板	含尘气体	大块湿木屑	18~20	钢板
	重矿物粉尘	14~16	钢板		大块干木块	14~25	钢板
	耐火泥	14~17	钢板		锯屑、刨屑	12~14	钢板
	轻矿粉尘	12~14	钢板		棉絮	8~10	钢板
	干型砂	11~13	钢板		麻短纤维尘、杂质	8~12	钢板
	煤灰	10~12	钢板		谷物粉尘	10~12	钢板
	钢和铁（尘末）	13~15	钢板	锅炉烟气	烟道　自然通风	3~5	砖混凝土
	水泥粉尘	12~22	钢板			8~10	钢板
	钢和铁屑	19~23	钢板		机械通风	6~8	
	灰土沙尘	16~18	钢板				
	染料粉尘	14~18	钢板			10~15	钢板
	干微尘	8~10	钢板				

7.3.2.3　管道断面尺寸的确定

在已知流量和流体流速确定后，管道断面尺寸可按下式计算：

$$d = 18.8 \sqrt{\frac{Q}{u}} \quad 或 \quad d = 18.8 \sqrt{\frac{\omega}{\rho u}} \tag{7-7}$$

式中，d 为管道的直径，mm；Q 为体积流量，m³/h；ω 为质量流量，kg/h；u 为管内气体的平均流速，m/s；ρ 为管内气体的密度，kg/m³。

对于除尘管道，为防止积尘堵塞，管径不得小于下列数值：输送细小颗粒粉尘（如筛分和研磨细粉），$d \geq 80$mm；输送较粗粉尘（如木屑），$d \geq 100$mm；输送粗粉尘（有小块物），$d \geq 130$mm。

7.3.2.4 管道系统流体的压力损失计算

对于输送气体的管道系统，因气体的密度较小，系统的总压力损失，可按下式计算：

$$\Delta p = \Delta p_1 + \Delta p_m + \sum \Delta p_i \tag{7-8}$$

式中，Δp_1 为摩擦压力损失，Pa；Δp_m 为局部压力损失，Pa；$\sum \Delta p_i$ 为各设备压力损失之和（包括净化装置和换热器等），Pa。

摩擦压力损失，是流体流经直管段时，由于流体的黏滞性和管道内壁的粗糙产生的摩擦力所引起的流体压力损失。圆形管道的摩擦压力损失可按范宁公式计算：

$$\Delta p_1 = \lambda \frac{L}{d} \times \frac{\rho u^2}{2} \tag{7-9}$$

式中，L 为直管段的长度，m；d 为管道直径，m；ρ 为管内气体的密度，kg/m³；u 为管内气体的平均流速，m/s；λ 为摩擦阻力系数。

局部压力损失是流体流经异形管件（如阀门、弯头、三通等）时，由于流动状况发生骤然变化所产生的能量损失。它的大小一般用动压头的倍数来表示：

$$\Delta p_m = \xi \frac{\rho u^2}{2} \tag{7-10}$$

式中，ξ 为局部阻力系数（无量纲），由实验确定。各种管件的局部阻力系数可在有关手册中查到。

7.3.3 通风管道的日常维护

（1）通过直观检查管道、管件、阀门及紧固件（法兰与连接螺栓）的防腐层、保温层的完好情况，可了解管表面有无缺陷。

（2）通过直观检查、气体检测器测定管道的连接法兰、接头、阀门填料和焊缝处有无泄漏。

（3）通过直观检查、手锤检查吊卡、管卡支承的紧固、吊架支撑体有无松动及防腐情况。

（4）通过直观检查、振动仪测定方法检查管道有无强烈振动，管与管、管与相邻物间有无摩擦。

（5）根据运转情况，用听声法检查管内有无杂质堵塞、异物撞击和摩擦声响。

（6）安全附件、指示仪表有无异常现象。

（7）阀门的操作机构是否灵活及润滑情况。

（8）控制机器和设备的工艺参数不得超过工艺配管设计和决策评定后的许用值，严禁在超温、超压、强腐蚀和强烈振动条件下运行。

（9）高压工艺配管的操作运行中，严禁带压紧固或拆卸、带压补焊、严禁作电焊机的接地线或吊装重物受力点、严禁热管线裸露以及用热管线烘干物品、做饭等。

7.4　风　　机

通风机（fan）是一种将机械能转变为气体的势能和动能，用于输送空气及其混合物的动力机械，按风机的工作原理一般分为离心式通风机和轴流式通风机；按功能又分为排尘通风机、防爆通风机和防腐蚀通风机等。

离心式通风机（centrifugal fan）是空气由轴向进入叶轮，沿径向方向离开的通风机，它压头高，噪声小，其中采用机翼形叶片的后弯式风机是一种低噪声高效风机，离心式通风机常安装在室内地面上、平台上，也可以安装在屋面上，但一般下面都有减振基座和减振器组成的减振体系。

轴流式通风机（axial fan）是空气沿叶轮轴向进入并离开的通风机。它体积小，安装简便，可以直接装设在墙上或管道内。在叶轮直径、转速相同的情况下，轴流式风机的风压比离心式低，噪声比离心式高，主要用于系统阻力小的通风系统。

选择通风机时首先要根据输送气体的性质和风压范围，确定所选通风机的类型，例如，输送清洁气体时，可选择一般通风机；输送含尘气体时，应选用排尘通风机；输送腐蚀性或爆炸性气体时，应选用防腐蚀或防爆通风机；输送高温烟气时，则应选用引风机或耐温风机等。

通风机类型确定后，即可以根据净化系统的总风量和总压损来确定选择通风机时所需的风量和风压。选择通风机的风量应按下式计算：

$$Q_0 = (1 + K_1)Q \tag{7-11}$$

式中，Q_0 为通风机的风量，m^3/h；Q 为管道系统的总风量，m^3/h；K_1 为考虑系统漏风时所采用的安全系数，一般管道系统取 0~0.1，除尘管道系统取 0.1~0.15。

选择通风机的风压（Pa）应按下式计算：

$$\Delta p_0 = (1 + K_2)\Delta p \frac{\rho_0}{\rho} = (1 + K_2)\Delta p \frac{Tp_0}{T_0 p} \tag{7-12}$$

式中，Δp 为管道系统的总压力损失，Pa；K_2 为考虑管道系统压力损失计算误差等所采用的安全系数，一般管道系统取 0.1~0.15，除尘管道系统取 0.15~0.2；ρ_0，p_0，T_0 分别为通风机性能表中给出的空气密度、压力和温度，一般是 $p_0 = 1atm$（$1.01 \times 10^5 Pa$），对于通风机 $\rho_0 = 1.2 kg/m^3$、$T_0 = 293K$，对于引风机 $\rho_0 = 0.745 kg/m^3$、$T_0 = 473K$；ρ，p，T 分别为计算运行工况下管道系统总压力损失时所采用的气体密度（kg/m^3）、压力（Pa）和温度（K）。

计算出 Q_0 和 Δp_0 后，便可按通风机产品样本给出的性能曲线或表格选择所需通风机的型号。

7.5　净化系统的运行维护

7.5.1　影响净化系统正常运行的因素

污染气体净化系统的正常运行与多种因素有关，一般情况下应注意以下几个方面：

（1）净化系统的操作运行要严格遵守系统的工艺技术规程、岗位操作规程、安全规程及其他规章制度。

（2）一般情况下，净化系统应先于生产工艺系统运行，而在生产工艺系统之后停止，以避免粉尘在净化装置和管道中沉积，或因净化系统滞后运行造成污染物的泄漏，为防止电动机过载，需在低风量下启动排风系统。

（3）净化系统在运行中出现问题应及时加以解决，并注意分析原因，避免类似情况再次发生。为此，要坚持做好操作运行记录、事故记录和维修记录等。

（4）严格执行日常维护和定期检修的规章制度，定期消除管道和设备的沉积物，消除设备、管道、阀门、排气罩、操作孔、观察孔等部件的泄漏，调节系统的风量和风压，排除各种事故隐患。

7.5.2　污染气体净化系统的保温

在管道系统设计中，为减少输送过程的热量损耗或防止烟气结露而影响系统正常运行，需要对管道进行保温。

（1）保温材料。保温材料符合以下基本条件：绝热性能好，导热系数低（一般不超过 $0.23W/(m \cdot K)$ ），具有较高的耐热性；材料孔隙率大，密度小，一般不超过 $600kg/m^3$ ；具有一定的机械强度，吸水率低，不腐蚀金属；成本较低，便于施工安装。

常用的保温材料有石棉、矿渣棉、玻璃棉、玻璃纤维保温板、聚苯乙烯泡沫塑料、聚氨酯泡沫塑料等。

（2）保温层结构。管道和设备保温结构由保温层和保护层两部分组成，保温层结构应满足保温要求，有足够的机械强度，处理好保温层和管道、设备的热补偿，要有良好的保护层，适应安装的环境条件和防雨防潮要求，结构简单，投资少，施工和维护检修方便。

常用的保护材料有铝皮、镀锌铁皮等金属板、玻璃丝布、高密度聚乙烯套管、铝箔玻璃布等。

7.5.3　污染气体净化系统的防腐

净化系统处理的烟气，如化工、冶金等生产过程中排出的含硫烟气，其本身具有一定的腐蚀性，再加上温度、湿度等因素的影响，其腐蚀性将进一步增强，会腐蚀净化装置与管道，不仅会缩短系统的使用年限，还会因腐蚀而产生泄漏，引起污染，甚至造成中毒或爆炸等恶性事故，因此净化系统的防腐非常重要。

管道系统的防腐常用耐腐蚀性能好的材料制作设备和管道，或在金属表面覆盖一层坚固的保护膜。

7.5.3.1　防腐材料

常用的防腐材料有以下几种：

各种不同成分和结构的金属材料（不锈钢、铸铁、高硅铁等）；耐腐蚀的无机材料（陶瓷材料、低钙硅酸盐水泥等）；耐腐蚀的有机材料（聚氯乙烯、氟塑料、橡胶、玻璃钢等）。

7.5.3.2　金属保护层

在设备或管道表面涂上防腐涂料（《涂料产品分类和命名》GB/T 2705—2003）；在设备表面喷镀或电镀一层完整的金属覆盖膜；用具有较高的化学稳定性的橡胶做衬里；使用具有高度耐磨和耐腐蚀性能的铸石衬里。

7.5.4　污染气体净化系统的防爆

在处理可燃气体或易燃易爆粉尘时，管道系统应采取防爆措施。

在一定条件下，烟气中的可燃物会产生燃烧反应，而剧烈的燃烧反应则形成爆炸。要形成爆炸，需使可燃物与氧气形成一定比例的混合物，称为可燃混合物。对一可燃混合物来说，在爆炸条件下混合物中可燃物的浓度称为爆炸浓度。刚足以引起爆炸的可燃物最低浓度，称为该可燃物的爆炸浓度下限，而最高浓度则为爆炸浓度上限。理论上只要使可燃物的浓度处于爆炸极限范围外，或消除一切导致着火的火源，就足以防止爆炸发生。实际工作中应采取必要的防爆措施。常用防火防爆措施如下：

（1）保证设备、管道系统的密封性，并把设备内部压力控制在额定范围内。

（2）加入 N_2、CO_2、水蒸气等惰性气体，使可燃物的浓度处于爆炸极限范围之外。

（3）消除引爆源，消除可能引起爆炸的火源，如明火、摩擦与撞击、使用电气设备等。

（4）加强可燃物浓度的检测与控制，安装必要的监测仪器，监视系统的工作状态，并能自动报警，以便采取措施使设备脱离危险。

（5）在管道上设置数层金属网或砾石的阻火器，在设备出口处可设置水封式回火防止器。

（6）在容易发生爆炸的地点或部位（如电除尘器、袋式除尘器、气体输送装置等）应设置特制的安全门。

7.5.5　污染气体净化系统的抗磨损

粉尘在净化系统中随烟气的流动或被捕集粉尘在运输过程中，会与净化装置及管道产生不同程度的摩擦，从而造成某些部件和管道的磨损，最终造成粉尘及烟气的泄漏，大大降低了净化效果，同时还可造成扬尘，恶化作业环境，甚至使净化系统被迫停止作业，影响整个生产过程。因此，净化系统的防磨损也应得到足够的重视。常用防磨损措施如下：

（1）采用耐磨材料替代易磨损部件与衬里。由于净化系统中粉尘对器壁的冲击作用不强，结合其磨损机理，主要考虑材料的耐磨性及硬度，目前常用的耐磨材料主要有耐磨铸铁、铸石及橡胶等。

（2）选用风速不宜过高，或在局部地点降低风速。由于磨损量与风速的三次方成正比，因此，粉尘输送宜在保证不造成粉尘沉积的条件下，选择适当风速。

（3）改进弯管形式，提高其耐磨性。在输送磨削性严重的物料时，可根据不同的情况，选用不同的耐磨性能的弯管。输送管道弯曲部分会造成严重的磨损，除采用耐磨材料衬里外，还可以选择适当的截面形状和尺寸，来提高其抗磨损性能。

7.5.6 污染气体净化系统的防振

机械振动不仅会引起噪声，而且会因发生共振，造成设备损坏。因此，防振、减振也是安全生产的重要措施之一。

（1）隔振。隔振是通过弹性材料防止机器与其他结构的刚性连接。通常作为隔振基座的弹性材料有橡胶、软木、软毛毡等。

（2）减振。减振是通过减振器降低振动的传递，在设备的进出口管道上应设置减振软接头（见图7-9），风机、水泵连接的风管、水管等可使用减振吊钩（见图7-10），以减小设备振动对周围环境的影响。它具有结构简单、减振效果好、坚固耐用等特点。

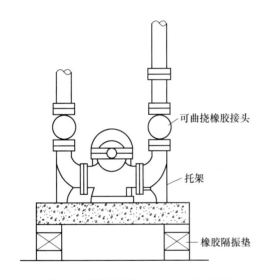

图 7-9 橡胶软接头在系统中的应用

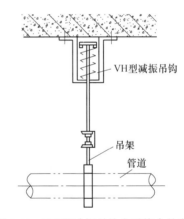

图 7-10 VH 型减振吊钩在系统中的应用

 练习题

7-1 选择题。

（1）在保证控制污染物不外泄的前提下，要尽量减少集气罩的开口面积，使处理风量（　　）。

    A. 高效化　　　　　　B. 集中化　　　　　　C. 最小化　　　　　　D. 最大化

（2）管道敷设的原则：应尽量明装，以便检修；尽量集中排列，沿墙或柱平行敷设，以方便安装管理；和墙、柱、梁、设备间应留有一定距离，大于等于（　　），以方便施工、检修，以及考虑热胀冷缩的不利影响。

    A. 10～15cm　　　　　B. 5～10cm　　　　　C. 10～20cm　　　　　D. 5～15cm

（3）管道支撑原则：应单独设支架或吊架支撑，不应直接压靠在设备上，焊接缝位置应布置在施工方便和受力较小地方，修补方便，焊缝与支架距离不应小于管径，至少大于（　　　）。

  A. 100mm   B. 200mm   C. 300mm   D. 400mm

（4）大型风机的进、出口均应设置柔性连接，关于柔性连接的主要功能下列哪些描述正确？（　　　）

  A. 消除安装误差   B. 降低风机噪声

  C. 消除管道和风机间的作用力 D. 隔振

（5）管道连接原则：为方便检修和安装，应设置足够数量的活接头。穿墙、穿楼板的管段不得有焊缝。水平管道也应有一定的坡度（　　　）。

  A. 0.001~0.003 B. 0.002~0.004 C. 0.002~0.006 D. 0.002~0.005

（6）离心风机 C4-73No.5，No.5 是机号，其中字母"C"表示排尘风机，"5"表示风机叶轮直径是 5dm。其他字母则可分别表示不同的用途，例如 W 则可以表示为（　　　）。

  A. 防腐蚀   B. 防爆   C. 矿井通风   D. 耐高温

（7）风机的选择：1）根据输送气体的不同理化性质选取不同用途的通风机；2）根据所需的风量和风压，确定风机的型号；3）所选风机实际工况要尽可能接近最高效率点；以及（　　　）。

  A. 选择低能耗的风机   B. 适合运行场地的风机

  C. 维护保养简单的风机   D. 选择低噪声风机

（8）在含有毒有害气体车间设置局部排风，局部排风系统的基本组成是（　　　）。

  A. 集气罩、风管、阀门、净化设备、风机

  B. 集气罩、风管、风机、消声器、排气筒

  C. 风管、净化设备、风机、测试孔、排气筒

  D. 集气罩、风管、净化设备、风机、排气筒

（9）通风机性能表的标准状态是：$p_0 = 1atm$（101325Pa），$T_0 = 293K$，$\rho_0 = 1.2kg/m^3$。引风机性能表的标准状态是：$p_0 = 101325Pa$，$T_0 = $（　　　），$\rho_0 = 0.745kg/m^3$。

  A. 473K   B. 453K   C. 493K   D. 450K

（10）根据风量选择风机型号，应该先将相关参数换算成标准状态，并考虑安全系数。风量计算公式为 $Q_0 = (1+K_1)Q$，其中 K_1 为考虑漏风等的安全系数，除尘系统取（　　　）。

  A. 0.05~0.1   B. 0.05~0.15   C. 0.1~0.15   D. 0.1~0.2

（11）泵与风机是把机械能转变为流体（　　　）的一种动力设备。

  A. 动能   B. 压能   C. 势能   D. 动能和势能

（12）在进行车间或实验室通风设计时，应首先考虑采用（　　　）系统。

  A. 局部通风   B. 全面通风   C. 事故通风

（13）局部通风的核心部分是（　　　）。

  A. 集气罩   B. 净化装置   C. 管道   D. 通风机

（14）某车间同时可能散发苯和乙酸乙酯两种有机溶剂蒸气，苯的散发量为 216g/h，乙酸乙酯的散发量为 180g/h，则全面机械通风量为（　　　）。

  A. 600m³/h   B. 5400m³/h   C. 6000m³/h   D. 4800m³/h

附录　技能训练

项目 1　烟气处理系统部件的安装连接

【实训设备】　THEMDQ-1 型大气环境监测与治理技术综合实训平台

【实训目的】

（1）熟悉布袋除尘器等的组成、安装方法和连接方式。

（2）能熟练使用扳手等工具。

（3）正确独立完成部件的安装和连接。

【实训内容】

（1）发尘系统安装连接。

根据提供的驱动装置、旋转螺旋轴、轴承、壳体等相关配件及工具，完成发尘系统的安装与连接。

要求：

1）螺旋机构与壳体内表面之间要保证一定的间隙，即正常运行时无摩擦、无死角、无异响。

2）联轴器固定牢靠，运行时不能有打滑现象。

3）疏松电机的接线盒应朝向设备正前面，而加料口则位于疏松电机的后方。

4）安装牢固，工艺美观，密封性好，正确使用螺丝、垫片（弹垫、平垫）、硅胶垫（密封用）、工具等。

（2）布袋除尘器系统安装连接。

利用提供的布袋、底座、抱箍等相关配件及工具，完成布袋除尘器的安装。

要求：

1）滤袋安装数量为 2 个，滤袋安装要笔直牢固，安装后滤袋的高度为 750mm±10mm。

2）封盖安装数量为 1 个，装在后排中间位置。

3）安装牢固，工艺美观，密封性好，正确使用螺丝、垫片（弹垫、平垫）、硅胶垫（密封用）、工具等，把检修门、顶封盖安装完整。

4）运行后，布袋除尘器的压降不得小于 35Pa。

【训练评价】

（1）学生自评，总结个人实训收获及不足。

（2）小组内部互评，根据学生实训情况打分。

（3）教师根据训练结果对学生进行口头提问，给学生打分。

（4）教师根据以上评价打出综合分数，列入学生的过程考核成绩。

项目 2　烟气处理系统管路和传感器的连接

【实训设备】　THEMDQ-1 型大气环境监测与治理技术综合实训平台

【实训目的】

（1）熟悉烟气系统中涉及的管件和传感器的类别和功能。

（2）掌握螺纹连接、法兰连接、卡套连接三种连接方式。

（3）能熟练使用扳手等工具。

（4）正确独立进行管路的截取、布管和管件连接。

（5）正确选取传感器位置并安装。

【实训内容】

（1）管路连接。

完成反冲泵输液管、补气泵输气管和二氧化硫输入管的安装连接。

要求：

1）流量计要求贴面安装，并与平台上流量计支架立档平行。

2）电磁阀的指示方向与冲洗方向一致。

3）止回阀方向顺着气流方向。

4）管道横平竖直，简洁美观，且与喷淋管道安装方式一致。

5）生料带缠绕要整齐干净，且接头无漏水现象。

6）用 ϕ10mm 的 PU 管完成二氧化硫输入系统的连接。要求正确连接质量流量控制器的进出口，气路顺畅，工艺美观。

7）用 ϕ16mm 的 PU 管完成二氧化硫稀释风管路和碱液池氧化风管路的连接。要求正确连接构件的进出口，气路顺畅，工艺美观。

（2）传感器和相应测压管路的安装连接。根据附图 1，完成传感器和相应管路的安装连接。

1）将皮托管装于点 0905 处；采样枪装于点 0906 处；温湿度 1 装于点 0702 处；温湿度 2 装于点 0703 处；风速传感器 1 装于点 0403 处；风速传感器 2 装于点 0405 处；二氧化硫传感器 1 装于点 1003 处。要求：风速传感器的测量点的开口要正对着气流方向，其偏差不得大于 5°，各传感器要求安装位置正确、牢固，无漏气现象，工艺美观，接线正确。

2）安装好皮托管。要求皮托管安装正确、牢固、密封性好，皮托管测量头的轴线与管道中心线重合，且对着流体流动的方向，其偏差不得大于 5°。

3）差压传感器 1 检测点 0602；差压传感器 2 检测点 0604 差压；差压传感器 3 接皮托管，检测点 0905 动压。要求：选用的硅胶管要合适，正确连接差压传感器的高压与低压接口，气路顺畅，工艺美观。

【训练评价】

（1）学生自评，总结个人实训收获及不足。

（2）小组内部互评，根据学生实训情况打分。

（3）教师根据训练结果对学生进行口头提问，给学生打分。

（4）教师根据以上评价打出综合分数，列入学生的过程考核成绩。

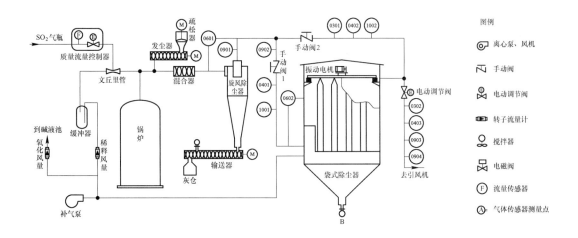

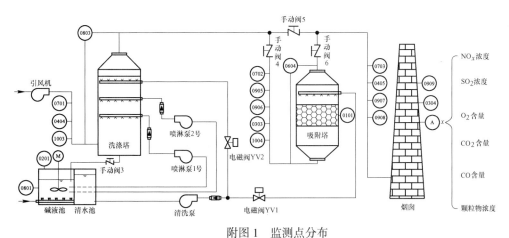

附图 1　监测点分布

项目 3　烟气处理系统电源线路设计与连接

【实训设备】　THEMDQ-1 型大气环境监测与治理技术综合实训平台

【实训目的】

（1）熟悉烟气系统电路连接方式。

（2）能正确独立完成线路的连接。

【实训内容】

对各烟气处理设备、相关器件配置的电路系统进行线路连接，确认无误后进行电控柜电源通电检测。

（1）根据 PLC 程序，完善 PLC 端口定义表，见附表 1。

附表 1　PLC 端口定义表

数字量输入定义		数字量输出定义	
I0.0	无定义	Q0.0	

数字量输入定义		数字量输出定义	
I0. 1	无定义	Q0. 1	
I0. 2	无定义	Q0. 2	
I0. 3	无定义	Q0. 3	
I0. 4	无定义	Q0. 4	
I0. 5	无定义	Q0. 5	
I0. 6	无定义	Q0. 6	
I0. 7	无定义	Q0. 7	
模拟量输入定义		模拟量输出定义	
AI1+		AO1+	
AI1−		AO1−	
AI2+		AO2+	
AI2−		AO2−	
AI3+			
AI3−			
AI4+			
AI4−			
AI5+			
AI5−			
AI6+			
AI6−			
AI7+			

续附表 1

模拟量输入定义		模拟量输出定义	
AI7–			
AI8+	无定义		
AI8–	无定义		

（2）根据附表 1（PLC 端口定义表）完成电气控制柜的线路连接。要求：导线颜色与插座颜色一致，选取导线长度适中。

（3）选择型号正确的熔断芯（RT14-20/8A）装于熔断器中。要求：型号正确，设备可正常工作。

（4）完成电气控制柜与监控中心的通讯连接。要求：通讯正常。

（5）打开控制柜电源，用万用表检测 AC220V 和 DC24V 输出电压。要求：1）注意不要带电操作；2）正确使用万用表。

【训练评价】

（1）学生自评，总结个人实训收获及不足。

（2）小组内部互评，根据学生实训情况打分。

（3）教师根据训练结果对学生进行口头提问，给学生打分。

（4）教师根据以上评价打出综合分数，列入学生的过程考核成绩。

项目 4 烟气处理系统的调试和运行

【实训设备】 THEMDQ-1 型大气环境监测与治理技术综合实训平台

【实训目的】

（1）熟悉烟气系统运行方式。

（2）能正确独立完成系统的调试和运行。

【实训内容】

（1）运行准备。

1）检查熔断芯、输入电压、二次电压与对地电压。

2）确保所有连线正确，特别是强弱电的分流。

3）检查所有阀门（包括手动阀、电磁阀、调节阀（手/自动测试）、面板流量计），要求开关灵活，状态正确。

4）清水箱与碱液箱中加入足量自来水。

5）确保仪表、在线传感器正确安装且正常工作（pH 仪标定与设置、差压传感器调零、调速器参数设定、变频器参数设定）。

（2）手动调试。

1）按照污染源→机械除尘→过滤除尘→洗涤脱硫→吸附脱硫→烟囱的流程，正确地开关阀门。

2）打开 MCGS 工程，进入运行环境，按照监测点分布，在传感器位置选择界面选择正确的安装位置。

3）按照正确流程，在系统总图界面点击相应阀门图标，完成阀门切换。

4）在系统调试界面完成设备的单机调试：设置电动调节阀的开度为 78%，检查所有设备（包括风机（正反转测试）、水泵（排气阀排气）、搅拌机（转向确定）、振动机、燃烧器）正常工作，点动验证状态。

5）将质量流量控制器调零，并进行预热 15min。

6）检测液位，开启药剂搅拌，配置所需碱液。设置 pH 低点报警为 7，水位报警值 270mm，并控制喷淋泵与液体流量计。

7）在发料斗中加入 400 目的滑石粉，作为煤粉和飞灰。往粉尘罐中加入四漏斗（保证足量即可）的滑石粉，并依照监控中心上系统总图界面里显示的电机转速，来调节各个调速器，使两者达到一致。

8）打开气钢瓶瓶阀，调节安全阀出口压力为 （0.05±0.01）MPa。

9）开启连通阀门与喷淋泵，进行碱液循环，调节喷淋泵 1 号和 2 号的喷淋量为 4.0L/min，吸收塔的反冲流量为 3.5L/min。

10）调节稀释风流量为 $2m^3/h$，调节氧化风流量为 $2m^3/h$。

（3）整机运行。通过监控中心的系统调试界面开启自动运行模式，完成整套系统的自动控制运行。

【训练评价】

（1）学生自评，总结个人实训收获及不足。

（2）小组内部互评，根据学生实训情况打分。

（3）教师根据训练结果对学生进行口头提问，给学生打分。

（4）教师根据以上评价打出综合分数，列入学生的过程考核成绩。

项目 5　烟气污染因子的在线监测

【实训设备】　THEMDQ-1 型大气环境监测与治理技术综合实训平台

【实训目的】

（1）熟悉烟气污染因子在线监测方法。

（2）能正确进行监测数据的记录和处理。

【实训内容】

根据要求，对各烟气处理设备系统运行过程中污染因子进行监测并记录。系统自动运行 20min 后，打开系统总图界面，截屏保留数据。同时根据截屏数据进行记录、转化及计算排放监测数据表（见附表 2）与烟气排放监测日报表（见附表 3）。

附表 2　排放监测数据表

项目	数据记录时间	SO_2 浓度	NO_x 浓度	O_2 浓度	CO_2 浓度	CO 浓度	颗粒物浓度	湿排气流量	湿排气温度	湿排气压力	湿排气含湿量
原始数据（带单位填写）											

附表 3　烟气排放监测日报表

项目	日期	颗粒物			SO$_2$			NO$_x$			标干流量 /m^3·d^{-1}
		排放浓度 /mg·m^{-3}	折算浓度 /mg·m^{-3}	日排放量 /g·d^{-1}	排放浓度 /mg·m^{-3}	折算浓度 /mg·m^{-3}	日排放量 /g·d^{-1}	排放浓度 /mg·m^{-3}	折算浓度 /mg·m^{-3}	日排放量 /g·d^{-1}	
数据											

【训练评价】

（1）学生自评，总结个人实训收获及不足。

（2）小组内部互评，根据学生实训情况打分。

（3）教师根据训练结果对学生进行口头提问，给学生打分。

（4）教师根据以上评价打出综合分数，列入学生的过程考核成绩。

参 考 文 献

［1］郝吉明，马广大，王书肖. 大气污染控制工程［M］. 北京：高等教育出版社，2010.

［2］郭正，杨丽芳. 大气污染控制工程［M］. 北京：科学出版社，2013.

［3］潘琼. 大气污染控制工程案例教程［M］. 北京：化学工业出版社，2013.

［4］李广超，傅梅绮. 大气污染控制技术［M］. 北京：化学工业出版社，2011.

［5］中华人民共和国环境保护部，国家质量监督检验检疫总局. 环境空气质量标准　非书资料：GB 3095—2012［S］. 北京：中国环境科学出版社，2012.

［6］国家环境保护总局. 大气污染物综合排放标准　非书资料：GB 16297—1996［S］. 北京：中国标准出版社，1997.